WPS 办公应用 1+X 职业等级证书系列教材

WPS 办公应用

（中级）

北京金山办公软件股份有限公司 组编
姜志强 主 审
田启明 主 编
张焰林 施莉莉 施郁文 副主编
张琼琼 李 靖 谢 悦 肖红宇 陈 一 参编

電子工業出版社
Publishing House of Electronics Industry
北京 · BEIJING

内容简介

本书是符合《WPS办公应用职业技能等级标准》(中级)的1+X职业等级证书配套教材,全面介绍了使用WPS软件进行长文档的编辑与管理。本书包括长文档管理、演示文稿制作和表格数据运算共三大模块9个项目,深入浅出地介绍了长文档编辑、排版美化、演示文稿编辑、演示文稿合成、动画制作、数据管理、公式函数、排序、筛选、分类汇总、合并、透视表等知识点与技能点。

本书是基于项目驱动的工作手册式教材,本书结构清晰、语言简洁、图解丰富、案例详尽,既可作为应用型本科院校、高等职业院校、中等职业院校计算机相关专业的配套教材,又可作为WPS办公应用1+X职业等级证书的培训教材,还可作为从事办公应用工作的企业人员的自学用书。

本书配有相关的微课视频、电子课件、习题答案、项目实训原始素材等丰富的数字化教学资源。

图书在版编目(CIP)数据

WPS办公应用:中级/田启明主编;北京金山办公软件股份有限公司组编.—北京:电子工业出版社,2022.6
ISBN 978-7-121-43490-7

Ⅰ.①W… Ⅱ.①田… ②北… Ⅲ.①办公自动化–应用软件–教材 Ⅳ.①TP317.1

中国版本图书馆CIP数据核字(2022)第085429号

责任编辑:胡辛征　　文字编辑:徐云鹏
印　　刷:三河市鑫金马印装有限公司
装　　订:三河市鑫金马印装有限公司
出版发行:电子工业出版社
　　　　　北京市海淀区万寿路173信箱　邮编100036
开　　本:787×1092　1/16　　印张:12　字数:314.9千字
版　　次:2022年6月第1版
印　　次:2022年6月第1次印刷
定　　价:49.00元

凡所购买电子工业出版社图书有缺损问题,请向购买书店调换。若书店售缺,请与本社发行部联系,联系及邮购电话:(010)88254888,88258888。

质量投诉请发邮件至zlts@phei.com.cn,盗版侵权举报请发邮件至dbqq@phei.com.cn。

本书咨询联系方式:(010)88254361,hxz@phei.com.cn。

前　言

2019年4月，教育部、国家发展和改革委员会、财政部、国家市场监督管理总局联合印发了《关于在院校实施“学历证书＋若干职业技能等级证书”制度试点方案》的通知，部署启动1+X证书制度试点工作。1+X证书制度试点是落实《国家职业教育改革实施方案》的重要改革部署，也是重大创新成果。

本书作为与“WPS办公应用1+X职业等级证书”（中级）配套的教材，内容包括长文档管理、演示文稿制作和表格数据运算共三大模块9个项目，深入浅出地介绍了长文档编辑、排版美化、演示文稿编辑、演示文稿合成、动画制作、数据管理、公式函数、排序、筛选、分类汇总、合并、透视表等知识点与技能点。

本书具有以下特点：

1. 探索课程思政特色创新，落实立德树人根本任务

本书以习近平新时代中国特色社会主义思想为指导，坚持正确的政治方向和价值取向，构建知识目标、技能目标、思政目标三个维度的学习目标，每个项目紧扣“思政”主题，课后引入思政总结，系统实现知识体系与价值体系的双轨并建，充分体现社会主义核心价值观的内涵。

2. 落地课证融合，实现《WPS办公应用职业技能等级标准》（中级）与专业教学标准的双覆盖

严格遵循《WPS办公应用职业技能等级标准》（中级）的要求，由院校与企业共同组成的编审团队经过多次研讨、论证，确定核心知识技能体系，形成了从职业标准到课程学习的课证融合体系。

3. 采用项目驱动式的组织形式来覆盖WPS常用知识技能

本书由9个项目组成，每个项目的背景都与学生的学习、生活紧密结合，从而缩短学生与新知识技能之间的认知差距，提高教学效率。每个项目都采用“学习目标—项目效果—知识技能—主要步骤—项目拓展—项目小结—综合练习”的形式来组织，即首先明确学习目标，通过直观的项目效果吸引学生，其次学生学习了知识技能后，通过实施主要步骤提升知识技能的应用能力，最后通过项目拓展和综合练习对知识点和技能点进行巩固，通过锻炼学生技能应用场景的迁移能力，培养学生举一反三、触类旁通的能力。

4. 设计工作手册式教材，增加“想一想”“动一动”“问一问”“议一议”环节

首先在重难点部分增设“重难点笔记”栏，方便学生记录学习心得；增设

“想一想”环节，辅助教师在讲课过程中穿插提问环节，并提供让学生记录答案的区域；增设“动一动”环节，方便学生在理论学习过程中穿插实训环节，记录自己的工作流程、实训步骤和实训答案；增设“问一问”环节，方便学生在工作学习过程中记录自己的疑问；增设“议一议”环节，方便学生在课堂讨论时记录自己的观点和收获。

5. 校企合作、多校合作，共建教材编审团队

编审团队由学校专职教师、校外专职教师（温州科技职业学院肖红宇副教授）和企业专家（北京金山办公软件股份有限公司）共同组成，职称、年龄均比较合理，编审团队具有多年的教学经验、丰富的教材编写经验和成熟的图书审读经验。企业技术能手不仅参与了教材提纲的确定、企业真实案例的提供、教材内容的编写，而且与专职教师共上课堂，指导学生完成实践项目。

6. 配套丰富的数字化教学资源，实现线上线下融合的“互联网+”新形态一体化教材

纸质教材不仅嵌入了相关知识点和技能点的微课视频，供学生自主学习，而且提供了配套的电子课件、习题答案、项目实训原始素材等丰富的数字化教学资源，助力教师进行线上线下混合式教学，进一步提高教材的使用效果。

本书由北京金山办公软件股份有限公司组编，姜志强担任主审，田启明担任主编，张焰林、施莉莉、施郁文担任副主编，张琼琼、李靖、谢悦、肖红宇、陈一参编。其中，施郁文、谢悦、陈一负责编写第一篇“长文档管理”的项目1～项目3；田启明、施莉莉、张琼琼负责编写第二篇“演示文稿制作”的项目4～项目6；张焰林、李靖、肖红宇负责编写第三篇“表格数据运算”的项目7～项目9。北京金山办公软件股份有限公司提供《WPS 办公应用职业技能等级标准》（中级），并指导全书的编写工作。

教材建设是一项系统工程，需要在实践中不断加以完善及改进，由于时间仓促、编者水平有限，书中难免存在疏漏和不足之处，敬请同行专家和广大读者给予批评和指正。

编　者

目　录

第一篇　长文档管理

第二篇　演示文稿制作

第三篇 表格数据运算

第一篇

长文档管理

长文档管理篇主要介绍在 WPS 办公领域中如何高效利用 WPS 文字进行长文档编排，以提高文档处理效率。该篇通过项目 1“公司招聘启事文档制作”、项目 2“网店策划论文排版”、项目 3“网店策划论文美化”，介绍文字文稿的编辑、排版、美化等知识点与技能点。在项目的实施过程中，引导学生理性思考和科学规划自己的未来，培养其爱岗敬业和勇于创新的精神，提升其诚信意识，摒弃学术不端行为。

项目 1　公司招聘启事文档制作

学习目标

知识目标：掌握各种视图的区别；熟悉表格工具的常用功能；熟悉各种图片处理方法；掌握使用智能图形模板绘制关系逻辑图、组织结构图等；掌握复杂表格的制作方法。

能力目标：能够应用各种视图进行文档的编辑；能够在表格中使用快速计算、转换成文本等功能；能够对图片进行还原、裁剪、压缩、亮度、对比度调整等多种效果处理；能够绘制图表、流程图和思维导图；能够制作包含斜线表头的复杂表格。

思政目标：激发学生的敬业精神，培养学生诚信做人，脚踏实地，让学生理性思考和规划自己的未来。

项目效果

因 A 公司扩大规模，现需招聘若干名员工，请帮助 A 公司人力资源部设计一份招聘启事。首先介绍公司的概况，用图形显示公司的组织架构，提供公司的联系方式；然后绘制图形，描述本次招聘的流程；最后以表格的形式列出招聘计划，包括招聘岗位、招聘人数和招聘要求等，效果如图 1.1 所示。

A 公司招聘启事

A 公司荣获科技部认定的科技创新型企业，主营人为软件的销售、实施、服务、培训、开发、咨询，拥有十多年的软件开发、实施、服务的经验，客户群体涵盖机关事业单位、教育、金融、有色金属、电子、食品、医药、服装等多个行业领域。本公司管理规范、技术力量雄厚、产品质量过硬、服务系统完善。现因公司发展需要，诚邀各路精英加盟，共创辉煌！

CEO
商务部经理
财务部经理
技术部经理
行政部经理
市场拓展组
财务一组
财务二组
开发小组
测试小组
运维小组
人力组
后勤组

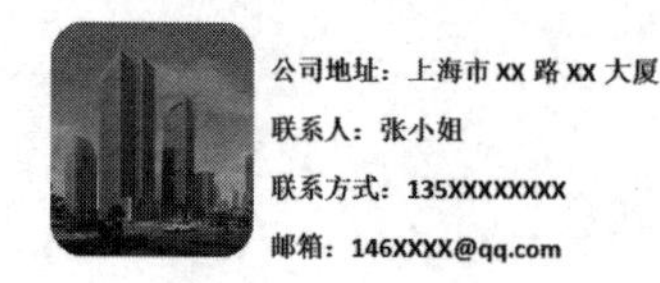

公司地址：上海市 XX 路 XX 大厦
联系人：张小姐
联系方式：135XXXXXXXX
邮箱：146XXXX@qq.com

招聘流程图

公布招聘计划 → 筛选简历 →通过→ 初试（笔试） →通过→ 复试（面试） →通过→ 录用

招聘计划表

明细 序号	招聘部门	岗位	人数	学历要求	其他要求
1	商务部	销售总监	1	市场营销相关专业本科及以上	3 年以上工作经验
2		销售员	5	市场营销相关专业专科及以上	1 年以上工作经验
3	技术部	运维人员	3	计算机相关专业专科及以上	1 年以上工作经验
4		开发人员	2		3 年以上工作经验
5	行政部	财务总监	1	会计相关专业本科及以上	2 年以上工作经验，会计师以上职称
6		会计	2	会计相关专业专科及以上	
合计			14		

图 1.1　A 公司招聘启事效果

知识技能

本项目的主要知识技能包括 WPS 文字的各种视图的应用；图片效果的设置，如还原、裁剪、压缩、亮度、对比度调整等；常见图形的绘制，如关系逻辑图、组织结构图、流程图和思维导图等；表格样式的制作；表格工具的应用，如快速计算、转换成文本等。

1.1　视图的应用

微课视频

在日常的文档编辑过程中，WPS 文字提供了多种视图模式，包括全屏显示、阅读版式、写作模式、页面视图、大纲视图和 Web 版式等。打开 WPS 文字，在“视图”选项卡下可以选择不同的视图，在文档右下角也可以选择对应的视图模式，如图 1.2 所示。

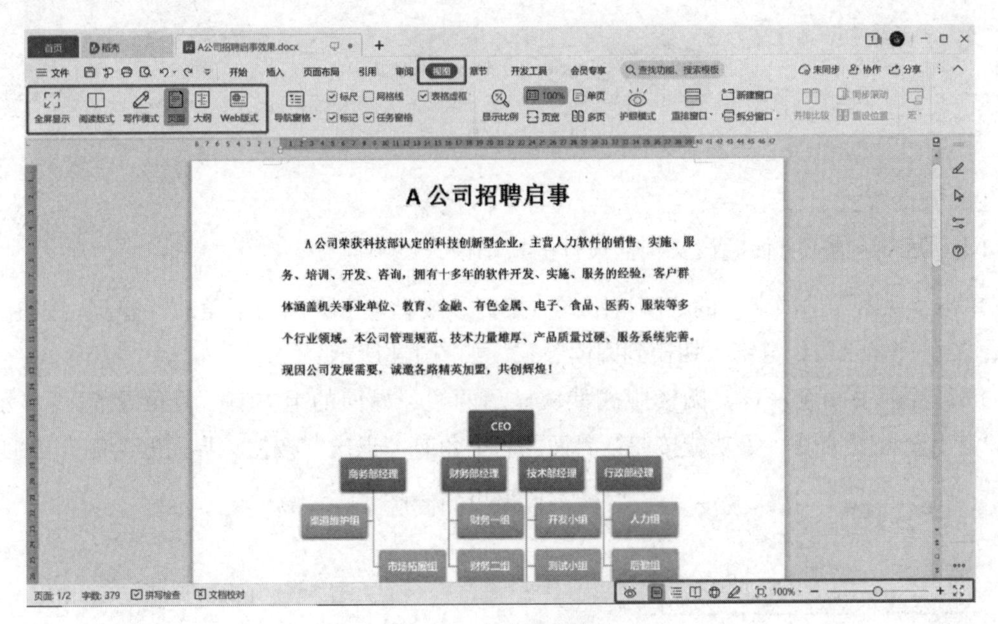

图 1.2　多种视图模式

1. 全屏显示

全屏显示是指用整个屏幕来显示文档内容，而对其他功能区进行隐藏。

单击“视图”选项卡中的“全屏显示”按钮，或者单击界面右下角的“⛶”按钮，或者按“Ctrl+Alt+F”组合键，实现全屏显示，如图 1.3 所示。

在全屏显示模式下，文档默认按照 100% 的比例显示，在界面的右上角可以设置缩放比例。按“Esc”键可以退出全屏显示模式。

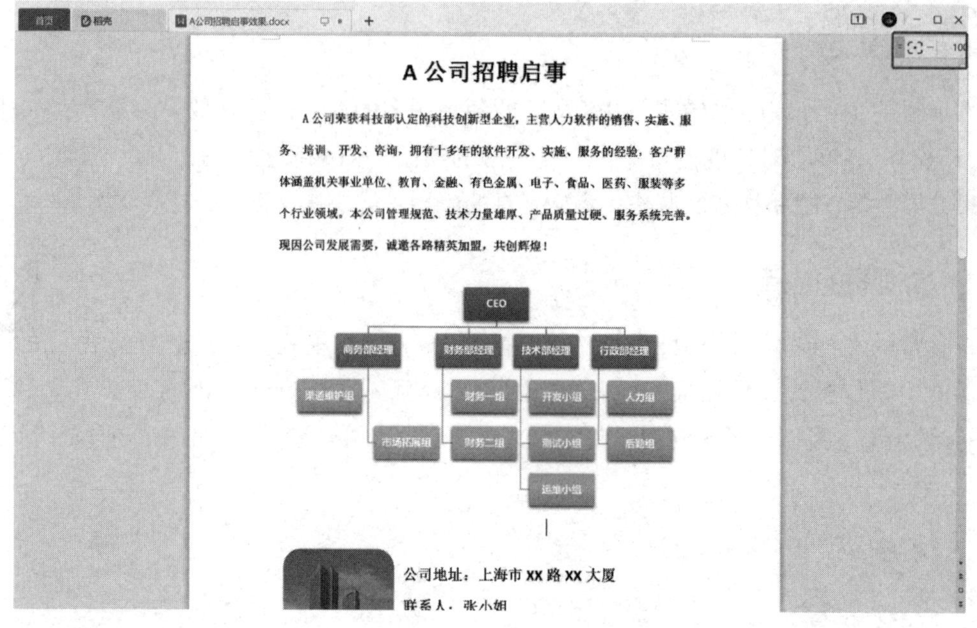

图 1.3　全屏显示

2. 阅读版式

阅读版式是为了方便阅读文档而设计的视图模式。

单击“视图”选项卡中的“阅读版式”按钮，或者单击界面右下角的“ ”按钮，或者按“Ctrl+Alt+R”组合键，切换到阅读版式，如图 1.4 所示。

像日常翻书阅读一样，阅读版式默认显示两栏，界面的上方有“目录导航”“显示批注”“突出显示”“查找”等功能按钮，界面的右上角有“退出”按钮，界面的两侧有“翻页”按钮。单击“ ”按钮或按“Esc”键可以退出阅读版式。

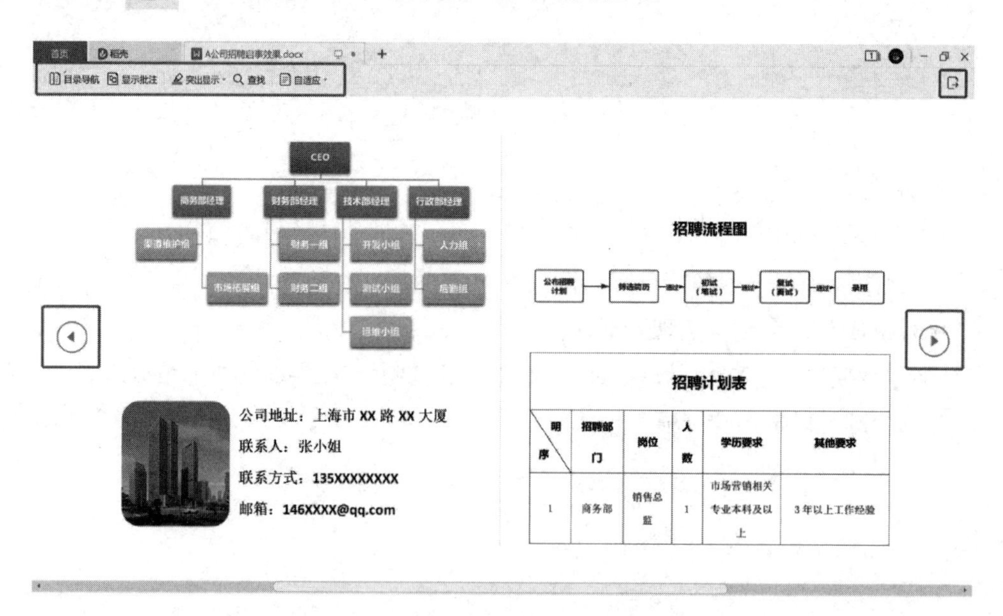

图 1.4　阅读版式

3. 写作模式

写作模式是专门为写作而开发的视图模式，该视图模式并不常用。

单击“视图”选项卡中的“写作模式”按钮，或者单击界面右下角的“　”按钮，切换到写作模式，如图 1.5 所示。

在写作模式中，单击“设置”按钮可以编辑稿费，单击“统计”按钮可以查阅字数和累计稿费，界面左侧的目录区有“章节”“书签”等功能按钮。单击“关闭”按钮可以退出写作模式。

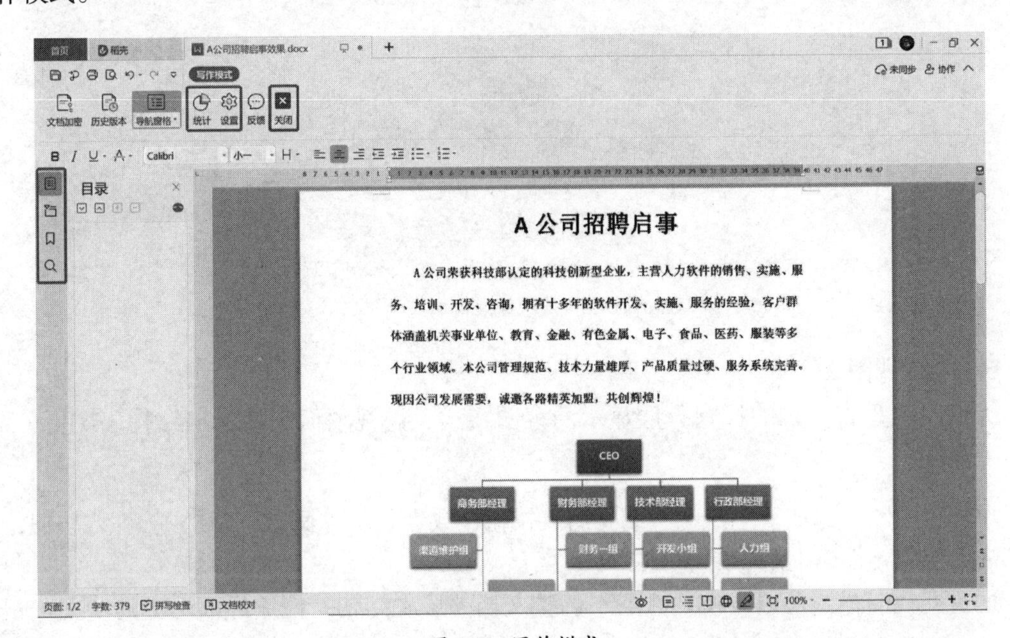

图 1.5　写作模式

4. 页面视图

页面视图是 WPS 文字的默认视图，一般情况下，对文档的多数编辑操作是在此视图模式中进行的。

单击“视图”选项卡中的“页面视图”按钮，或者单击界面右下角的“　”按钮，或者按“Ctrl+Alt+P”组合键，切换到页面视图，如图 1.6 所示。

页面视图以打印页面的形式显示，所见即所得，与打印的效果最接近，可以压缩页面空白区域，方便用户观看文档。在页面视图中，界面上方有“开始”“插入”“页面布局”“引用”“审阅”等选项卡，提供各种编辑功能。

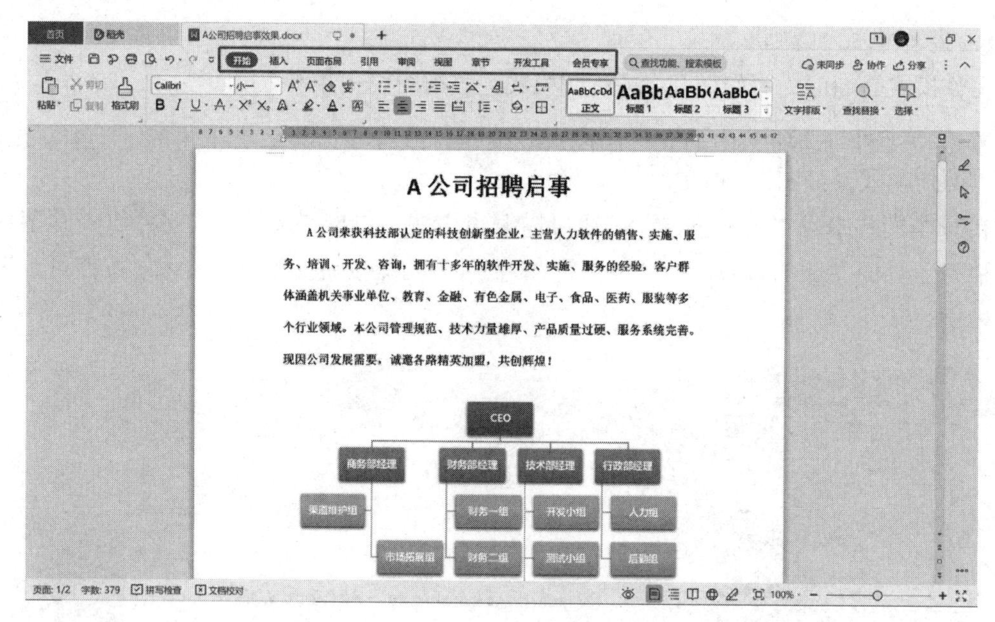

图 1.6　页面视图

5. 大纲视图

大纲视图是将文档的标题分层显示的视图模式，该视图模式使文档结构层次更分明，易于编辑。

单击“视图”选项卡中的“大纲视图”按钮，或者单击界面右下角的“☰”按钮，切换到大纲视图，如图 1.7 所示。

通过此视图模式可以方便地查看、调整文档的层次结构，使用界面上方的功能按钮可以设置大纲和显示标题的层级结构，以区块为单位移动文本段落，折叠和展开各层级的标题。单击“关闭”按钮可以退出大纲视图。

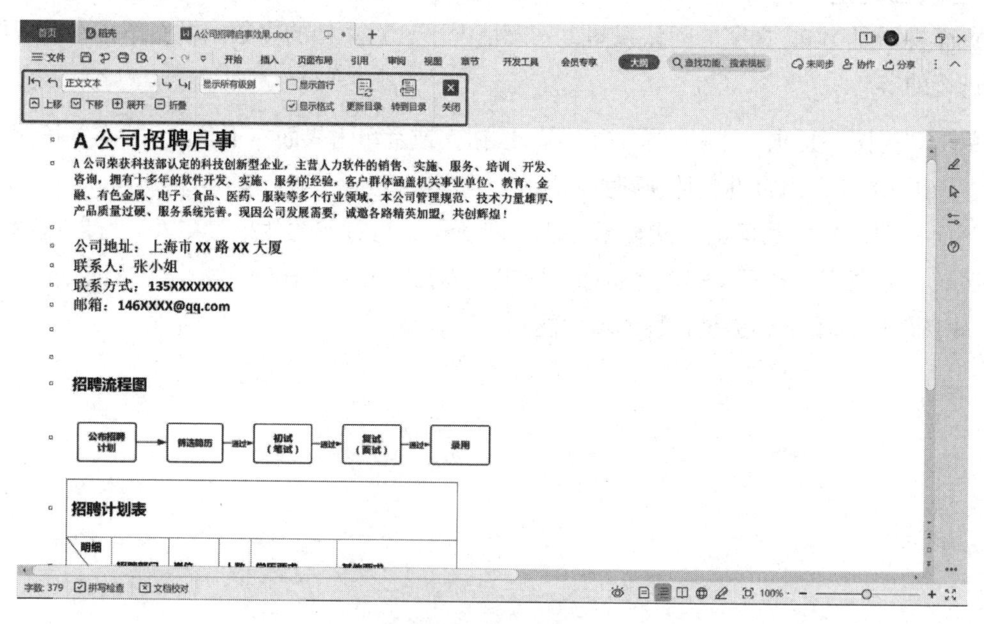

图 1.7　大纲视图

动一动：在大纲视图中，将某项目的级别降低一级或提升一级。

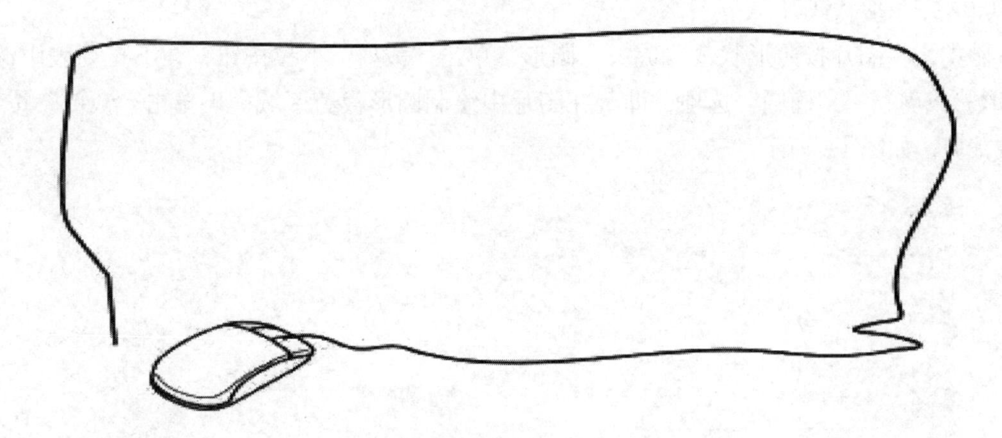

6. Web 版式

Web 版式是专门为浏览、编辑网页类型的文档而设计的视图模式，在此视图模式下可以看到文档在浏览器中显示的样子。

单击“视图”选项卡中的“Web 版式”按钮，或者单击界面右下角的“🌐”按钮，切换到 Web 版式，如图 1.8 所示。

Web 版式以网页的形式查看文档，模拟 Web 浏览器来显示文档，用于创建 Web 页，文本能够自适应窗口大小。

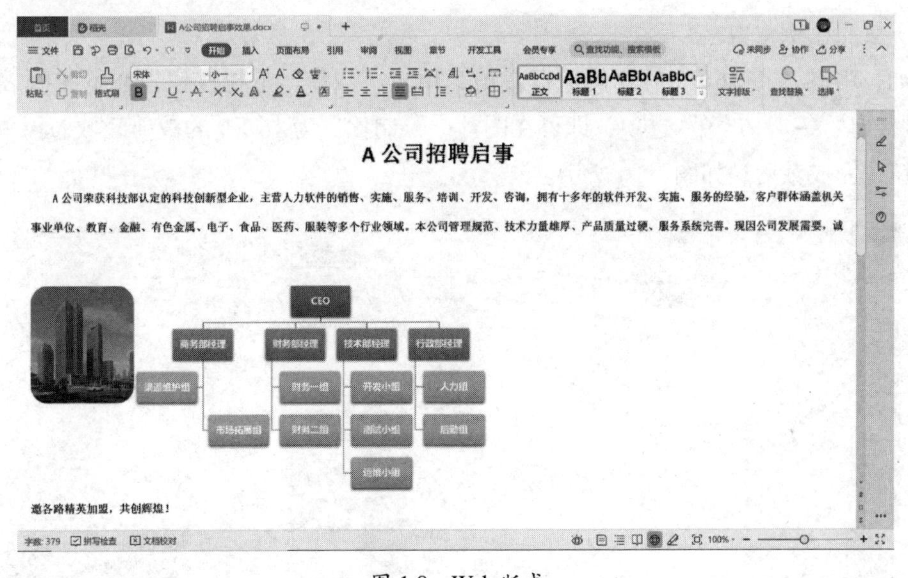

图 1.8　Web 版式

1.2 图片工具的应用

1. 裁剪

微课视频

选中图片，单击“图片工具”选项卡中的“裁剪”按钮，可以裁剪图片。

WPS 文字提供了两种裁剪方式，即按照形状裁剪与按照比例裁剪。

（1）按照形状裁剪

例如，将图片按照形状裁剪成一个圆形，单击“裁剪”下拉按钮，在下拉列表中选择“按形状裁剪”→“椭圆”选项，即可在图片中绘制圆形裁剪区域，再单击“裁剪”按钮，完成裁剪，如图 1.9 所示。

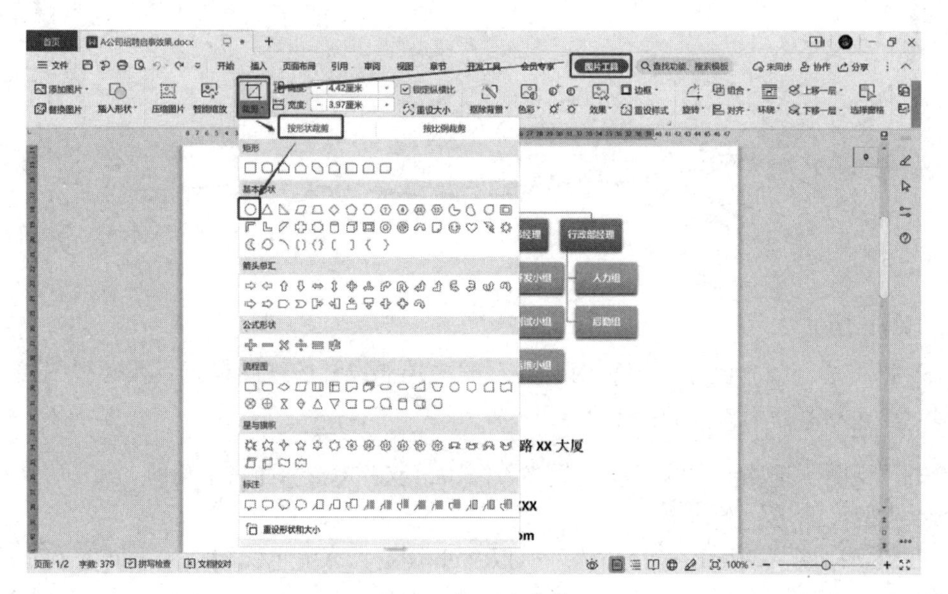

图 1.9　按形状裁剪

（2）按照比例裁剪

例如，将图片按 16：9 的比例进行裁剪，单击“裁剪”下拉按钮，在下拉列表中选择“按比例裁剪”→“16：9”选项，即可在图片中绘制比例为 16：9 的裁剪区域，再单击“裁剪”按钮，完成裁剪，如图 1.10 所示。

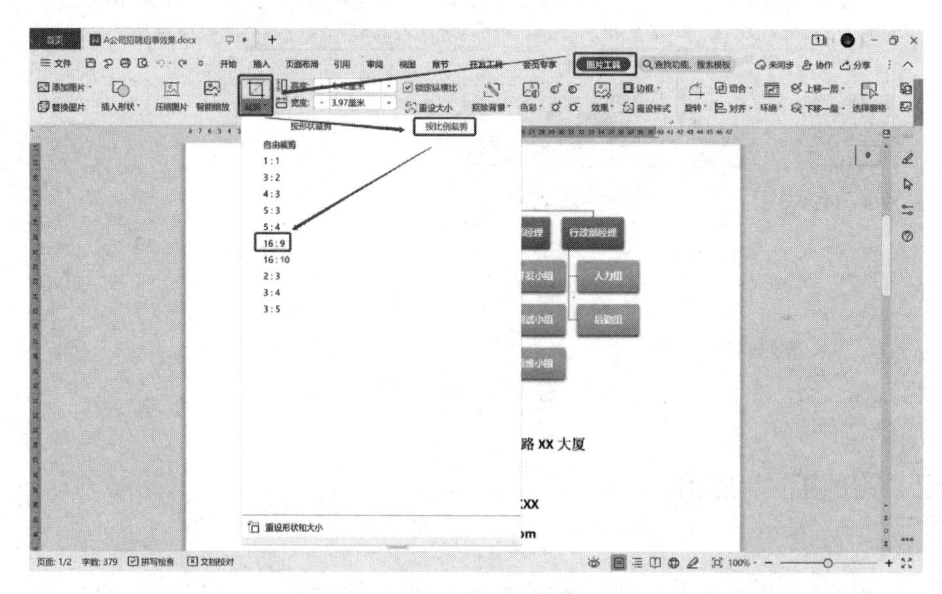

图 1.10　按比例裁剪

2. 还原

如果用户对裁剪后的图片不满意，则可以单击“图片工具”选项卡中的“裁剪”下拉按钮，在下拉列表中选择“重设形状和大小”选项，图片会还原为初始形状和大小，如图 1.11 所示。

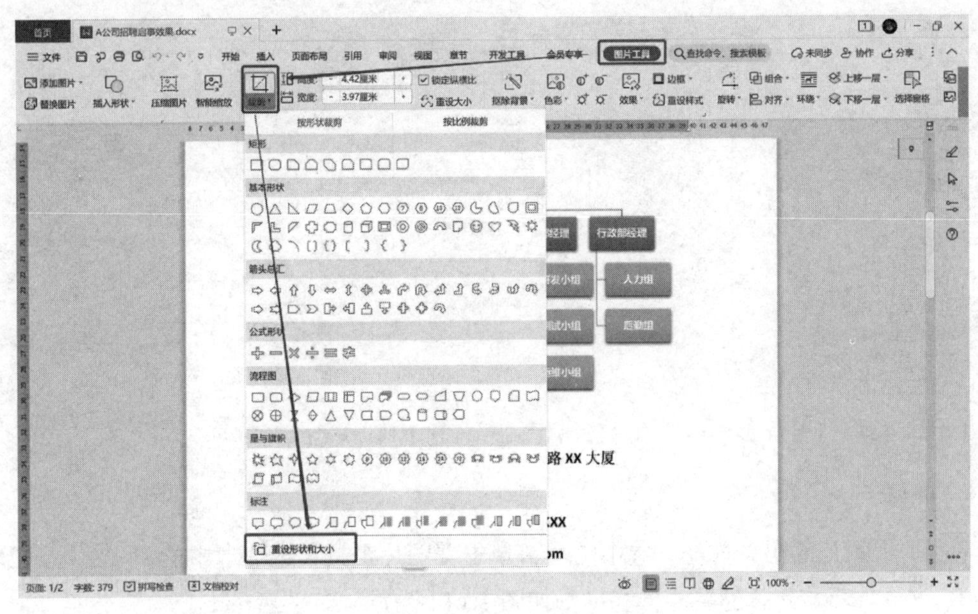

图 1.11　重设形状和大小

想一想：“图片工具”选项卡中的“重设大小”按钮和图 1.11 中的“重设形状和大小”选项是否具有相同的作用？

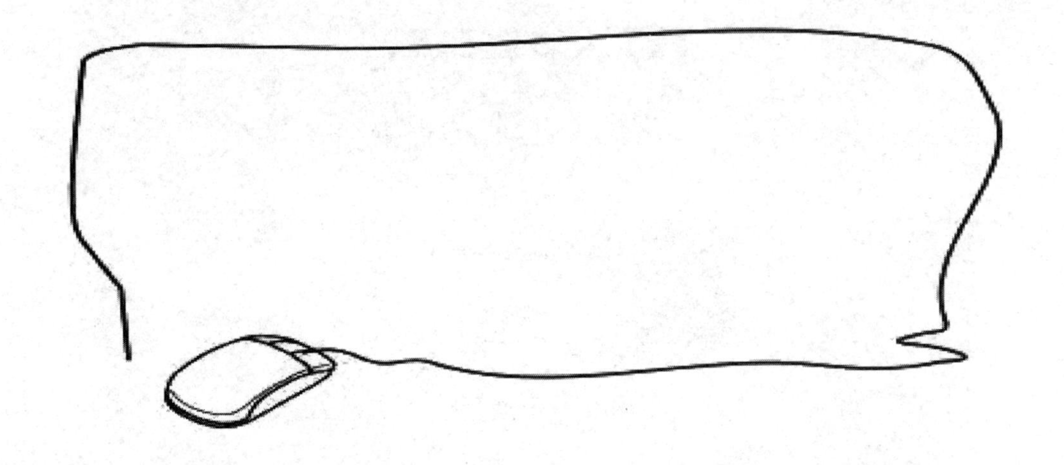

3. 压缩

当在 WPS 文字中插入图片后，文档大小将会增加，不利于传输。通过压缩图片可以减小文档大小。选中图片，单击“图片工具”选项卡中的“压缩图片”按钮，在弹出的对话框中进行设置，如图 1.12 所示。

如果想将压缩图片功能应用于所有图片，则选中“文档中的所有图片”单选按钮即可；在更改分辨率选区可以修改图片的分辨率；裁剪图片时，裁剪的图片其实并没有从文档中彻底删除，而是占用了一定比例的文档大小，勾选“删除图片的剪裁区域”复选框，可减小文档大小，如图 1.13 所示。

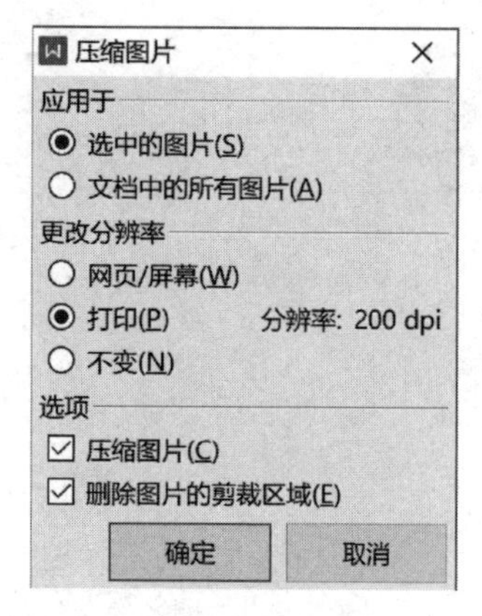

图 1.12 “压缩图片”对话框

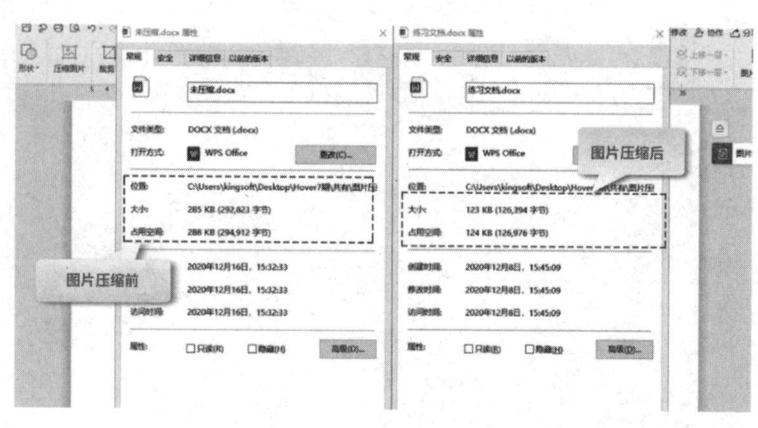

图 1.13 减小文档大小

4. 亮度

亮度是指图片的明亮程度。选中图片，单击“图片工具”选项卡中的“ ”按钮可增加亮度，单击“ ”按钮可降低亮度，如图 1.14 所示。

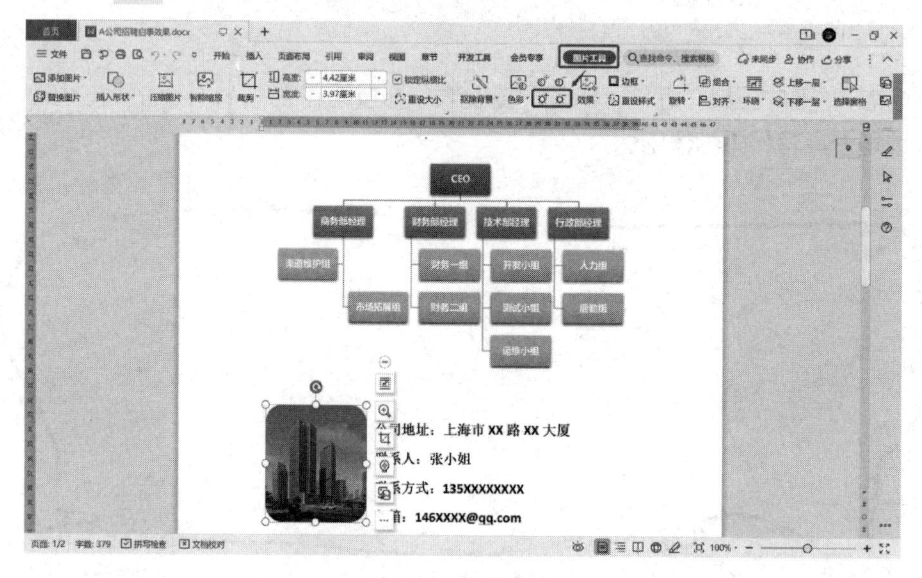

图 1.14 调整亮度

5. 对比度调整

对比度是指图片的黑与白的比值，即从黑到白的渐变层次。选中图片，在“图片工具”选项卡中，单击“ ”按钮可增加对比度，单击“ ”按钮可降低对比度，如图 1.15 所示。

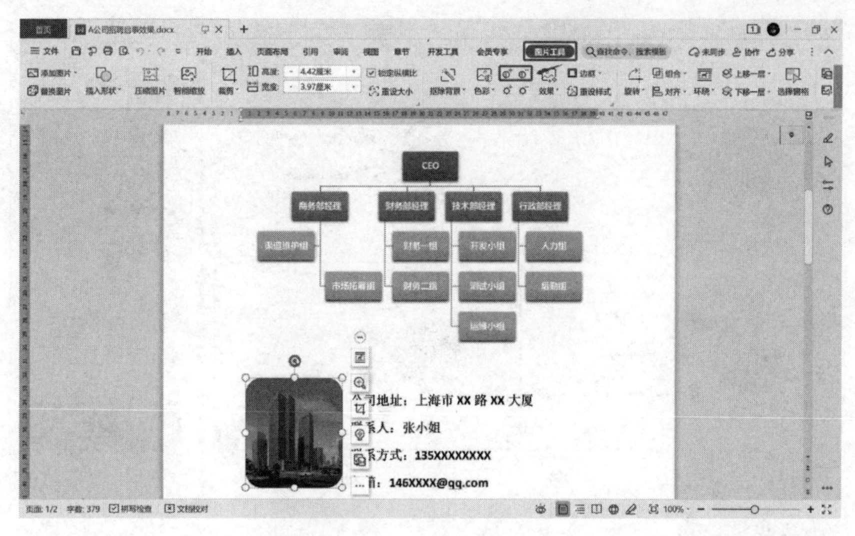

图 1.15　调整对比度

1.3　图形的绘制

WPS 文字具有强大的绘图功能，在“插入”选项卡中，有各种各样的图表和在线图表可供选择，用户可以使用智能图形模板绘制关系图、组织结构图、射线维恩图等，也可以绘制流程图、思维导图等。

1. 关系逻辑图

打开 WPS 文字，在文档中将光标置于需要插入关系图的位置，单击“插入”选项卡中的“智能图形”下拉按钮，在下拉列表中选择“关系图”选项，然后在弹出的对话框中选择所需的样式，最后单击“插入”按钮，如图 1.16 所示。或者单击所需的样式，选择合适的层级结构，然后单击“插入”按钮，如图 1.17 所示。最后根据需要对关系图进行调整和修改。

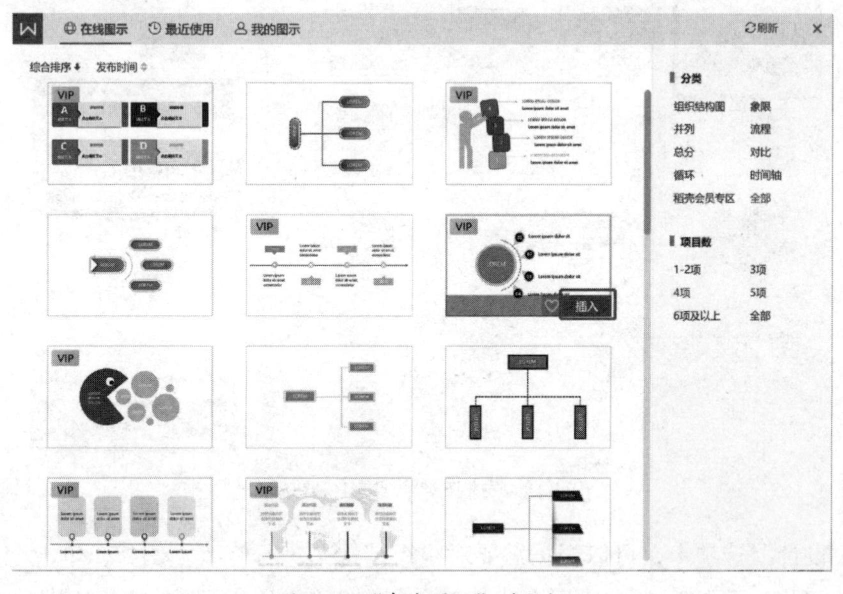

图 1.16　“在线图示”对话框

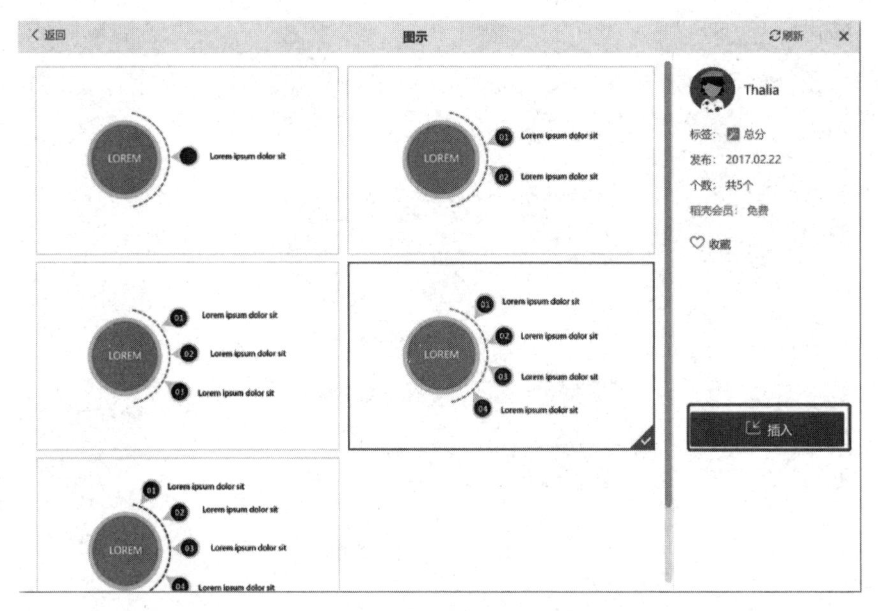

图 1.17　选择所需的样式

2. 组织结构图

组织结构图是一种用来表示各部分之间隶属关系的图。

微课视频

打开 WPS 文字，在文档中将光标置于需要插入组织结构图的位置，单击“插入”选项卡中的“智能图形”下拉按钮，在下拉列表中选择“智能图形”选项，然后在弹出的对话框中选择“组织结构图”选项，单击“确定”按钮，即可在 WPS 文字中插入对应的组织结构图模板，如图 1.18 所示。

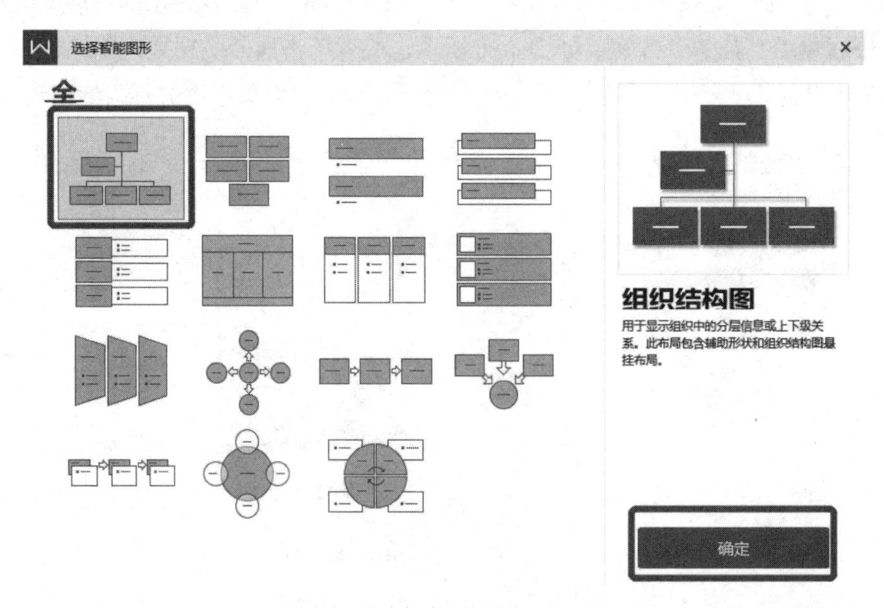

图 1.18　“选择智能图形”对话框

单击“设计”选项卡，可以根据需要对组织结构图进行修改。例如，单击“更改颜色”下拉按钮，可以在下拉列表中选择合适的颜色；在组织结构图中单击“文本”输入框，其右侧出现浮动功能按钮，用户可以添加项目、更改布局、更改位置等；单击“文本”输入框，可以输入要添加的文字，如图 1.19 所示。

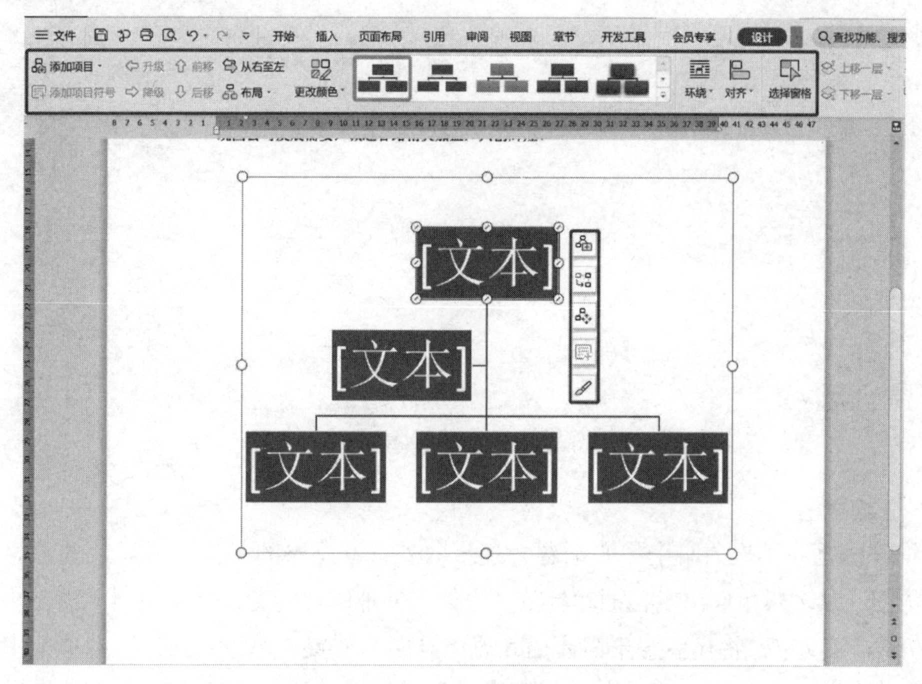

图 1.19 组织结构图

3. 流程图

微课视频

流程图用于将某个过程的步骤以图的形式表示出来。

打开 WPS 文字，在文档中将光标置于需要插入流程图的位置，在“插入”选项卡中，单击“流程图”下拉按钮，在下拉列表中选择“插入已有流程图”选项，插入已有流程图，如图 1.20 所示。

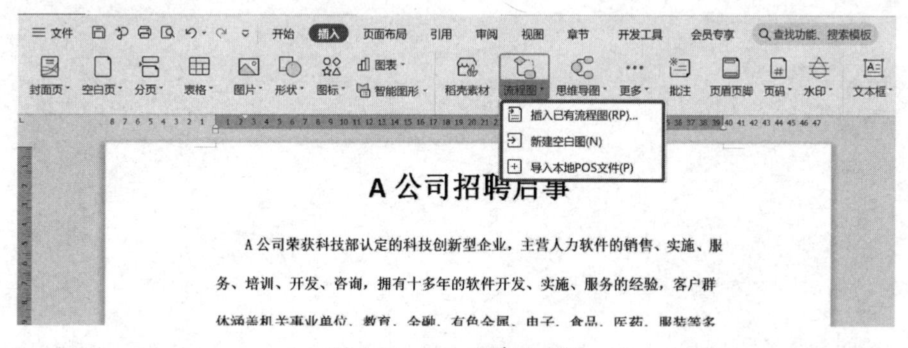

图 1.20 插入已有流程图

WPS 文字提供了多种流程图模板，如果没有找到想要的模板，用户也可以自行设计。在下拉列表中选择“新建空白图”选项，进入流程图编辑模式。在流程图编辑界面的上方有编辑栏、排列栏和页面栏等，在界面的左侧有各种常见的图形，将图形拖动到编辑界面中即可，如图 1.21 所示。

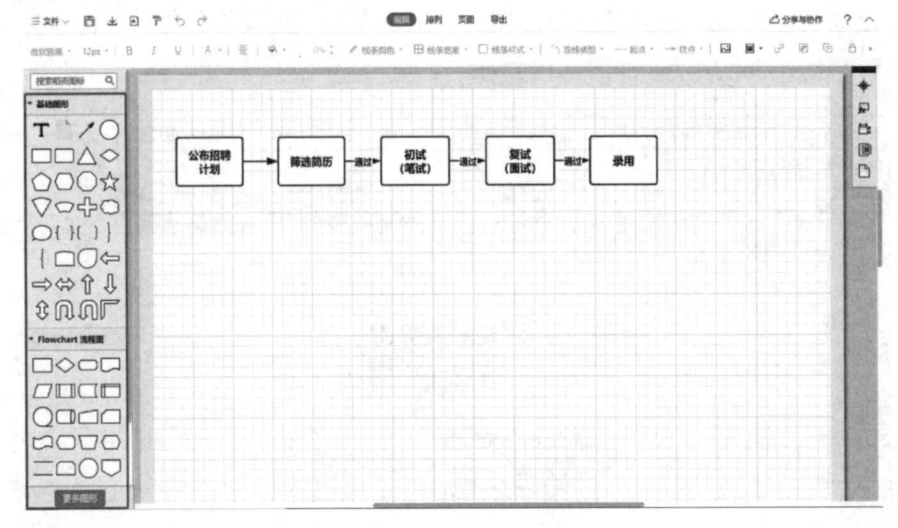

图 1.21　流程图编辑界面

4. 思维导图

思维导图是一种聚焦某个中心话题，逐步向外发散思路的工具，再复杂的内容只要利用思维导图，从逻辑角度出发，抽丝剥茧，也能流畅地解释清楚，让人一目了然。

打开 WPS 文字，将光标置于需要插入思维导图的位置，单击“插入”选项卡中的“思维导图”下拉按钮，在下拉列表中选择“插入已有思维导图”选项。WPS 文字提供了多种思维导图可供选择，用户也可以在下拉列表中选择“新建空白图”选项，新建思维导图。

在思维导图编辑模式下，可使用“Enter”键增加同级主题，使用“Tab”键增加子主题，使用“Delete”键删除主题。此外，在“插入”选项卡中，也可以插入各级主题、关联、图片、标签、任务、超链接、备注、符号及图标等。在“样式”选项卡中可选择不同的风格，更换节点背景，设置连线颜色、连线宽度、画布颜色、主题间距、主题宽度等，如图 1.22 所示。

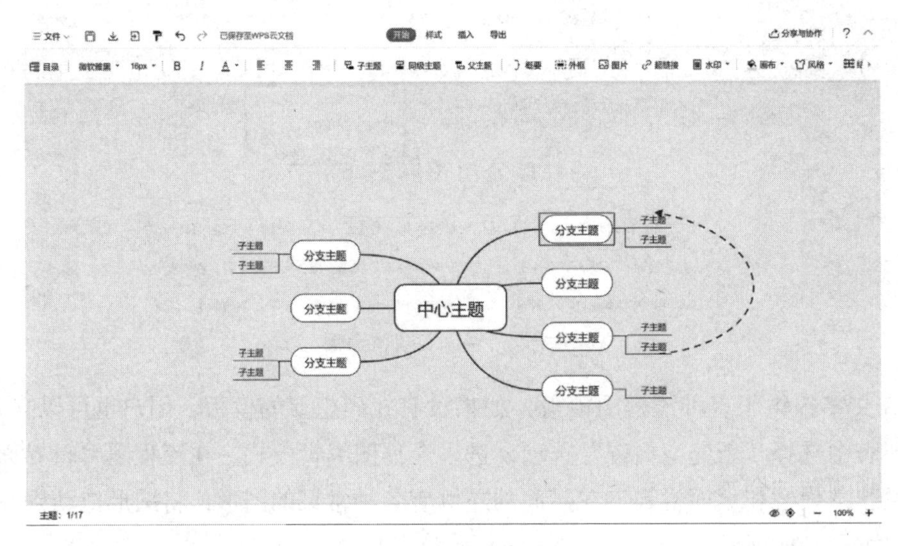

图 1.22　思维导图

重难点笔记区：

1.4　表格样式的设置

微课视频

打开 WPS 文字，将光标置于需要插入表格的位置，单击“插入”选项卡中的“表格”下拉按钮，在下拉列表中可以直接选择表格的行数和列表，或者选择“插入表格”选项，弹出“插入表格”对话框，在对话框中进行设置，插入表格。选中表格，在“表格样式”选项卡中，可以设置表格的颜色、底纹、边框，并绘制斜线表头等，如图 1.23 所示。

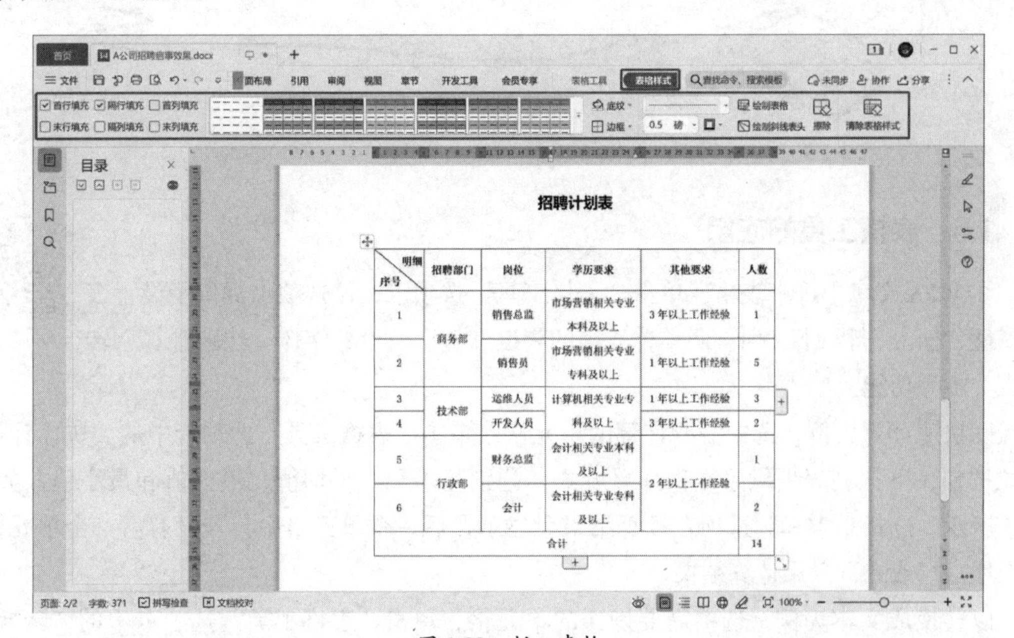

图 1.23　插入表格

以绘制斜线表头为例，选择需要插入斜线表头的单元格，单击“表格样式”选项卡中的“绘制斜线表头”按钮，在弹出的对话框中选择所需的表头类型，如果需要合并选中的单元格，则勾选“合并选中单元格”复选框，如图 1.24 所示，单击“确定”按钮，完成斜线表头的设置。

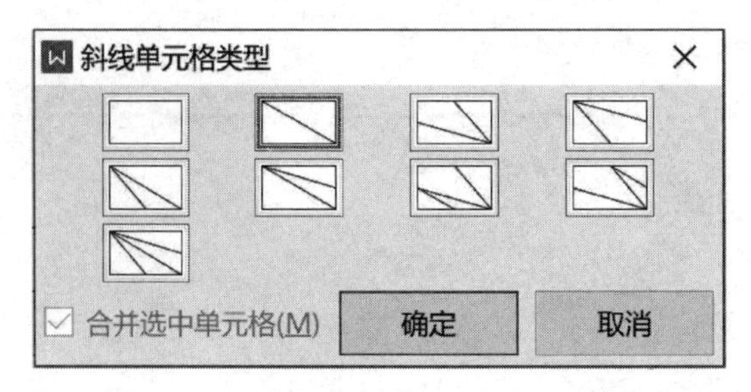

图 1.24 “斜线单元格类型”对话框

议一议：如何删除斜线表头中的斜线？

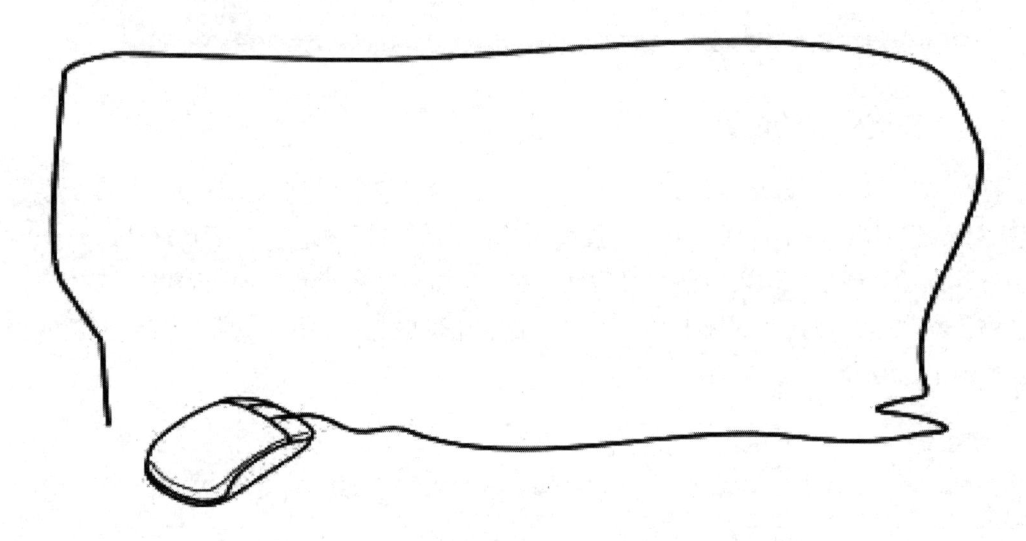

1.5 表格工具的应用

微课视频

在 WPS 文字中选中表格，单击“表格工具”选项卡，该选项卡提供了设置表格属性、插入 / 删除行 / 列、调整单元格的高度和宽度、设置字体、快速计算、转换成文本等功能。

以快速计算为例，选中需要计算的单元格，单击“表格工具”选项卡中的“快速计算”下拉按钮，下拉列表提供了 4 种计算方式，分别是求和、平均值、最大值和最小值，如图 1.25 所示。选择“求和”选项，计算结果会显示在后一个单元格中，若没有后一个单元格，会新增一行或一列显示计算结果。

以转换成文本为例，选中需要操作的单元格，单击“表格工具”选项卡中的“转换为文本”按钮，在弹出的对话框中选择所需的文字分隔符，默认勾选“转换嵌套表格”复选框，单击“确定”按钮，如图 1.26 所示。

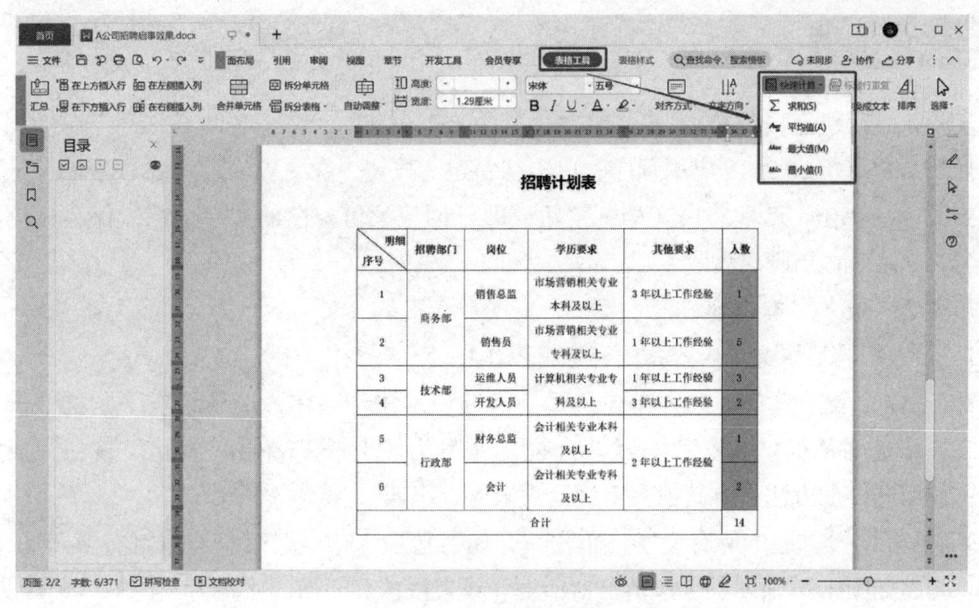

图 1.25 快速计算

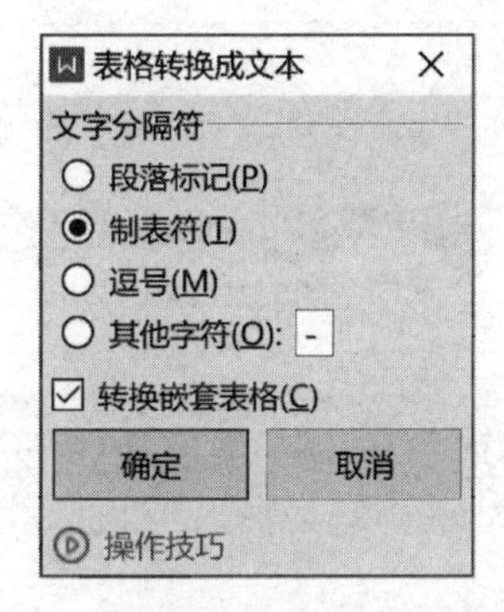

图 1.26 “表格转换成文本”对话框

想一想：“表格转换成文本”对话框中的“转换嵌套表格”复选框有什么作用？

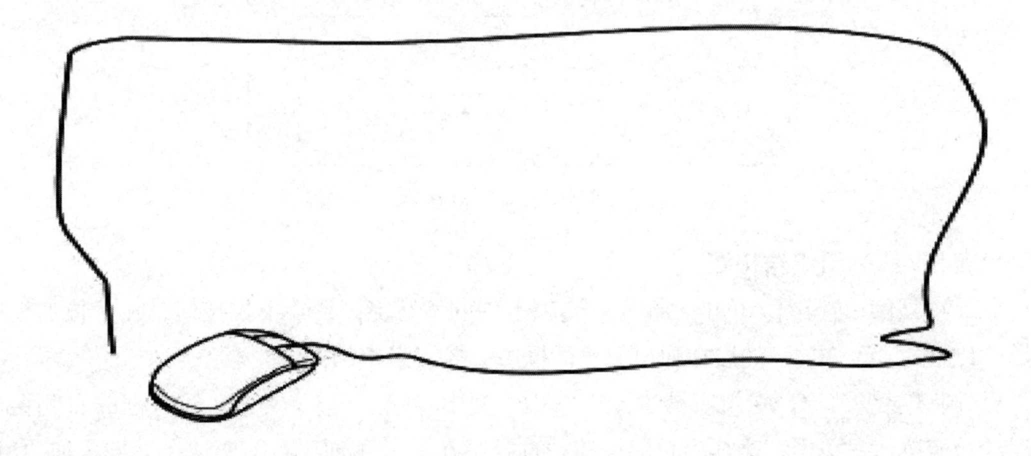

主要步骤

步骤 1：新建空白文档

打开 WPS Office 2019 应用程序，单击“新建”按钮，在“W 文字”选项卡的“推荐模板”界面中，单击“新建空白文档”按钮，即可创建一份空白的文字文档，保存文档并将其命名为“A 公司招聘启事”。

步骤 2：录入文本内容

1. 录入招聘启事文本内容，内容参考图 1.1。

2. 字体设置。选中标题，单击“开始”选项卡中“字体”选项组右下角的“┘”按钮，在弹出的对话框中设置字体为“宋体”，字号为“小一”，单击“确定”按钮完成字体设置；使用同样的方法，将其他文字设置为宋体、小四。

3. 段落设置。选中所有文字，单击“开始”选项卡中“段落”选项组右下角的“┘”按钮，弹出如图 1.27 所示的“段落”对话框，设置段前和段后的间距为“1 行”，行距为“2 倍行距”，首行缩进为“2 字符”，单击“确定”按钮完成段落设置。

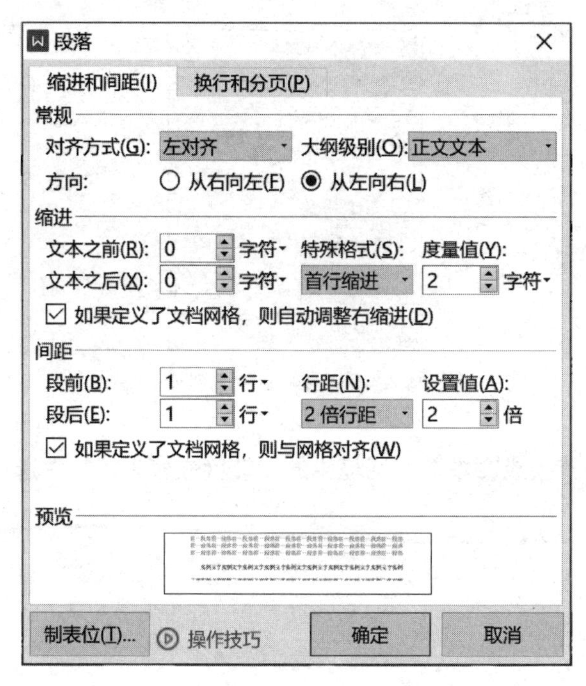

图 1.27 “段落”对话框

步骤 3：绘制组织结构图

1. 插入组织结构图。单击“插入”选项卡中的“智能图形”下拉按钮，在下拉列表中选择“智能图形”选项，然后在弹出的对话框中选择“组织结构图”选项。

2. 调整层级结构。在组织结构图中选中“文本”输入框，“文本”输入框的右侧会出现浮动功能按钮，单击“添加项目”按钮，选择“在上方添加项目”或“在下方添加项目”或“在前面添加项目”或“在后面添加项目”选项，如图 1.28 所示，调整层级结构。

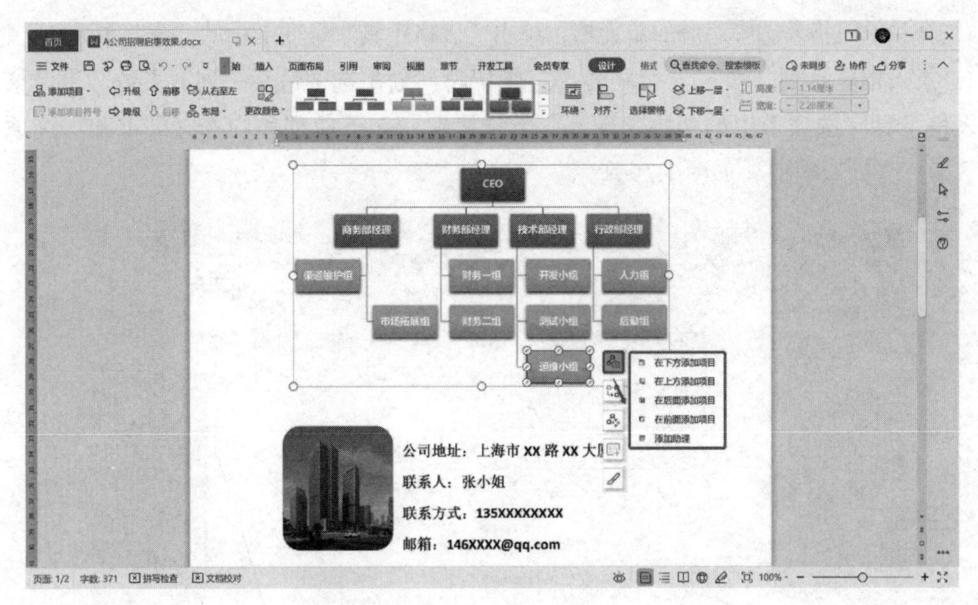

图 1.28　调整层级结构

3. 更改颜色。选中组织结构图，单击“设计”选项卡中的“更改颜色”下拉按钮，在下拉列表中选择“彩色”选区中的第二种方案。

4. 录入组织名称。参考图 1.28，依次录入 A 公司各级组织名称，并设置文字为“微软雅黑”“加粗”“五号”。

步骤 4：插入图片

1. 插入图片。单击“插入”选项卡中的“图片”按钮，在弹出的对话框中选择“图片素材 .png”，单击“打开”按钮。

2. 编辑图片。首先调整图片至合适大小；接着选中图片，单击“图片工具”选项卡中的“裁剪”下拉按钮，在下拉列表中选择“圆角矩形”选项，单击“裁剪”按钮；然后调整图片的亮度和对比度；最后单击“环绕”下拉按钮，在下拉列表中选择“四周型环绕”选项。

3. 编辑联系方式。在图片右侧，添加 A 公司的公司地址、联系人、联系方式和邮箱，设置文字为“宋体”“加粗”“小三”，参考图 1.1。

步骤 5：绘制流程图

单击“插入”选项卡中的“流程图”下拉按钮，在下拉列表中选择“新建空白图”选项；在流程图编辑模式中，选中左侧的图形，编辑招聘流程图；最后保存编辑好的流程图，并将其导入“A 公司招聘启事”，参考图 1.1。

步骤 6：绘制表格

1. 插入表格。单击“插入”选项卡中的“表格”下拉按钮，在下拉列表中选择表格的行数与列数，插入一张 7 行×5 列的表格。

2. 绘制斜线表头。选中左上角的第一个单元格，单击“表格样式”选项卡中的“绘制斜线表头”按钮，在弹出的对话框中选择第二个斜线单元格类型。

3. 合并单元格。选中对应的单元格，单击“表格工具”选项卡中的“合并单元格”按钮。

4. 录入招聘计划。填写 A 公司各部门的招聘计划；选中最后一列“人数”单元格，单击“表格工具”选项卡中的“快速计算”下拉按钮，在下拉列表中选择“求和”选项，得出人数的“合计”数值，如图 1.29 所示。

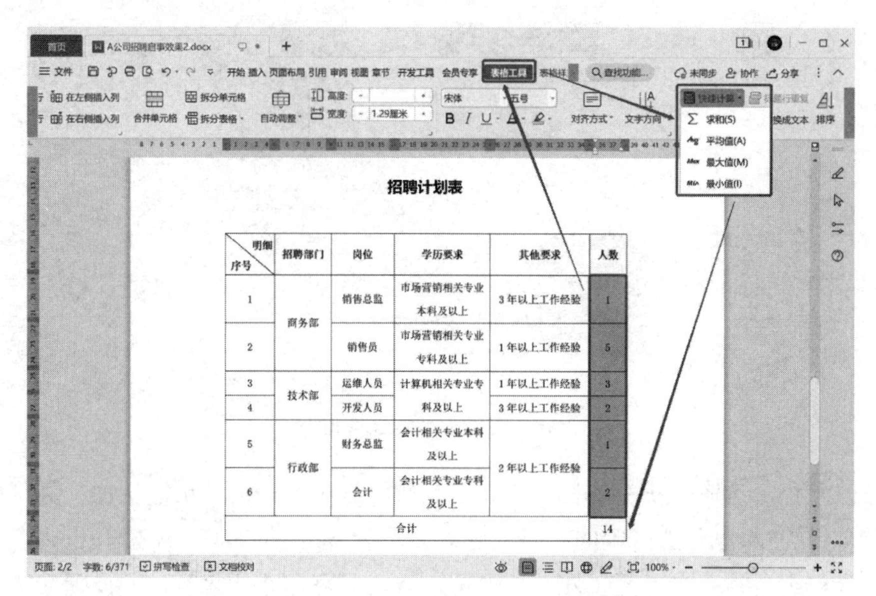

招聘计划表

明细 序号	招聘部门	岗位	学历要求	其他要求	人数
1	商务部	销售总监	市场营销相关专业本科及以上	3 年以上工作经验	1
2		销售员	市场营销相关专业专科及以上	1 年以上工作经验	5
3	技术部	运维人员	计算机相关专业专科及以上	1 年以上工作经验	3
4		开发人员		3 年以上工作经验	2
5	行政部	财务总监	会计相关专业本科及以上	2 年以上工作经验	1
6		会计	会计相关专业专科及以上		2
合计					14

图 1.29　得出人数的“合计”数值

5. 设置表格格式。在“表格工具”选项卡中调整单元格的宽度、文字格式和对齐方式等，参考图 1.1。

项目拓展

1. 文字转换成表格

WPS 文字除了可以将表格转换成文字，也可以将文字转换成表格。

将文字转换成表格时，首先使用逗号、制表符或其他分隔符标记对文字内容进行分隔，然后选中文字内容，单击“插入”选项卡中的“表格”下拉按钮，在下拉列表中选择“文本转换成表格”选项，在弹出的对话框中，设置表格尺寸和文字分隔位置，最后单击“确定”按钮，如图 1.30 所示。

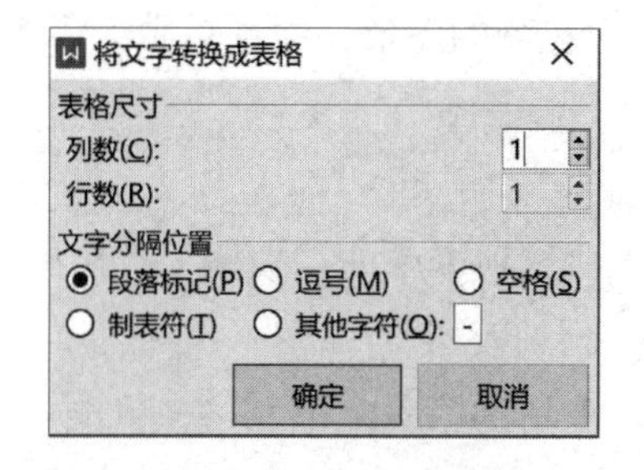

图 1.30　“将文字转换成表格”对话框

2. 设置图片环绕方式

WPS 文字提供了多种图片环绕方式，包括嵌入型、四周型、紧密型、衬于文字下方、衬于文字上方、上下型、穿越型，默认环绕方式为“嵌入型”。

如果想更改图片的环绕方式，则选中图片，单击“图片工具”选项卡中的“环绕”下拉按钮，在下拉列表中选择所需的环绕方式即可。

如果想更改图片的默认环绕方式，则在“文件”菜单中选择“工具”→“选项”选项，在弹出的对话框中选择“编辑”选项，在“将图片插入 / 粘贴为”下拉列表中调整即可，如图 1.31 所示。

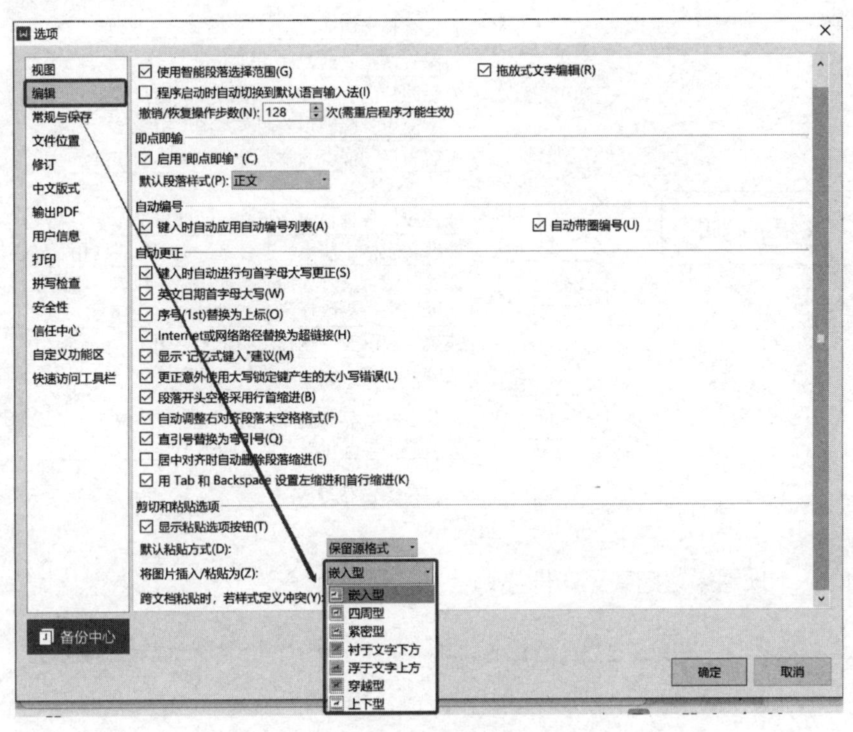

图 1.31　更改图片的默认环绕方式

3. 表格的嵌套

WPS 文字允许在表格中再插入表格，即表格的嵌套，如图 1.32 所示。首先插入一张表格，然后选中某个单元格，单击“插入”选项卡中的“表格”下拉按钮，在下拉列表中进行操作（方法同插入表格），可以实现嵌套表格。

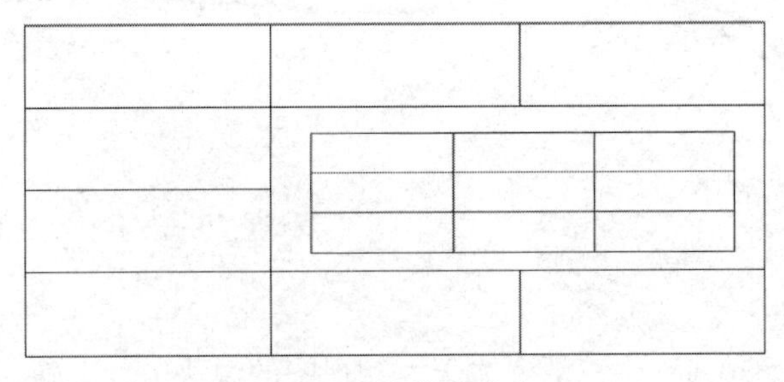

图 1.32　表格的嵌套

项目小结

本项目通过制作一份招聘启事，使学生掌握 WPS 文字的编辑操作，学会对图形进行处理，能使用智能图形绘制组织结构图、流程图，了解表格的嵌套，能制作有斜线表头的复杂表格，掌握 WPS 文字中表格工具的操作和应用。同时，在本项目的实施过程中，引导学生理性思考和科学规划自己的未来，既不好高骛远又不妄自菲薄，并强调敬业精神的重要性。

本项目的知识元素、技能元素、思政元素小结思维导图如图 1.33 所示。

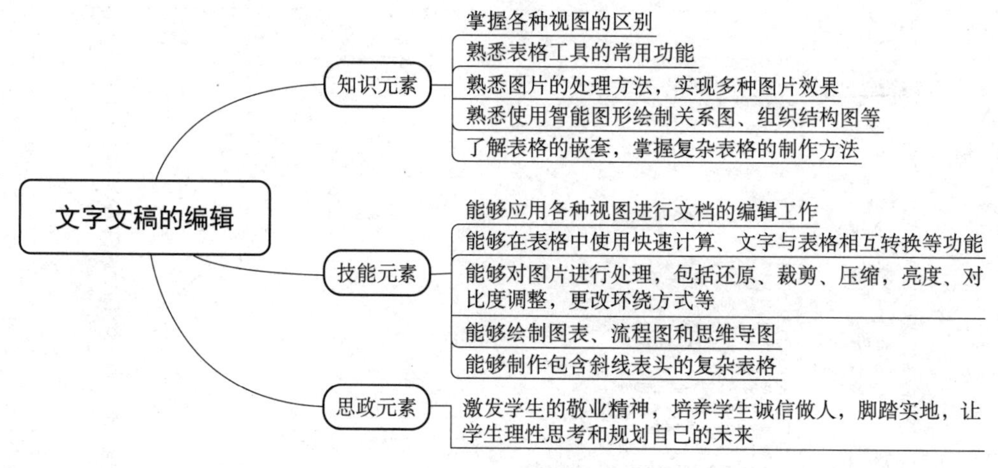

图 1.33　项目小结思维导图

问一问：本项目学习结束了，你还有什么问题吗？

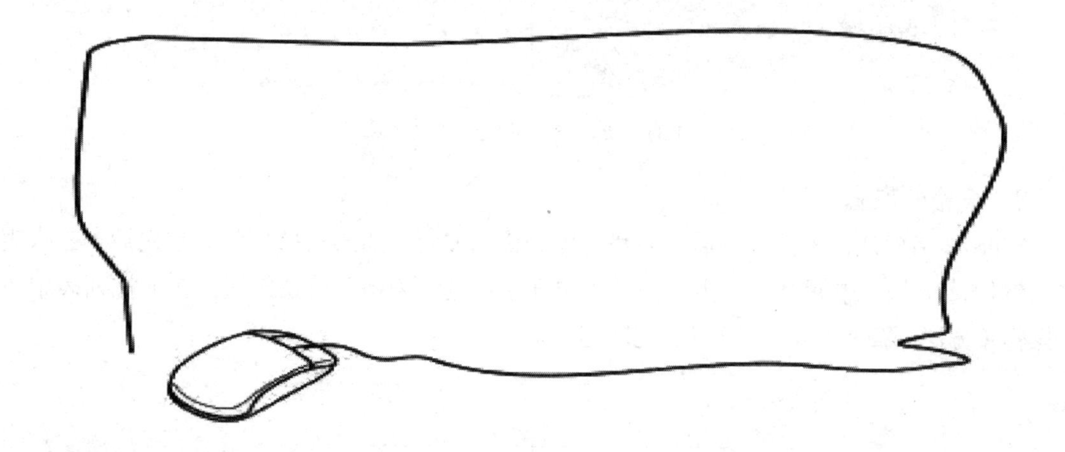

综合练习

一、单项选择题

1. 在“WPS 文字 2019”中，下列关于大纲视图的说法中，正确的是（　　）。

A．在此视图下，可以方便地查看、调整文档的层次结构，以区块为单位移动文本段落，折叠和展开各层级的标题

B．按“Esc”键可以退出大纲视图

C．单击右下角的“ ”按钮，可以切换到大纲视图

D．大纲视图默认显示两栏，两侧有“翻页”按钮

2．在“WPS 文字 2019”中，下列关于图片处理的说法中，错误的是（　　）。

A．WPS 文字提供了两种裁剪方式，即按照形状裁剪与按照比例裁剪

B．压缩图片的目的是减小文档的大小

C．在“图片工具”选项卡中，可以单击“ ”按钮增加对比度

D．裁剪图片后，裁剪的图片并没有从文档中彻底删除，只是占用了一定比例的文档大小

3．在“WPS 文字 2019”中，表格的快速计算包括（　　）。

①求和　②求积　③最大值　④最小值　⑤平均值

A. ①②③④　B. ①③④⑤

C. ②③④⑤　D. ①②③④⑤

4．在“WPS 文字 2019”中，将表格转换成文本时，可以将（　　）设置为分隔符。

①段落标记　②制表符　③逗号　④其他符号（自定义，如“-”）

A. ①②③　B. ②③④

C. ①③④　D. ①②③④

二、操作题

1．打开“期末考试情况 .docx”文档，如图 1.34 所示，使用快速计算功能得出每位学生的总分，并将文档中的表格转换成文本。

期末考试情况					
学号	性别	语文	数学	英语	总分
1001	男	85	93	84	
1002	女	96	76	88	
1003	男	84	60	84	
1004	男	96	98	85	
1005	女	86	96	97	
1006	男	92	89	93	
1007	女	89	87	86	
1008	女	81	79	90	
1009	男	91	61	81	
1010	女	83	78	88	

图 1.34　期末考试情况

2．插入一张你喜欢的图片，使用图片工具对图片进行裁剪、压缩，以及亮度、对比度等调整。

3．制作一张个人简历表，效果如图 1.35 所示。

个人简历

<table>
<tr><td>姓名</td><td></td><td>性别</td><td></td><td>民族</td><td></td><td rowspan="4"></td></tr>
<tr><td>政治面貌</td><td></td><td>出生年月</td><td></td><td>婚姻状况</td><td></td></tr>
<tr><td>籍贯</td><td></td><td>现所在地</td><td></td><td>学历</td><td></td></tr>
<tr><td>毕业院校</td><td colspan="2"></td><td>专业</td><td colspan="2"></td></tr>
<tr><td>电子邮箱</td><td colspan="3"></td><td>联系电话</td><td colspan="2"></td></tr>
<tr><td>语言能力</td><td colspan="3"></td><td>计算机能力</td><td colspan="2"></td></tr>
<tr><td>专业技能</td><td colspan="6"></td></tr>
<tr><td>求职意向</td><td colspan="6"></td></tr>
<tr><td rowspan="5">教育培训经历</td><td>时间</td><td colspan="2">毕业学校/培训机构</td><td colspan="2">专业/培训内容</td><td>学历/证书</td></tr>
<tr><td></td><td colspan="2"></td><td colspan="2"></td><td></td></tr>
<tr><td></td><td colspan="2"></td><td colspan="2"></td><td></td></tr>
<tr><td></td><td colspan="2"></td><td colspan="2"></td><td></td></tr>
<tr><td></td><td colspan="2"></td><td colspan="2"></td><td></td></tr>
<tr><td rowspan="4">工作经历</td><td>时间</td><td colspan="2">工作单位</td><td colspan="2">具体岗位/职责</td><td>离职原因</td></tr>
<tr><td></td><td colspan="2"></td><td colspan="2"></td><td></td></tr>
<tr><td></td><td colspan="2"></td><td colspan="2"></td><td></td></tr>
<tr><td></td><td colspan="2"></td><td colspan="2"></td><td></td></tr>
<tr><td>获奖情况</td><td colspan="6"></td></tr>
<tr><td>自我评价</td><td colspan="6"></td></tr>
<tr><td>兴趣爱好</td><td colspan="6"></td></tr>
</table>

图 1.35　个人简历表

三、综合实践题

1．暑假即将来临，请制作一份暑期夏令营培训招生简章，主题自拟，要求图文并茂、思路清晰、内容完整。

2．请选择你感兴趣的一本书或一门课，绘制一张思维导图，要求：分支大于等于 4 个，层次大于等于 3 层，颜色大于等于 3 种，主题简洁、结构清晰、配色合理、画面干净。

项目 2　网店策划论文排版

学习目标

知识目标：掌握自定义项目符号和编号的用法；掌握标题样式和多级编号的用法；掌握分页、分节等分隔符的区别；掌握引用、更新目录的方法；熟悉章节工具的应用方法；熟悉多页表格的排版方法；熟悉导航窗格的应用方法。

能力目标：能够插入自定义项目符号和编号；能够插入标题样式和多级编号；能够插入分页、分节等分隔符；能够插入脚注、尾注、题注等；能够使用章节工具插入封面页、目录页；能够使用表格的标题行重复进行多页表格的排版；能够使用导航窗格进行快速定位与编辑。

思政目标：弘扬严谨细致、求真务实的精神，坚守学术诚信，摒弃学术不端行为。

项目效果

WPS 文字拥有丰富的编辑功能，是用户日常工作中应用最广泛的文字处理软件之一，也是提高办公自动化水平的重要辅助工具。但是在日常工作和学习中，用户也会遇到诸如论文、长篇报告等大篇幅文本的录入与编辑流程，对这类长文档的排版通常有很多要求，如对封面、目录和各章节进行格式设置。由于这类文档篇幅长且结构复杂，初学者在排版时会遇到一些困难，排版效果也难以令人满意。

本项目围绕网店策划论文，对长文档排版的知识和技能进行讲解，利用自定义项目符号和编号，以及多级编号规划长文档框架，明确文档结构，借助分隔符对不同章节进行分节，以满足不同内容的格式设置需要。最后借助章节工具，插入封面及目录，提高文档整体的美观度。项目的部分效果如图 2.1 所示。

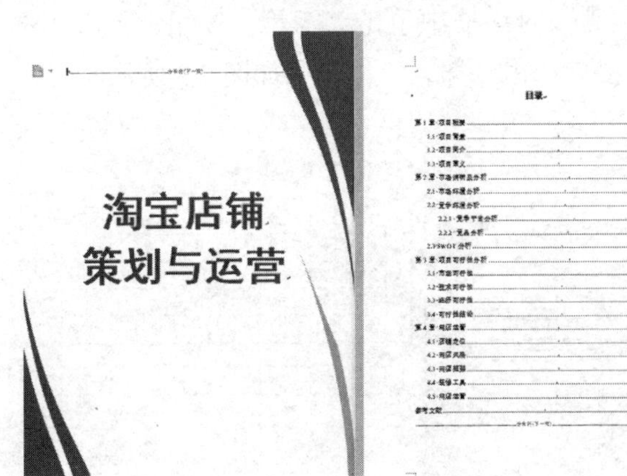

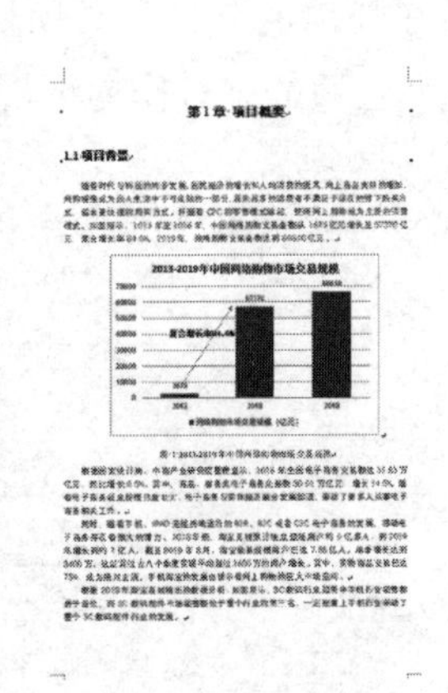

图 2.1　项目的部分效果

知识技能

微课视频

2.1　自定义项目符号和编号的设置

1. 项目符号的设置

项目符号能让文本内容更有层次，有突出文本内容的效果。如果想强调文档中的某段文本内容，则可以选中文本内容，添加项目符号。

利用 WPS 文字设置项目符号时，先选中需要设置项目符号的文本内容，再单击“开始”选项卡中的“项目符号”下拉按钮，在下拉列表中选择一种合适的项目符号，如图 2.2 所示。

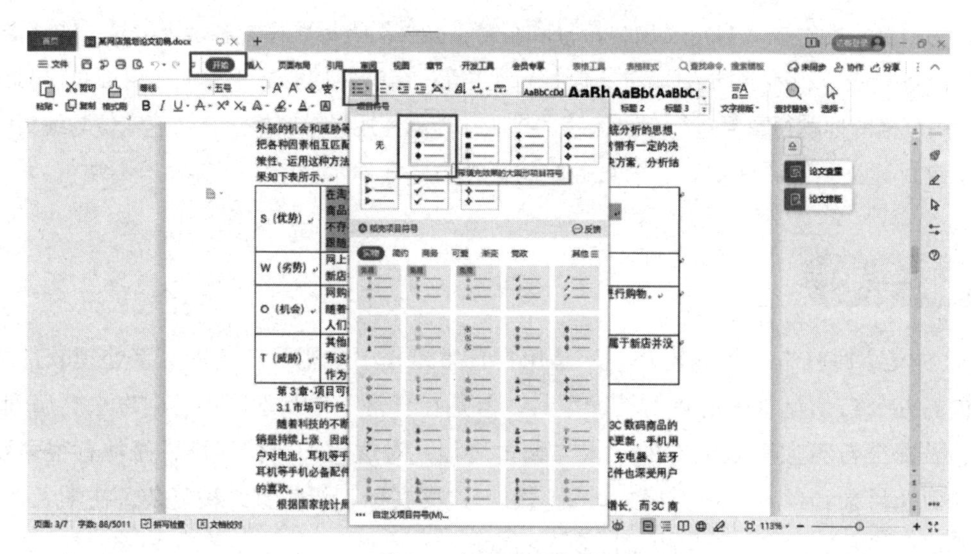

图 2.2　插入项目符号

如果预设的项目符号无法满足需求，则可以自定义项目符号。先单击“开始”选项卡中的“项目符号”下拉按钮，在下拉列表中选择“自定义项目符号”选项，接着在弹出的“项目符号和编号”对话框的“项目符号”选项卡中选择一种项目符号，单击“自定义”按钮，然后在弹出的“自定义项目符号列表”对话框中单击“字符”按钮，弹出“符号”对话框，选择合适的字符作为项目符号，最后单击“插入”按钮，如图 2.3 所示。

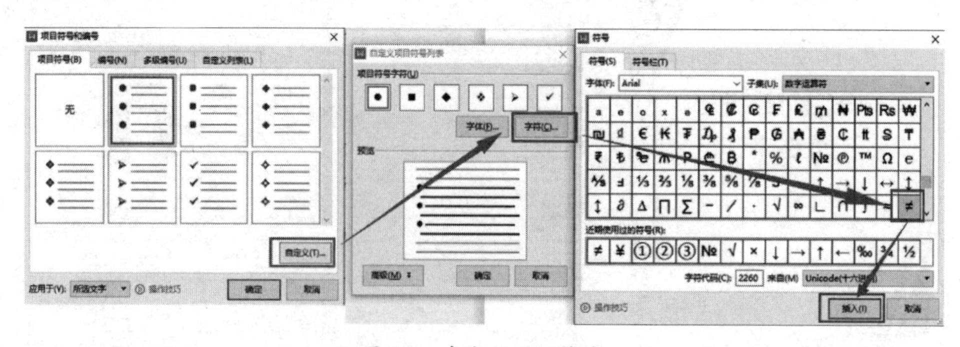

图 2.3　自定义项目符号

2. 编号的设置

自动编号功能在编辑文档的过程中较为常用，它不仅可以明晰文档的层次结构，方便阅读理解，还可以提高文档修改的灵活性。在 WPS 文字中设置编号时，先选中需要编号的文本，然后单击“开始”选项卡中的“编号”下拉按钮，在下拉列表中选择一种合适的编号样式即可，如图 2.4 所示。

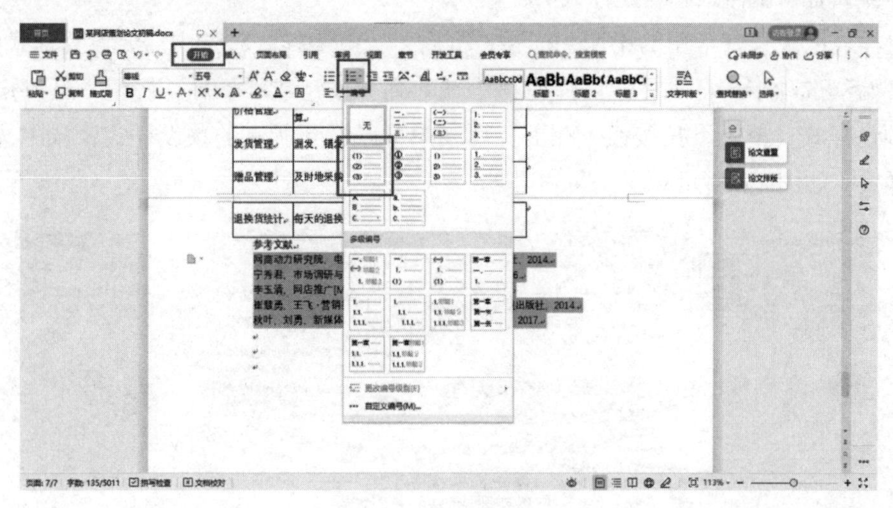

图 2.4　插入编号

如果系统自带的编号样式不能满足需求，则可以自定义编号。先单击“开始”选项卡中的“编号”下拉按钮，在下拉列表中选择“自定义编号”选项，在弹出的“项目符号和编号”对话框的“编号”选项卡中选择一种编号样式，单击“自定义”按钮，弹出“自定义编号列表”对话框，在“编号格式”文本框中输入所需的编号格式，或者在“编号样式”下拉列表中选择合适的样式，还可单击“起始编号”微调按钮，对起始编号进行调整，如图 2.5 所示。

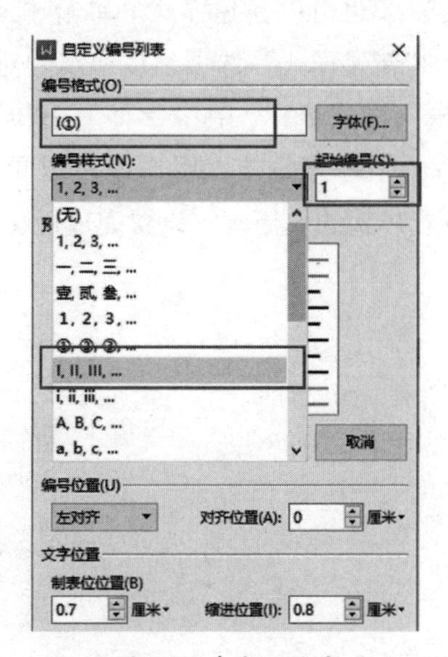

图 2.5　自定义编号

2.2 多级编号的应用

微课视频

1. 样式

在编辑论文或其他文档时，一般会对标题格式有要求，如果对标题逐个调整，既浪费时间，又很容易出错。WPS 文字中的样式功能可以让操作更加方便快捷。WPS 文字中的文本样式有预设样式和新建样式两种模式。

预设样式已设置好常用的正文、标题、页眉、页脚等样式，选中需要设置样式的文本，单击“开始”选项卡中的“样式”库右侧的“上翻”按钮或“下翻”按钮，可以切换显示不同的预设样式，单击下拉按钮，在下拉列表中可以看到所有的预设样式，从中选择一种合适的样式，如图 2.6 所示。

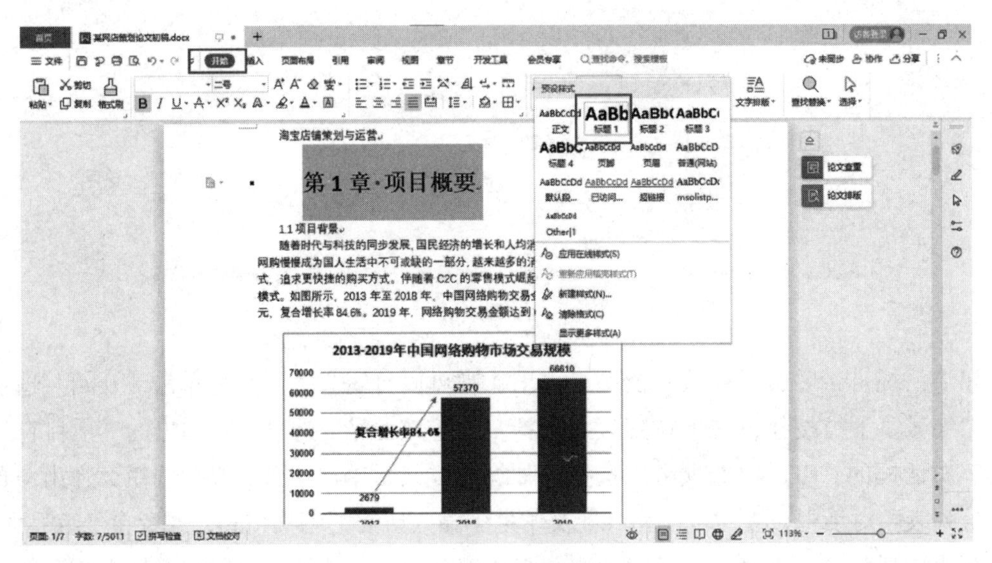

图 2.6　选择预设样式

如果预设样式无法满足需求，也可以新建样式。单击“开始”选项卡中的“样式”库下拉按钮，在下拉列表中选择“新建样式”选项，在弹出的对话框中设定新样式的属性和格式。在“名称”文本框中输入样式名称，在“字体”下拉列表中选择合适的字体，在“字号”下拉列表中选择合适的字号。此外，用户还可以单击“格式”下拉按钮，对段落、边框等进一步调整，并设置样式的快捷键，设置完成后，单击“确定”按钮，如图 2.7 所示。

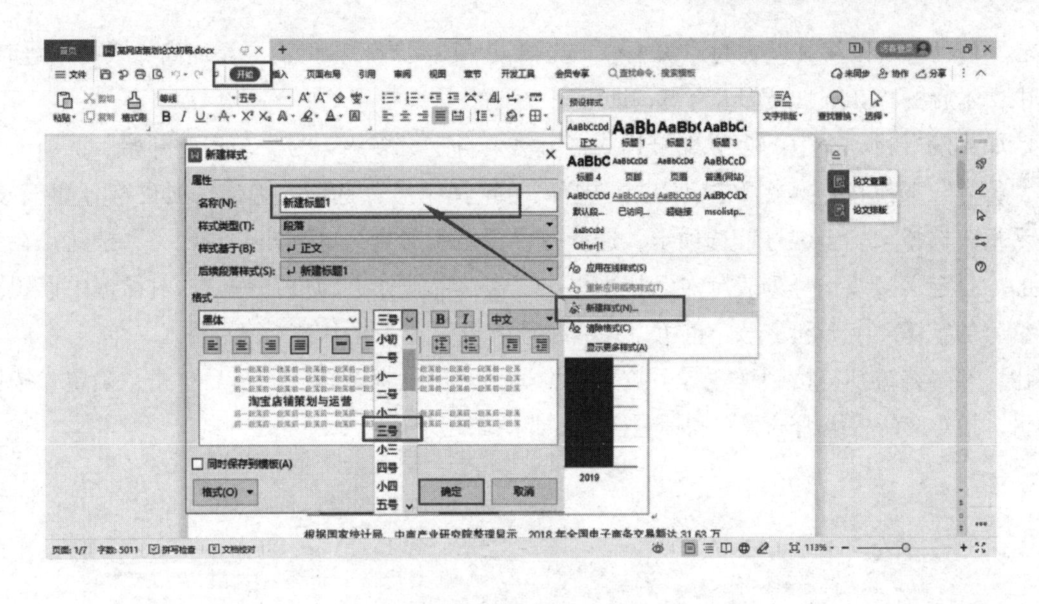

图 2.7　新建样式

2. 多级编号

为了使长文档更加美观，需要为文档的各章节添加编号，一般从第一章到最后一章要进行连续编号，如第 1 章、第 2 章等，并且要对各章的二级标题（小节）进行连续编号，如 1.1、1.2 等。如果一般的编号无法满足需求，则可以使用多级编号。多级编号是为列表或文档设置层次结构而创建的编号形式，使用多级编号可以从整体上令长文档的章节格式和次序保持一致。

在 WPS 文字中设置多级编号时，选中需要设置多级编号的标题文本，单击“开始”选项卡中的“编号”下拉按钮，在下拉列表中选择一种合适的多级编号样式，如图 2.8 所示。

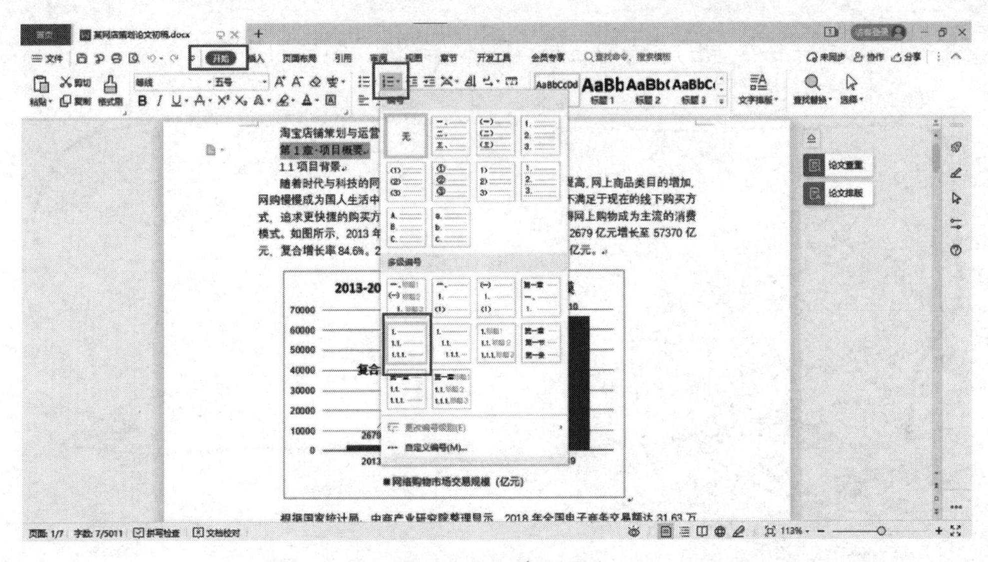

图 2.8　插入多级编号

使用多级编号时，如果要更改编号级别，比如设置二级标题，可以选中该标题，再按

“Tab”键，就可以将其设置为二级编号。当输入一段文本后，又需要添加高一级的编号时，选中文本后按“Shift+Tab”组合键，即可完成设置。

如果没有找到合适的多级编号样式，就需要自定义多级编号。单击“开始”选项卡中的“编号”下拉按钮，在下拉列表中选择“自定义编号”选项，弹出“项目符号和编号”对话框，选择“多级编号”选项卡，选择一种多级编号样式，单击“自定义”按钮，在弹出的“自定义多级编号列表”对话框中单击“字体”按钮，即可在弹出的对话框中设置多级编号的字体、字形和字号。也可以在“编号格式”文本框中输入编号格式，单击“高级”按钮，在“将级别链接到样式”下拉列表中选择对应的标题样式，最后单击“确定”按钮即可链接对应的多级编号级别和标题样式，如图 2.9 所示。

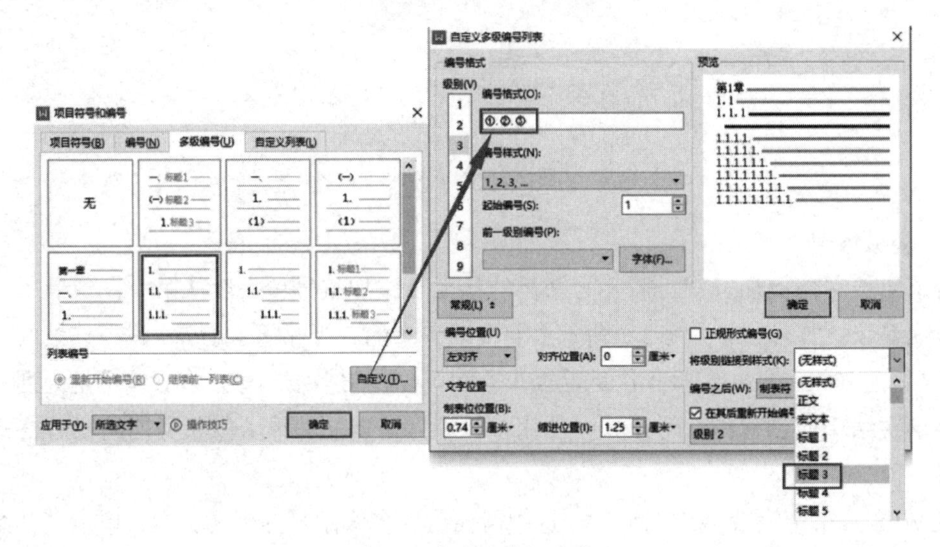

图 2.9　自定义多级编号

动一动：设置一级编号的字号为三号、字体为宋体、字形为加粗。

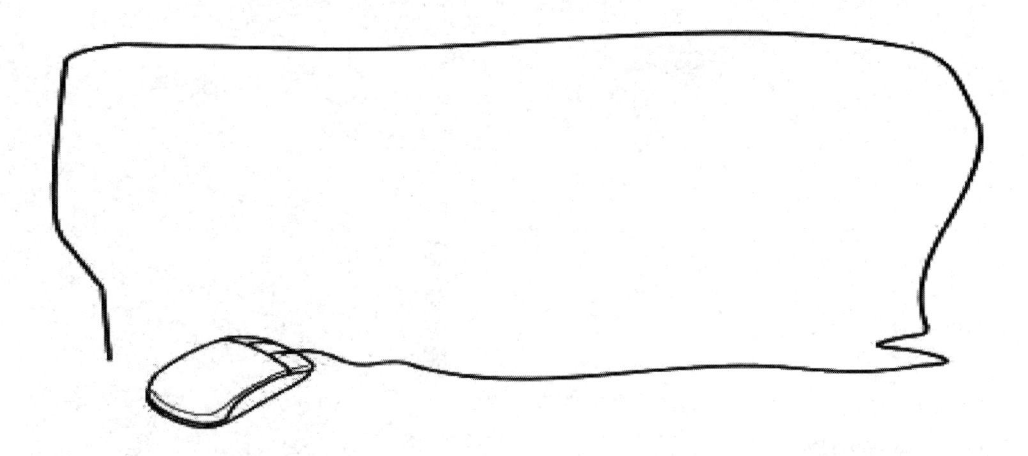

2.3　分隔符的设置

微课视频

1. 分页符

一般情况下，当文档内容填满当前页面时，系统会自动切换至下一页，即自动分页。但这种分页方法不利于排版，尤其对于长文档，只要有小的改动，就会造成分页位置的改变，因此，可以采用插入分隔符强制分页的方法解决问题。

在论文中，目录、摘要、引言一般要单独成页，可以利用分页符将它们分页。将光标置于需要分页的位置，单击“页面布局”选项卡中的“分隔符”下拉按钮，在下拉列表中选择“分页符”选项，如图 2.10 所示。

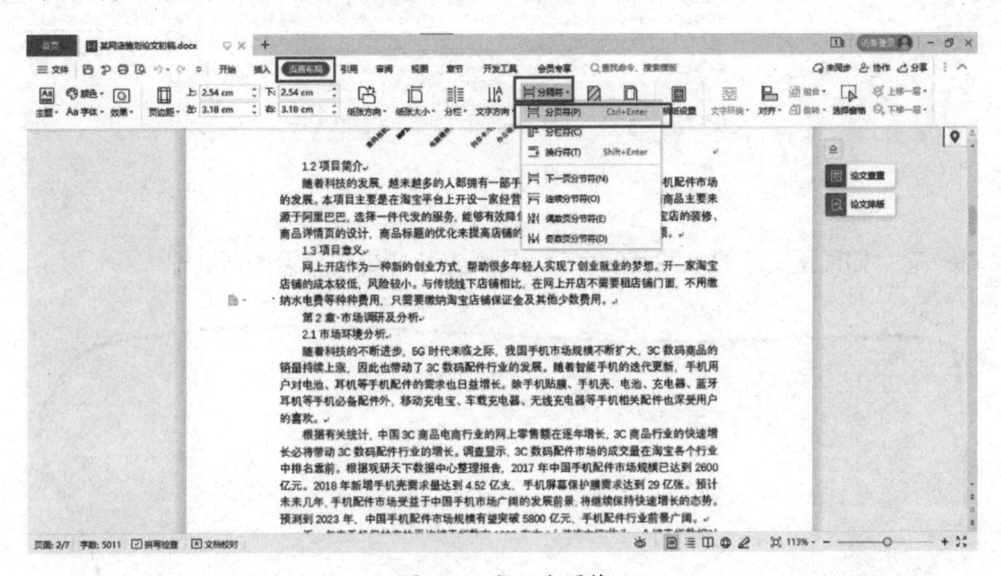

图 2.10　插入分页符

2. 分节符

节是文档格式化的最大单位，只有在不同的节中，才可以对同一文档中的不同部分进行各种版面布局，如插入页眉、页脚，设置分栏版式等。在对论文进行排版时，可能需要将封面、目录、摘要、章节、结论、致谢、参考文献等各部分内容设置成不同的页眉、页脚，因此，需要将各部分设置为独立的一节，这里就会用到分节符。

WPS 文字中的分节符包括连续分节符、下一页分节符、奇数页分节符和偶数页分节符四种类型。

（1）连续分节符：插入分节符后，文档设置的新节从同一页开始。

（2）下一页分节符：插入分节符后，文档设置的新节从下一页开始。

（3）奇数页分节符：插入分节符后，文档设置的新节从下一个奇数页开始。

（4）偶数页分节符：插入分节符后，文档设置的新节从下一个偶数页开始。

在 WPS 文字中插入分节符时，将光标置于需要插入分节符的位置，再单击“页面布局”选项卡中的“分隔符”下拉按钮，在下拉列表中选择一种分节符，如图 2.11 所示。

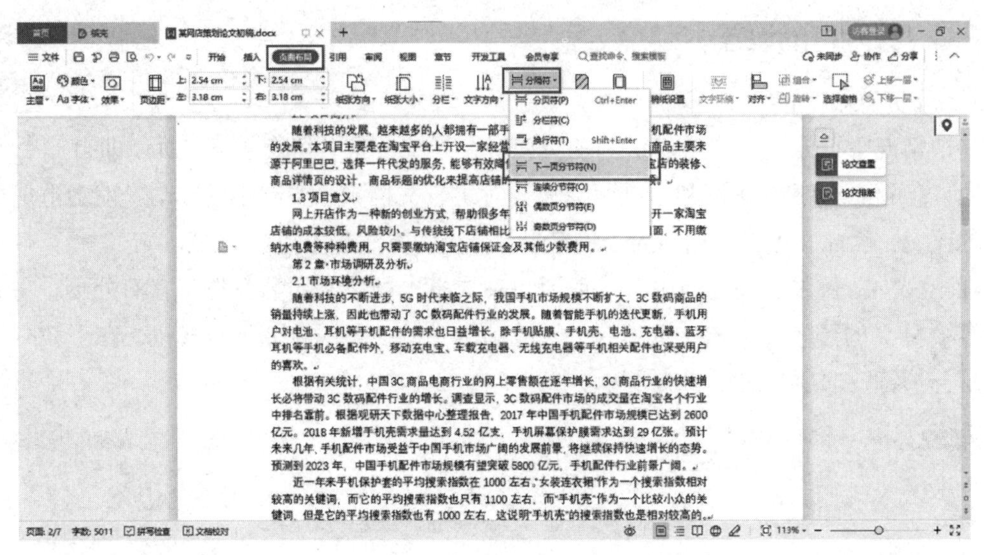

图 2.11　插入分节符

想一想：如果正文的每个章节前面有一页概述不标页码，该如何处理？

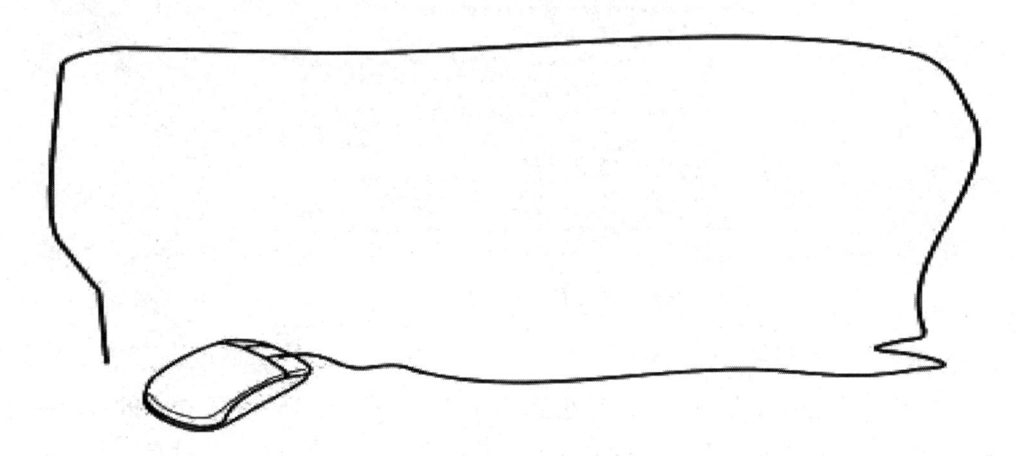

2.4　章节工具的应用

微课视频

对一篇论文来说，封面是必不可少的组成要素，它起着提供文档相关信息和保护论文内容的作用。在一篇长文档中，因其层次较多，整个体系较庞大、复杂，所以通常会设置目录。目录是对一篇论文主要段落的概括，能够帮助读者快速了解文章的整体结构和主要内容，因此在目录中应该逐一标注各级标题在正文中对应的页码，且标注的页码必须清楚无误。

1. 封面页

利用 WPS 文字中的章节工具可以快速插入封面页。将光标置于需要插入封面页的位置，再单击“章节”选项卡中的“封面页”下拉按钮，在下拉列表中选择合适的预设封面，如图 2.12 所示。

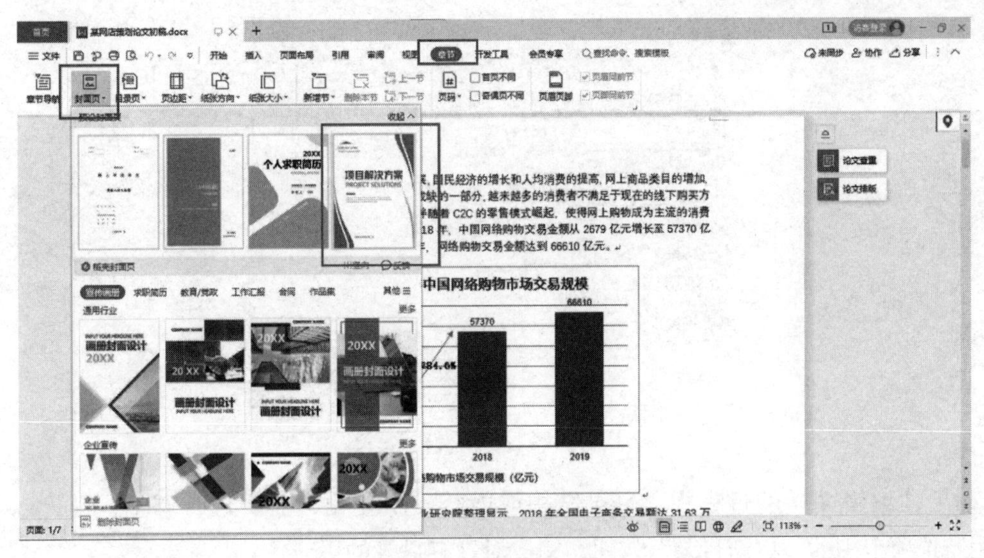

图 2.12　插入封面页

2. 目录页

插入目录页的方法是先将光标置于要插入目录页的位置，再单击“章节”选项卡中的“目录页”下拉按钮，在下拉列表中选择合适的目录样式，如图 2.13 所示。

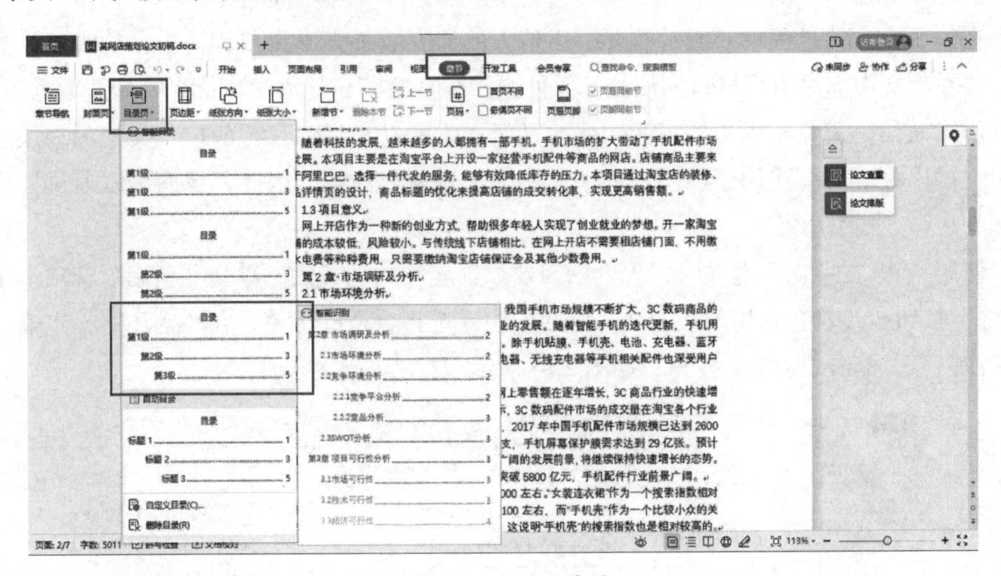

图 2.13　插入目录页

如果要对显示的目录级别和前导符进行调整，则可以单击“章节”选项卡中的“目录页”下拉按钮，在下拉列表中选择“自定义目录”选项，弹出“目录”对话框，在“制表符前导符”下拉列表中选择合适的前导符，并单击“显示级别”右侧的微调按钮，设置需要显示的目录级别。此外，还可以对其他参数进行设置，设置完成后单击“确定”按钮，如图 2.14 所示。

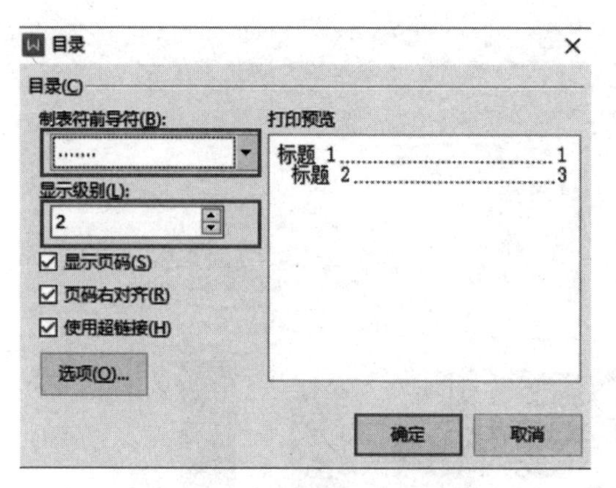

图 2.14　自定义目录

如果在编辑文档的过程中，目录结构或内容发生变化，需要进行调整，则可以单击“引用”选项卡中的“更新目录”按钮，完成对已有目录的更新。

3. 题注、脚注和尾注

WPS 文字中的题注是用来给图片、表格、图表、公式等项目添加名称和编号的，使用题注功能可以对文档中引用的图片、图表等内容进行编号、添加注释，并且插入新题注后可以快速更新题注编号。

在编写论文的过程中，通常需要引用他人的研究成果来支持或阐述自己的观点，那么就需要在论文中标注引用材料的出处。要杜绝抄袭甚至剽窃他人学术成果或伪造数据资料，坚守学术诚信，避免学术不端行为。尾注是对文本的补充说明，一般位于文档的末尾，列出引文的出处等。脚注用于标明资料来源、为文章补充注解。因此，我们可以通过插入尾注和脚注等方式引用资料。

使用 WPS 文字插入题注时，先选中需要添加题注的图或表，单击“引用”选项卡中的“题注”按钮，接着在弹出的“题注”对话框中，选择合适的标签，在“题注”文本框中输入题注内容，单击“确定”按钮，如图 2.15 所示。

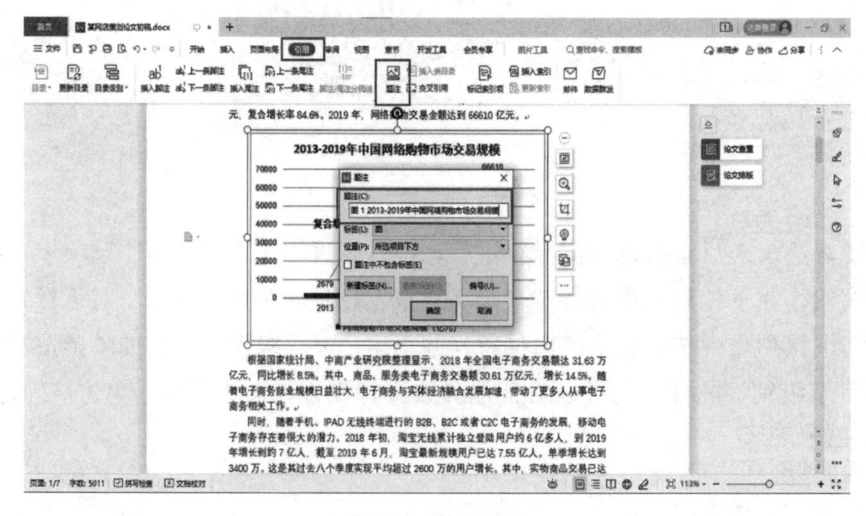

图 2.15　插入题注

使用 WPS 文字插入脚注或尾注的操作与插入题注的操作类似，下面以插入脚注为例进行介绍。选中需要插入脚注的内容，单击“引用”选项卡中的“插入脚注”按钮，在脚注位置输入相关的注释内容即可，如图 2.16 所示。

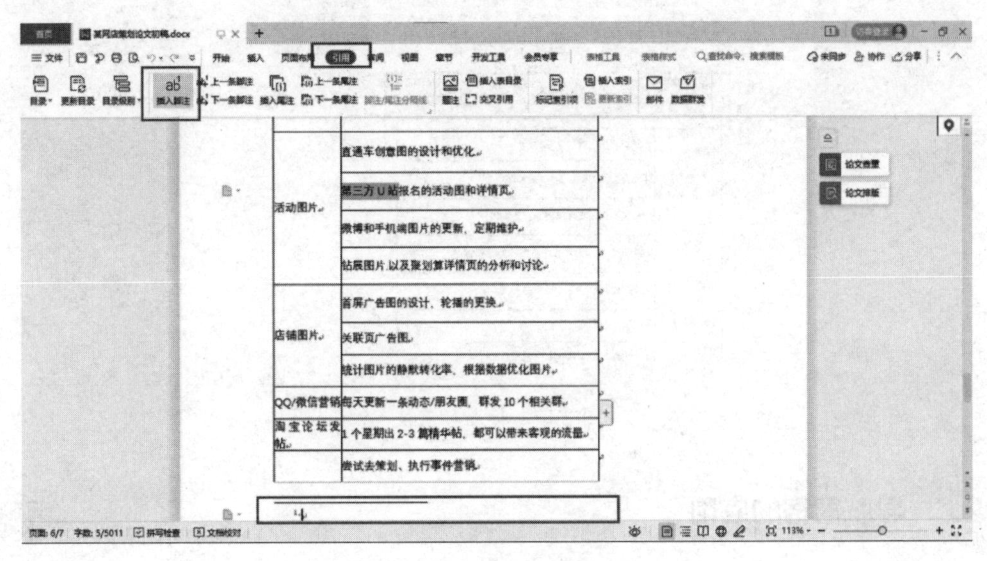

图 2.16　插入脚注

 议一议：如何制作一个简单又吸引人的封面？

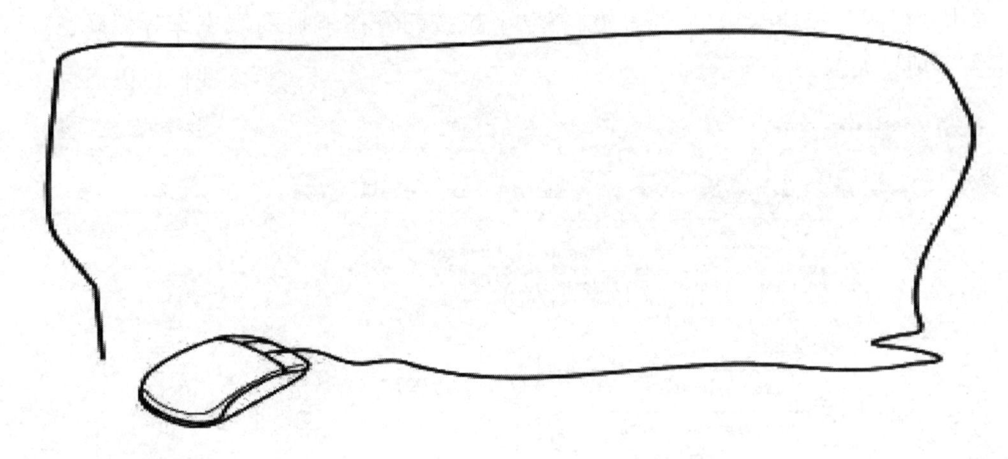

2.5　多页表格的设置

微课视频

使用 WPS 文字制作表格时，表格的标题行仅出现一次，如果遇到多页的表格，非首页的表格没有标题行，就不清楚每列数据的含义。我们可以使用表格工具设置标题行重复来解决这一问题。

选中多页表格的标题行，单击“表格工具”选项卡中的“标题行重复”按钮，即可完成设置，后面每一页中的表格，其上方都会出现与第一页中表格相同的标题行，如图 2.17 所示。

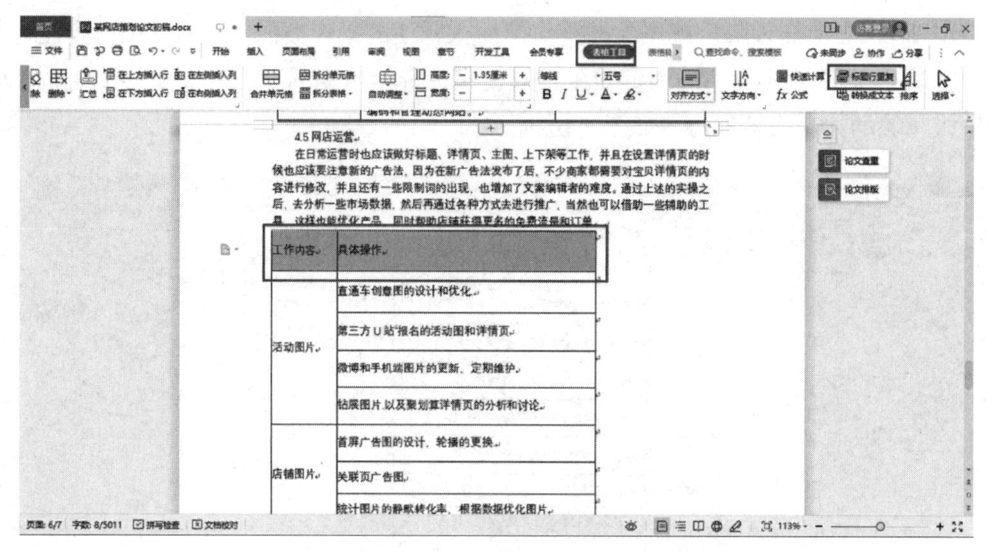

图 2.17　标题行重复

2.6　导航窗格的应用

导航窗格是一种可以展示重要标题的导航控件，既节省界面空间，又利于用户轻松编辑长文档。通过导航窗格，用户可快速查看各级标题的层次结构，易于厘清当前文档的整体结构。

微课视频

单击“视图”选项卡中的“导航窗格”下拉按钮，在下拉列表中选择“靠左”或者“靠右”选项，如图 2.18 所示。

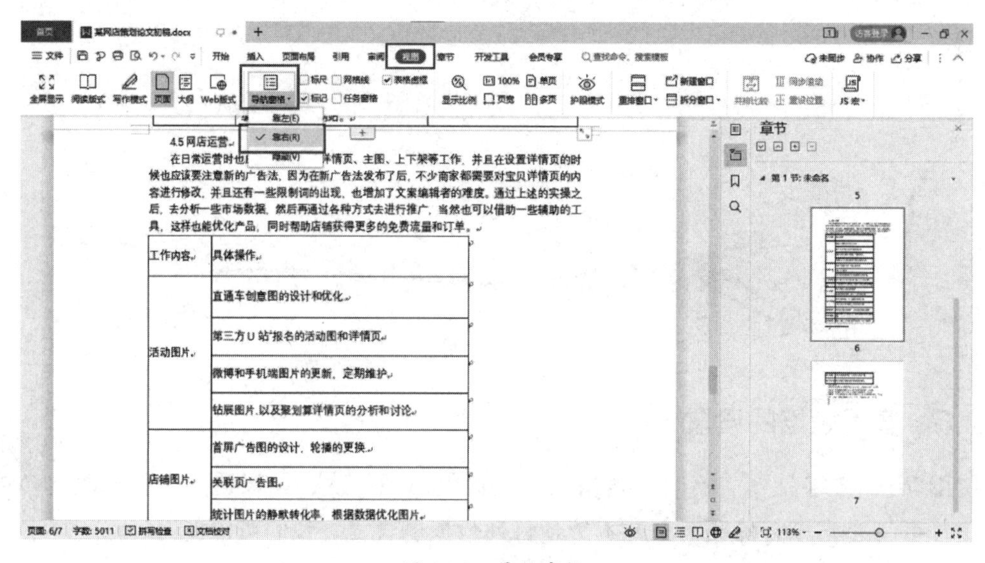

图 2.18　导航窗格

查看长文档内容时，通常都要翻页，如果采用拖动界面右侧的滚动条或者滑动鼠标滚轮的方式，则会降低操作效率。因此，我们可以使用导航窗格，以便快速定位到指定的文档位置。操作方法如下：单击导航窗格中的标题位置，即可实现快速定位。调整长文档内容的结构或移动章节内容也可以利用导航窗格实现，在导航窗格中单击需要移动的章节标题，使用鼠标将其拖动到指定位置即可，如图 2.19 所示。

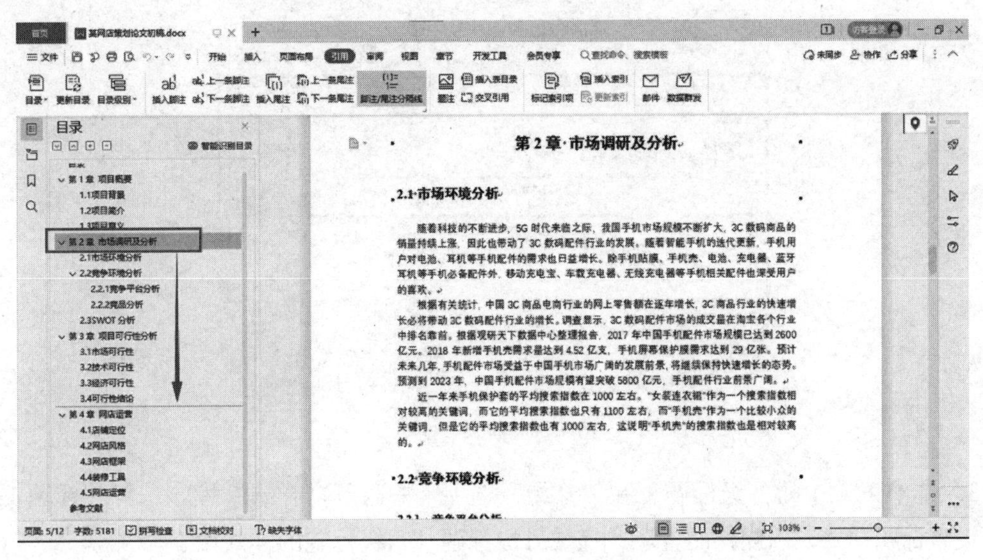

图 2.19　利用导航窗格编辑文档

主要步骤

步骤 1：设置项目符号和编号

1. 为 SWOT 分析表格内容添加项目符号。选中 SWOT 分析表中的文字，单击“开始”选项卡中的“项目符号”下拉按钮，在下拉列表中选择“带填充效果的大圆形项目符号”。

2. 为参考文献设置编号。选中参考文献引用记录，单击“开始”选项卡中的“编号”下拉按钮，在下拉列表中选择第二行的第一种编号。

步骤 2：设置标题样式

1. 设置一级标题样式。在“开始”选项卡中打开“样式”库，右击“标题 1”样式，在弹出的快捷菜单中选择“修改样式”选项。在“修改样式”对话框中，设置格式如下：居中显示，中文设置为黑体、三号、加粗；西文设置为 Times New Roman、三号、加粗。设置完成后，单击“确定”按钮。

2. 按照格式要求，分别设置标题 2 样式和标题 3 样式。标题 2 样式：中文设置为黑体、四号、加粗；西文设置为 Times New Roman、四号、加粗。标题 3 样式：中文设置为宋体、小四号、加粗；西文设置为 Times New Roman、小四号、加粗，如图 2.20 所示。

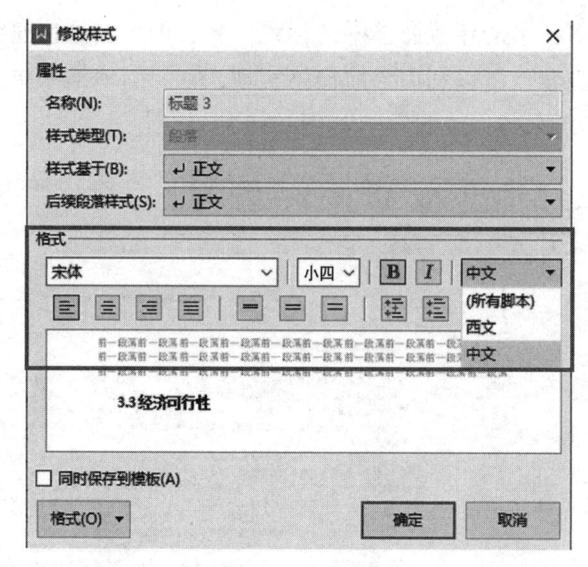

图 2.20　标题 3 样式

3．选中正文中的一级标题，在“开始”选项卡中打开“样式”库，选择“标题 1”样式，设置标题样式。以同样的方法，完成二级标题与三级标题的样式设置。

步骤 3：设置多级编号

1．删除原文中的标题编号。

2．单击“开始”选项卡中的“编号”下拉按钮，在下拉列表中选择“自定义编号”选项，在弹出的“项目符号和编号”对话框中，选择“多级编号”选项卡，选择第二行的第二个预设列表，单击“自定义”按钮，弹出“自定义多级编号列表”对话框。

3．单击“高级”按钮，在“级别”列表中选择“1”选项，在“编号格式”文本框中输入“第①章”，在“将级别链接到样式”下拉列表中选择“标题 1”选项。

4．在“级别”列表中选择“2”选项，在“编号格式”文本框中删除末尾的“.”，在“将级别链接到样式”下拉列表中选择“标题 2”选项。在“级别”列表中选择“3”选项，在“编号格式”文本框中删除末尾的“.”，在“将级别链接到样式”下拉列表中选择“标题 3”选项，单击“确定”按钮，如图 2.9 所示。

重难点笔记区：

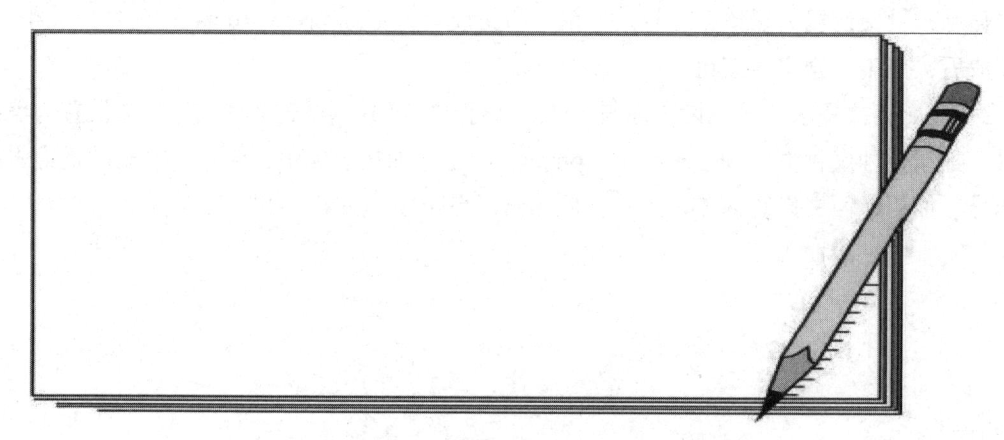

步骤 4：设置分节符

将光标置于每个章节的末尾。单击“页面布局”选项卡中的“分隔符”下拉按钮，在下拉列表中选择“下一页分节符”选项。

步骤 5：插入封面页和目录页

1. 插入封面页。将光标置于第 1 章之前。单击“章节”选项卡中的“封面页”下拉按钮，在下拉列表中选择预设封面页中的第四种封面样式，删除多余的图片和文字，更改封面标题，效果如图 2.21 所示。

图 2.21　封面页效果

2. 插入目录页。将光标置于第 1 章之前，单击“章节”选项卡中的“目录页”下拉按钮，在下拉列表中选择智能目录中的第三种目录样式，再删除目录中多余的内容，并设置目录的格式：中文为宋体、小四号，西文为 Times New Roman、小四号，行距为 1.5 倍。

步骤 6：插入题注和脚注

1. 插入题注。选中文档中的一张图片，单击“引用”选项卡中的“题注”按钮，在弹出的“题注”对话框中，选择“图”标签，在“题注”文本框中输入图标题，单击“确定”按钮，如图 2.15 所示。按照相同的方法，为文档中的其他图片添加题注。

2. 插入脚注。选中文档中第三个表格内的“第三方 U 站”，单击“引用”选项卡中的“插入脚注”按钮，在页面下方的脚注位置，输入注释内容：淘宝 U 站是以小站集合的形式，成为淘宝、天猫卖家根据兴趣图谱和标签进行站内营销的重要通路，将资讯等汇聚成一个社会化的网络导购平台，卖家之间可以根据消费者的购物和浏览习惯进行联合营销。

步骤 7：设置多页表格重复标题行

选中文档中第三个表格的标题行，单击“表格工具”选项卡中的“标题行重复”按钮。

项目拓展

1. 取消分节或分页

如果要取消分节或分页，只需删除相应的分隔符即可。将光标置于文本内容后的分节符或分页符上，按“Delete”键即可删除。如果当前分页符或分节符没有显示在文档中，则单击“开始”选项卡中的“显示 / 隐藏编辑标记”下拉按钮，在下拉列表中选择“显示 / 隐藏段落标记”选项，如图 2.22 所示。

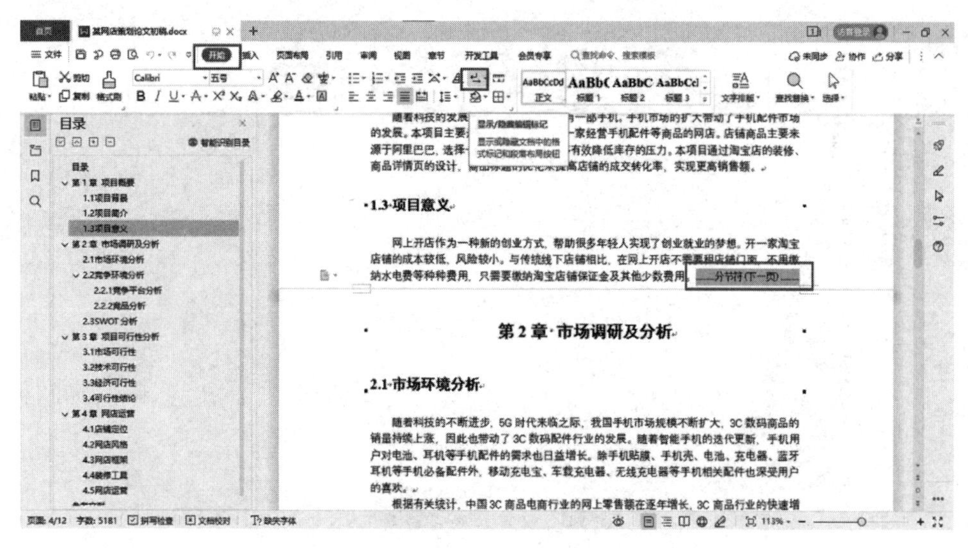

图 2.22　取消分节符

2. 纸张方向的设置

分页符的作用是将页面分为两页。如果要设置第一页纵向显示，第二页横向显示，一般情况下，选中第二页设置纸张方向，则会发现两个页面会同步调整纸张方向。也就是说，在文档中插入分页符后无法独立进行纸张方向的设置。这时就要用到分节符了。首先单击“章节”选项卡中的“新增节”下拉按钮，在下拉列表中选择“下一页分节符”选项，然后单击“章节”选项卡中的“章节导航”按钮，选择要设置页面为横向的第 2 节，单击“页面布局”选项卡中的“纸张方向”下拉按钮，在下拉列表中选择“横向”选项，如图 2.23 所示。

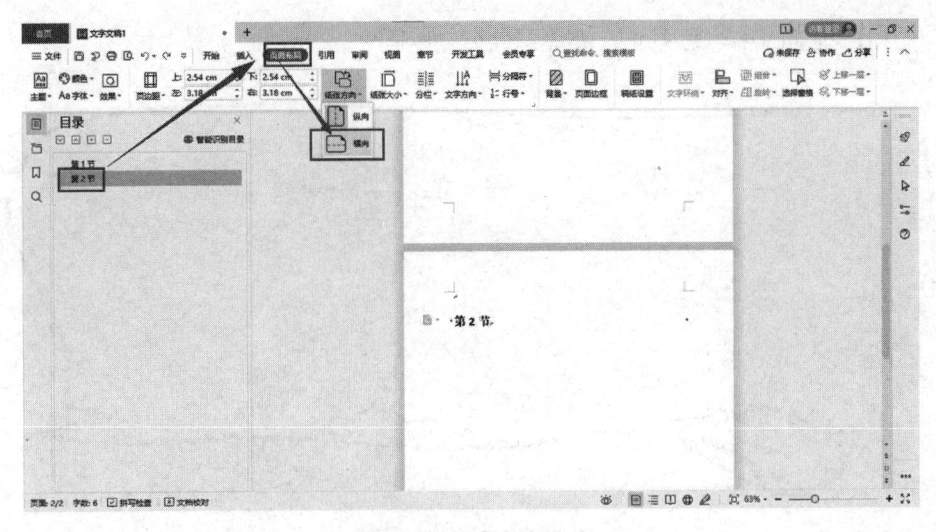

图 2.23　纸张方向设置

项目小结

本项目主要讲解使用 WPS 文字对论文等长文档进行编辑的方法，包括设置自定义项目符号和编号，编辑多级编号，对文档进行分节处理并添加分隔符，使用章节工具插入封面页和目录页，插入题注、脚注等，使用表格工具设置标题行重复，能够使用导航窗格进行快速定位与编辑。同时，在本项目的实施过程中，培养学生严谨细致、求真务实的精神，杜绝剽窃、抄袭、侵占他人学术成果或伪造数据资料等学术不端行为。

本项目的知识元素、技能元素、思政元素小结思维导图如图 2.24 所示。

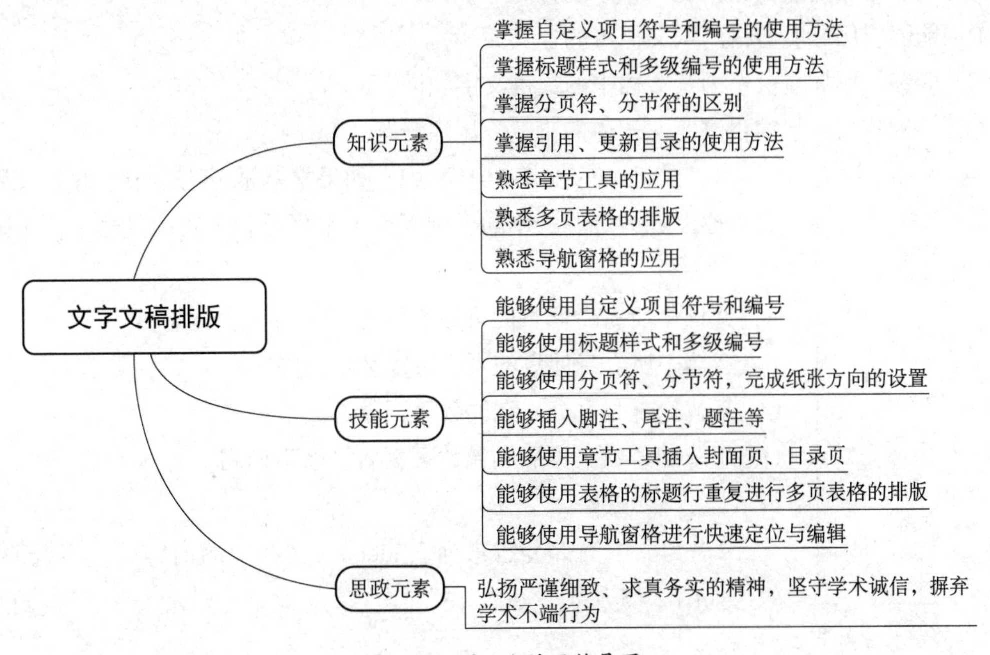

图 2.24　项目小结思维导图

问一问：本项目学习结束了，你还有什么问题吗？

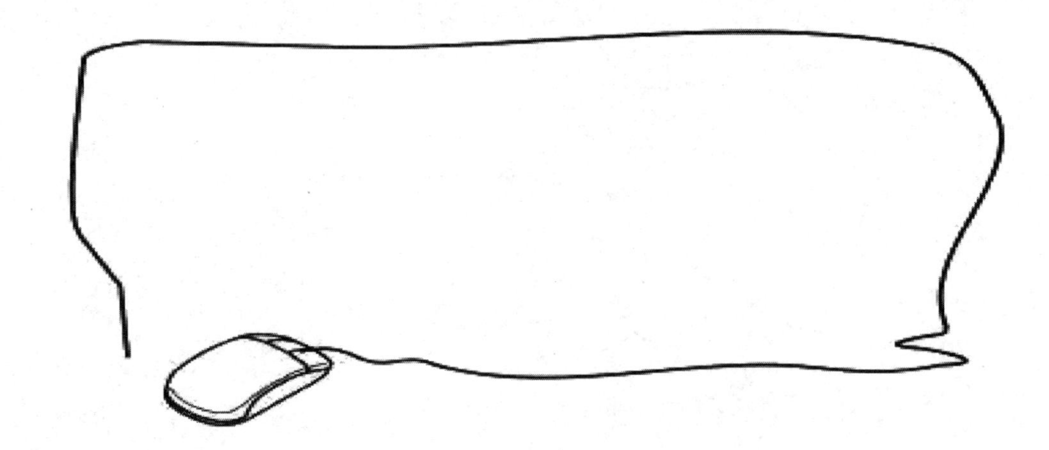

综合练习

一、单项选择题

1．在编辑文字文档时，为文档提供解释可以插入尾注，那么尾注一般出现在（　　）。

A. 整个文档的结尾　　B. 文档中每一节的末尾

C. 文档中每一页的顶部　　D. 文档中每一页的底部

2．在“WPS 文字 2019”中，“标题行重复”按钮位于（　　）选项卡下。

A. 开始　　B. 视图　　C. 表格工具　　D. 表格样式

3．在“WPS 文字 2019”中，下列关于导航窗格的说法中，错误的是（　　）。

A．能够应用导航窗格浏览文档中的标题

B．能够应用导航窗格浏览文档中的各页面

C．能够应用导航窗格浏览文档中的关键文字和词

D．能够应用导航窗格浏览文档中的脚注、尾注、题注等

4．在“WPS 文字 2019”中，如果文档被分为多节，并且页眉和页脚被设置为奇偶页不同，则下列关于页眉和页脚的说法中，正确的是（　　）。

A．文档中所有奇偶页的页眉必然都不相同

B．文档中所有奇偶页的页眉可以都不相同

C．每节的奇数页页眉和偶数页页眉必然不相同

D．每节的奇数页页眉和偶数页页眉可以不相同

二、操作题

1．为“中国部分省市列表 .docx”文档中的内容添加多级编号，效果如图 2.25 所示。

1. 浙江
    1.1. 杭州
    1.2. 宁波
    1.3. 温州
2. 江苏
    2.1. 苏州
    2.2. 南京
    2.3. 无锡
3. 山东
    3.1. 济南
    3.2. 聊城
    3.3. 日照

图 2.25　多级编号效果

2. 新建文档，并将其命名为“创业计划书 .docx”，插入封面，标题为“大学生创新创业计划书”，内容自拟，符合主题即可。再在“创业计划书 .docx”文档的封面之后插入作品版权承诺书，如图 2.26 所示，并设置纸张方向为横向。

作品版权承诺书

一、本人承诺作品的著作权及相关权利均归属于本人，作品的构思、立意和创作内容等全部是由本人独立原创完成。作品在出具本承诺书之前未曾参加过其他比赛或活动，未曾在其他任何刊物、报纸或其他媒体授权发表过，未曾授权给其他任何单位、机构、个人使用。

二、作品不存在任何侵犯第三方合法权益的行为，包括但不限于侵犯他人肖像权、名誉权、隐私权、著作权、商标权或其他人身权、财产权等。如因主办单位在本次活动使用的过程中，遭受任何第三方提出的侵权指控或诉讼的，由此而产生的全部后果及法律责任由本人承担，并自愿赔偿因此给主办单位造成的一切损失。

三、本人授权主办单位无偿、无限期使用该作品。

作者签字：

年　月　日

图 2.26　作品版权承诺书

三、综合实践题

针对本项目提供的论文“新媒体运营策划书初稿 .docx”进行排版，要求如下：

1. 自定义项目符号。打开文档，为“3.2 视频文案”中的四种文案类型添加自定义项目符号，符号为“★”。

2. 编号。为参考文献添加编号，编号类型为“1. 2. 3.”。

3. 标题样式。将章标题、节标题和小结标题分别设置为标题 1 样式、标题 2 样式、标题 3 样式，其中标题 1 样式的文字格式为黑体、二号、加粗，对齐方式为居中；标题 2 的文字格式为黑体、三号、加粗，对齐方式为左对齐；标题 3 的文字格式为黑体、小三、加粗，对齐方式为左对齐。

4. 多级编号。链接多级编号和对应标题样式，1 级编号为标题 1，2 级编号为标题 2，3 级编号为标题 3。注意，参考文献前不需要章节编号。

5. 分节符。分别在第 1 章、第 2 章、第 3 章、第 4 章的尾部，插入下一页分节符。

6. 脚注。为文档中第四段第二行中的“CNNIC”插入脚注，脚注内容：中国互联网络信息中心（China Internet Network Information Center，CNNIC）是经国家主管部门批准，于 1997 年 6 月 3 日组建的管理和服务机构，行使国家互联网络信息中心的职责。

7. 封面。插入封面页，内容自拟，符合主题即可。

8．目录。在封面页之后插入目录，不显示三级标题及三级以下的标题。目录单独为一页，文字格式为宋体、小四号。

效果如图 2.27 所示。

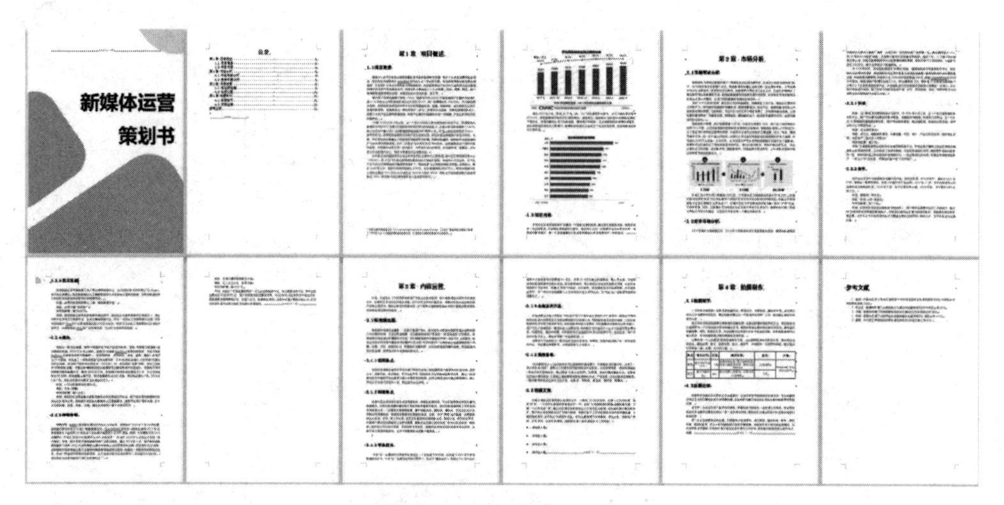

图 2.27　综合实践题效果

项目 3　网店策划论文美化

学习目标

知识目标：掌握使用样式美化文档的方法；掌握页眉页脚的美化方法；掌握文档排版的美化方法，包括但不限于设置图表编号与图表目录、脚注和尾注、超链接与交叉引用、参考文献、书签等。

能力目标：能编辑样式；能通过设置美化页眉页脚；能通过设置图表编号与图表目录、脚注和尾注、超链接与交叉引用、参考文献、书签等美化文档。

思政目标：培养学生的创新意识、批判性思维，刻苦钻研、开拓进取精神，提升独立思考、独立动手的能力。

项目效果

本项目接续项目 2“网店策划论文排版”的内容为长文档的美化提供解决思路，详细讲解对长文档进行编辑与排版的知识点与技能点，主要内容包括使用样式的编辑功能，使长文档中的文字、段落的编排更加规范便捷；使用页眉页脚的美化功能，使长文档的中心突出醒目；通过对图片编号和图表目录的设置，对长文档的图、表结构进行管理；使用脚注和尾注的美化功能，对长文档中的内容进行适时的补充说明；通过对超链接与交叉引用的设置，完成长文档的跳转及定位；通过对参考文献与书签的设置，实现科学索引与阅读定位。本项目围绕以上六点内容对网店策划论文进行美化和设计。项目的部分效果如图 3.1 所示。

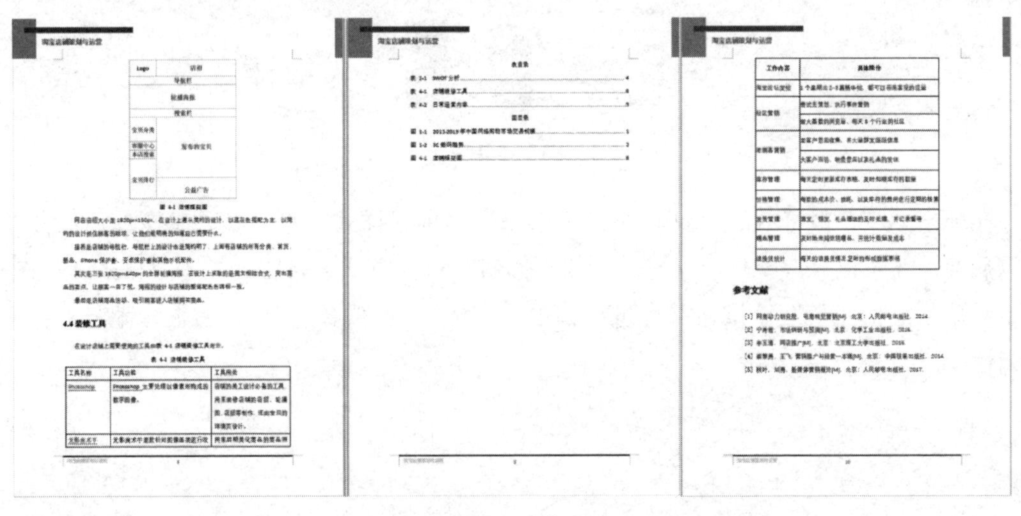

图 3.1　项目的部分效果

知识技能

本项目主要围绕 WPS Office 2019 的特点与新功能，介绍 WPS 文字长文档管理的基本操作，包括样式的编辑，页眉页脚的美化，图表编号与图表目录的设置，脚注和尾注的美化，超链接与交叉引用的设置，参考文献的编辑与美化，书签的设置等。

3.1 样式修改与样式新建

样式是字符格式和段落格式属性的集合，是为了便于编辑文档而设置的一些格式集合。使用样式可以同时设置文字和段落的多种属性，提高工作效率。样式的设置可以分为样式修改与样式新建。

1. 样式修改

如果预设的样式无法满足需求，则可以自定义样式的格式及属性。

如图 3.2 所示，单击“开始”选项卡，右击“样式”库中的任意样式，在弹出的快捷菜单中选择“修改样式”选项。

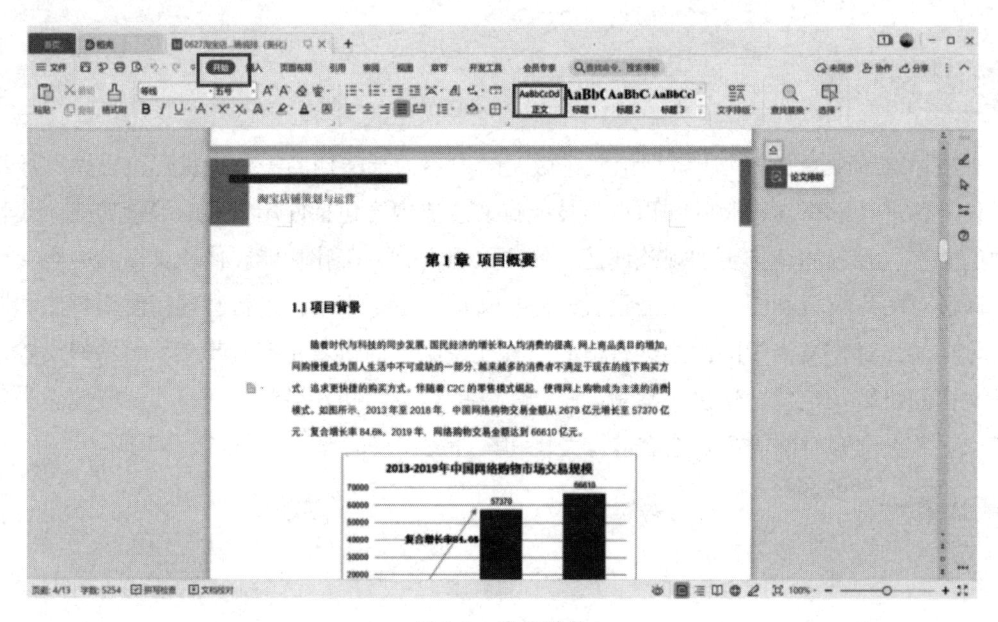

图 3.2 修改样式

在弹出的“修改样式”对话框中，可以修改名称、样式类型、样式基于、后续段落样式等属性，还可以修改字体、字号、加粗、倾斜、对齐方式、行距、缩进等格式，如图 3.3 所示。单击“格式”下拉按钮，可进一步设置字体、段落、制表位、边框、编号、快捷键等属性。

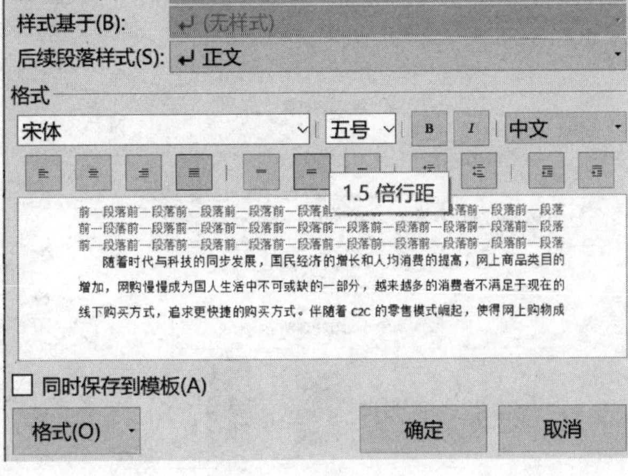

图 3.3　修改样式

想一想：在图 3.3 中，勾选“同时保存到模板”复选框有什么作用？

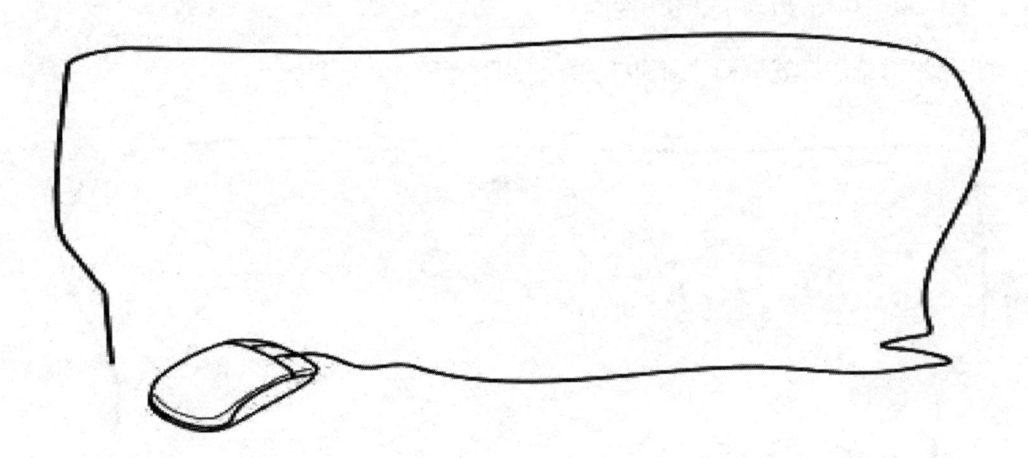

2. **样式新建**

单击“开始”选项卡的“样式”库右侧的下拉按钮，在下拉列表中选择“新建样式”选项，如图 3.4 所示。在弹出的“新建样式”对话框中，设置样式的属性及格式，设置完成后单击“确定”按钮，样式新建成功，并且新样式将出现在“样式”库中。

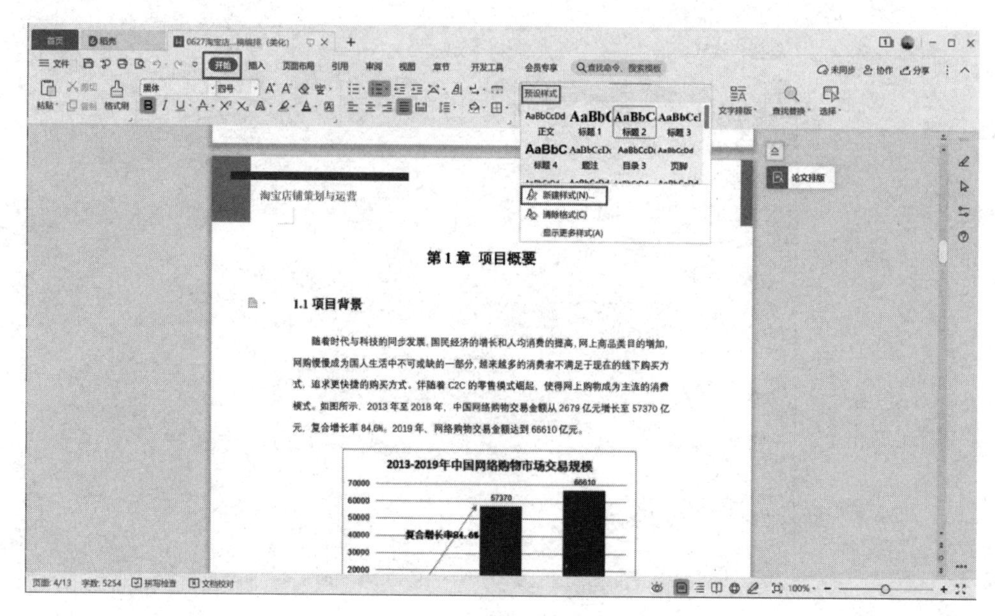

图 3.4　新建样式

在长文档管理中，使用新建样式功能，能够快速调整长文档的文字及段落格式。将新样式保存为常用样式，方便下次使用。

议一议：“修改样式”和“新建样式”分别适用于什么场景?

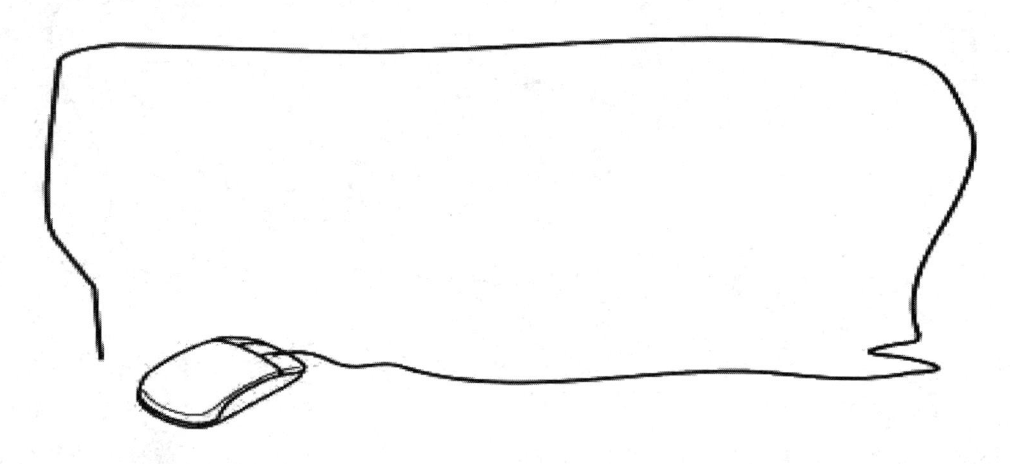

3.2　页眉页脚的美化

微课视频

在排版过程中，我们通常会在页面的顶部或底部添加附加信息，即在文档中添加页眉或页脚，并对其进行美化。

在 WPS 文字中添加页眉页脚时，先单击“插入”选项卡中的“页眉页脚”按钮，接着在页眉处或页脚处输入页眉或页脚信息，或者在“页眉页脚”选项卡中设置页眉页脚，如页码、页眉横线、日期和时间、域、距离等，如图 3.5 所示。确认页眉页脚内容后，单击“开始”选项卡，在该选项卡中可以设置页眉页脚的格式。

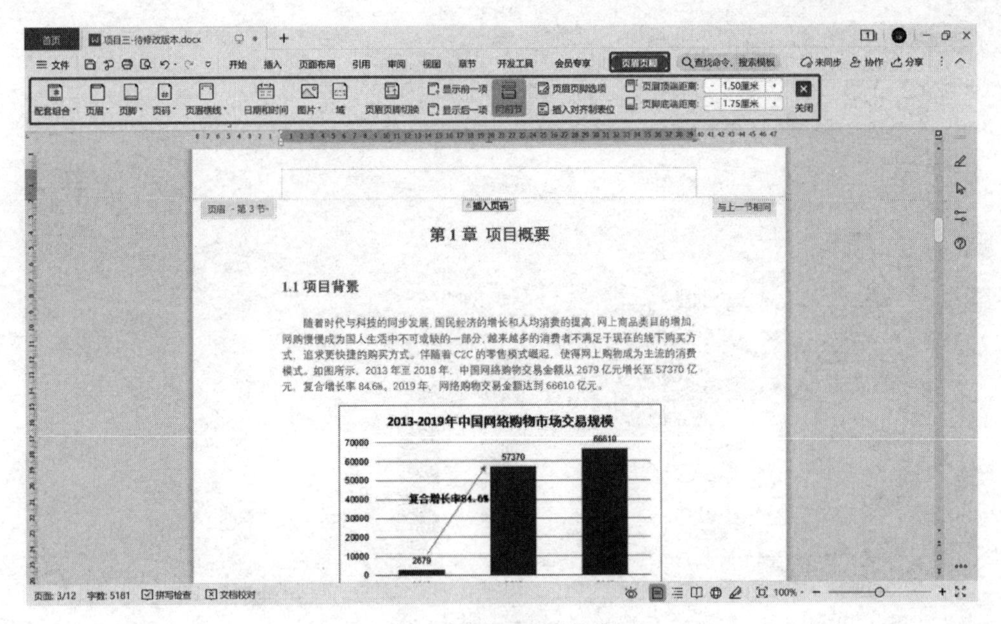

图 3.5　设置页眉页脚

选中页眉或页脚，单击“页眉页脚”选项卡中的“页眉页脚选项”按钮，在弹出的“页眉/页脚设置”对话框中可以进行设置。若在排版时要区分首页或奇数页与偶数页，可以在“页面不同设置”选区进行勾选。若想让页眉在特定的页面显示横线，可以在“显示页眉横线”选区进行勾选。若在不同节对页眉或页脚有特殊的要求，可以在“页眉 / 页脚同前节”选区进行勾选。若需要对页眉或页脚处的页码进行设置，可以在“页码”选区进行选择，设置完成后单击“确定”按钮，如图 3.6 所示。

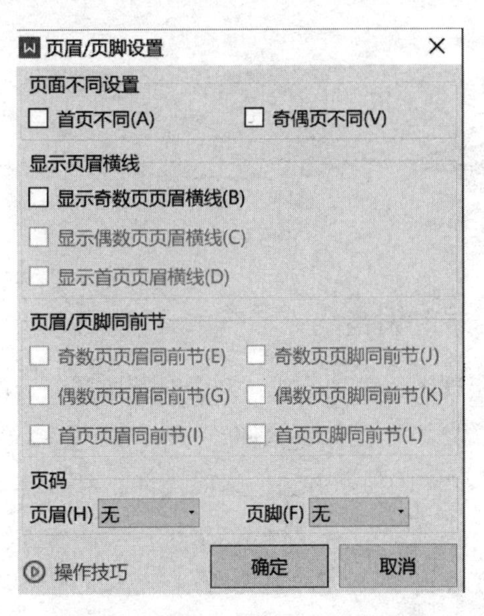

图 3.6　“页眉 / 页脚设置”对话框

WPS 文字还提供了页眉页脚的美化功能，在“页眉页脚”选项卡中单击“页眉”或“页脚”按钮，即可选择心仪的页眉或页脚模板来美化长文档，如图 3.7 所示。

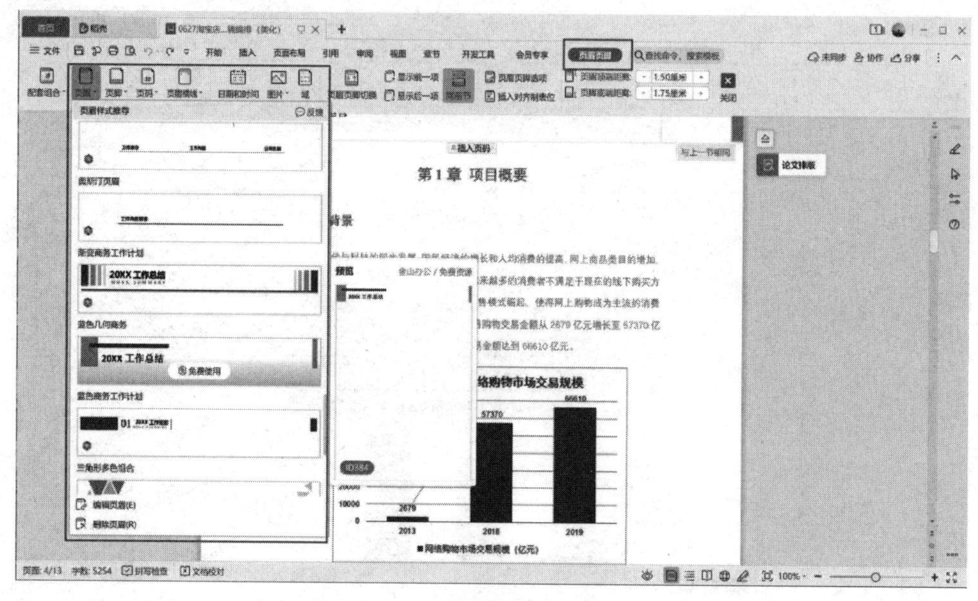

图 3.7　美化页眉页脚

动一动：请在老师发的长文档中完成页眉页脚的美化。

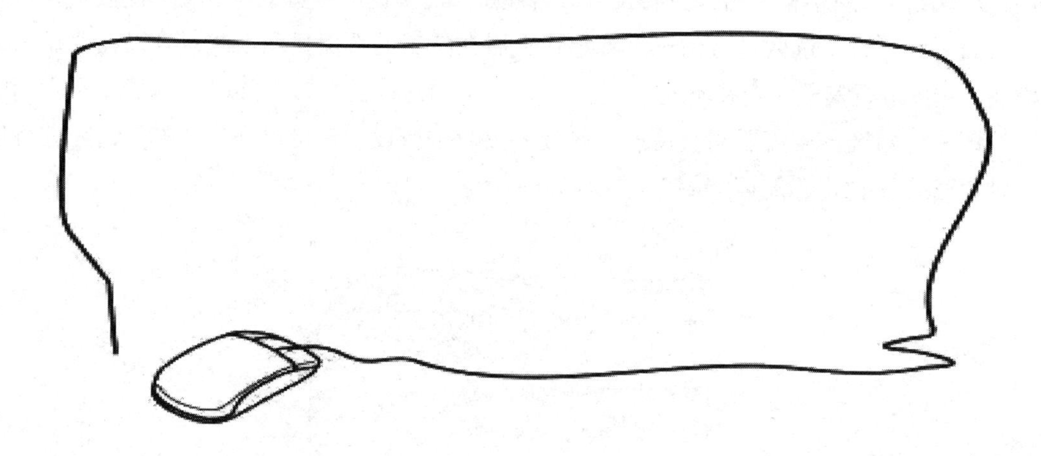

3.3　图表编号和目录的设置

微课视频

在长文档中，常常会出现图、表、公式，需要对其按照一定的规则进行编号。例如，“图 2-1”表示文档第 2 章中的第 1 张图，“表 1-3”表示文档第 1 章中的第 3 张表。项目 2 已经介绍了题注的使用方法，本项目将介绍图表编号的格式优化与图表目录的设置。

1. 图片、表格的题注设置

单击“引用”选项卡中的“题注”按钮，在弹出的“题注”对话框中，题注的标签可以选择表、图、图表或公式，也可根据需求单击“新建标签”按钮自定义标签名称。

单击“编号”按钮，在弹出的“题注编号”对话框中，可以设置题注编号的格式。如果勾选“包含章节编号”复选框，则可以在“章节起始样式”下拉列表中选择不同的起始样式。需要注意的是，如果标题没有设置格式则会出现错误提示，因此，在勾选“包含章节编号”复选框之前，首先要确定标题是否已应用格式，此方式一般适用于多章节的长文档。同时，可以在“使用分隔符”下拉列表中选择合适的分隔符。设置完成后，可在示例中查看设置的题注编号格式，如图 3.8 所示，最后单击“确定”按钮完成设置。

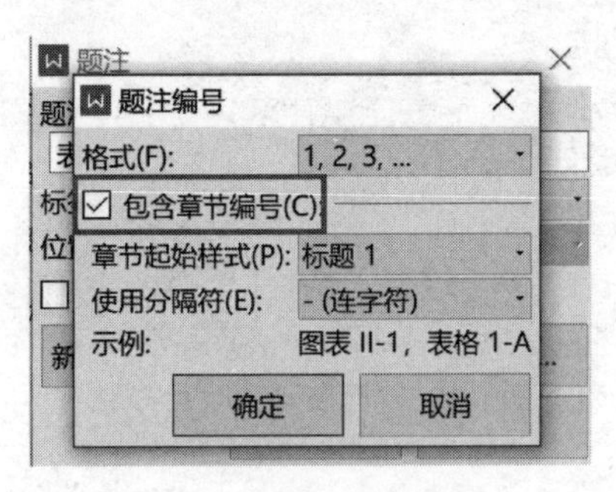

图 3.8　设置题注编号

2. 图表目录设置

当文档中的图片或表格过多时，可以制作图表目录，生成含有题注对象的列表。

单击“引用”选项卡中的“插入表目录”按钮，如图 3.9 所示。

图 3.9　单击“插入表目录”按钮

在弹出的“图表目录”对话框中，选择对应的“题注标签”，如表、图、图表、公式等，还可以勾选“显示页码”“页码右对齐”“使用超链接”复选框。在“制表符前导符”下拉列表中选择一种样式，在右侧的“预览”窗口中可以预览图表目录的样式，如图 3.10 所示。设置完成后单击“确定”按钮，即可插入表目录或图目录。

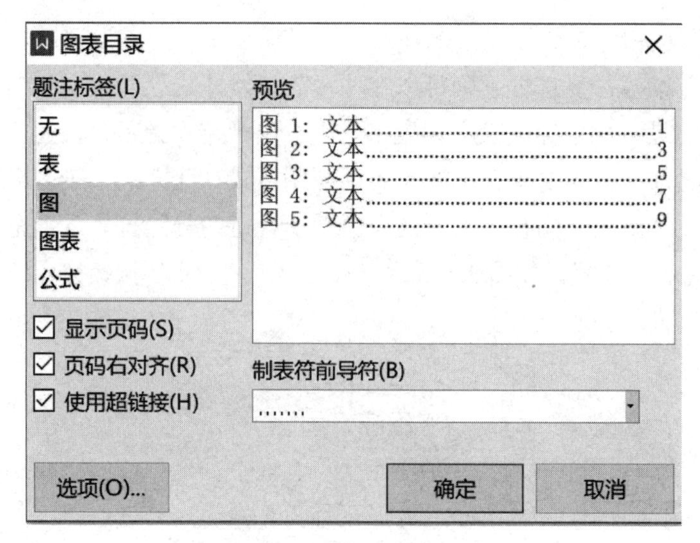

图 3.10 “图表目录”对话框

3.4 脚注和尾注的美化

微课视频

在 WPS 文字中，可以对脚注和尾注进行编辑与美化。

选中需要编辑的脚注或尾注，在“开始”选项卡中，可以按需求调整字体和段落的格式等。

将光标置于需要修改格式的脚注或尾注上并右击，在弹出的快捷菜单中选择“脚注和尾注”选项。在弹出的“脚注和尾注”对话框中，可以设置脚注或尾注的位置，在“编号格式”下拉列表中可以选择所需的格式，还可以设置起始编号、编号方式、应用范围等。设置完成后单击“应用”按钮，如图 3.11 所示。

图 3.11 “脚注和尾注”对话框

3.5　超链接与交叉引用的使用

微课视频

1. 超链接

在日常办公过程中，常需要在文本中添加超链接，以便跳转到网页或文档的其他位置。WPS 文字提供了强大的超链接功能，使用该功能可以实现文字超链接至原有文件或网页、文字超链接至本文档中的位置、文字超链接至电子邮件地址。

（1）超链接至原有文件或网页。

将光标置于需要插入超链接的位置，单击“插入”选项卡中的“超链接”按钮，在弹出的“插入超链接”对话框的左侧，选择“原有文件或网页”选项，在“地址”文本框中输入超链接的地址。若想显示指定的文本内容，可以在上方的“要显示的文字”文本框中输入需要显示的文字或屏幕提示信息。设置好后，单击“确定”按钮即可插入超链接，如图 3.12 所示。

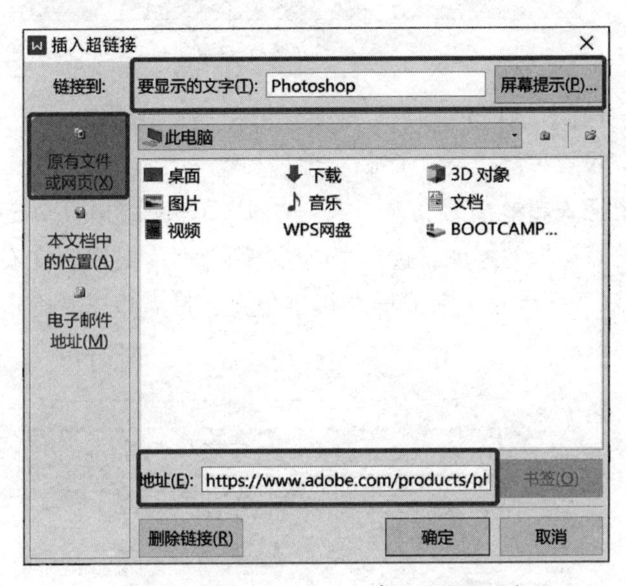

图 3.12　插入超链接（原有文件或网页）

如果想通过超链接跳转到其他文档，则单击“插入”选项卡中的“超链接”按钮，在弹出的“插入超链接”对话框的左侧，选择“原有文件或网页”选项，在右侧选择本地文件，设置需要显示的文字或屏幕提示信息，单击“确定”按钮即可。

（2）超链接至本文档中的位置。

WPS 文字可以通过超链接快速跳转到文档中的其他位置。

将光标置于需要插入超链接的位置，单击“插入”选项卡中的“超链接”按钮，在弹出的“插入超链接”对话框的左侧，选择“本文档中的位置”选项，在右侧选择文档中的位置，设置需要显示的文字或屏幕提示信息，最后单击“确定”按钮，如图 3.13 所示。

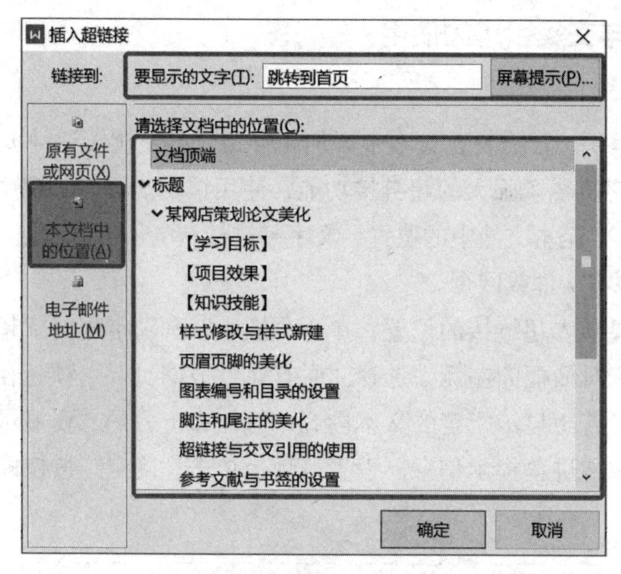

图 3.13　插入超链接（本文档中的位置）

（3）超链接至电子邮件地址。

WPS 文字还可以设置超链接至电子邮件地址。

将光标置于需要插入超链接的位置，单击“插入”选项卡中的“超链接”按钮，在弹出的“插入超链接”对话框的左侧，选择“电子邮件地址”选项，在右侧输入电子邮件地址和主题，并设置需要显示的文字或屏幕提示信息，最后单击“确定”按钮，如图 3.14 所示。

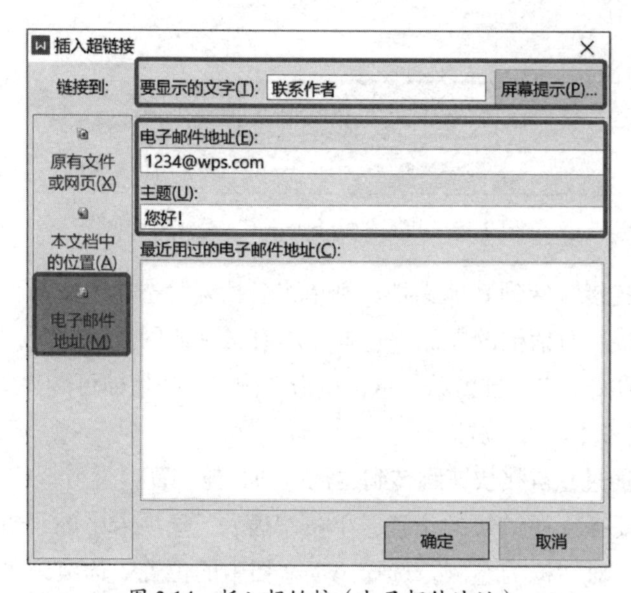

图 3.14　插入超链接（电子邮件地址）

2. 交叉引用

前面我们学习了图片和表格题注的设置方法。那么如何引用图片和表格题注呢？下面我们将使用 WPS 文字的“交叉引用”功能，实现图片和表格题注的引用。

将光标置于需要引用的位置，单击“引用”选项卡中的“交叉引用”按钮，在弹出的对话框中，可以设置引用类型，如编号项、标题、书签、脚注、尾注、表、图等，在“引用内容”下拉列表中可以设置引用的内容，如完整题注、只有标签和编号、只有题注文字、页码等。最后单击“插入”按钮，即可实现交叉引用，如图 3.15 所示。

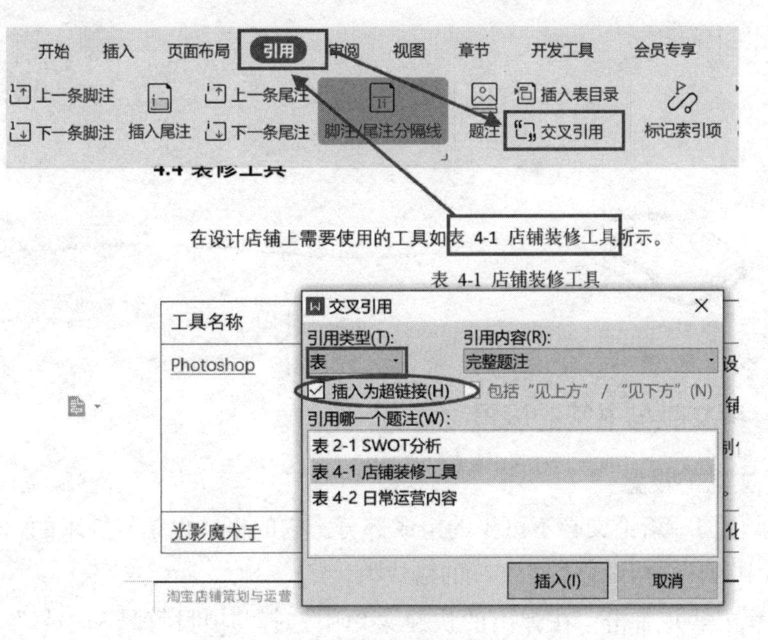

图 3.15　设置交叉引用

如果若勾选了“插入为超链接”复选框，则在设置完成后，按住“Ctrl”键并单击交叉引用的文字即可自动跳转到该超链接指向的表格或图片的位置。因此，在长文档管理中，只要插入题注与交叉引用，就可以快速定位到内容所在的位置，如图 3.16 所示。

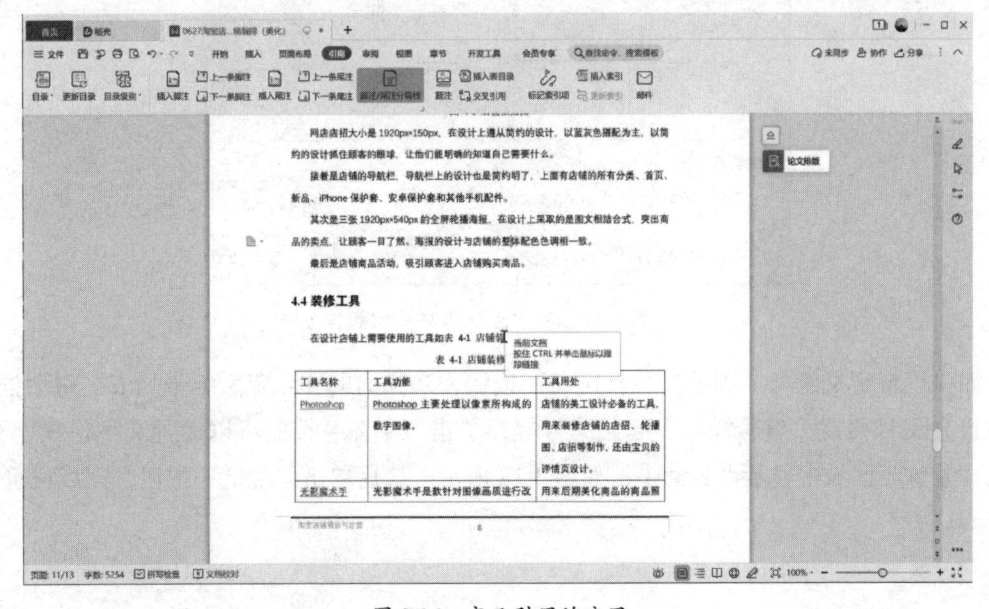

图 3.16　交叉引用的应用

动一动：请在老师发的文档中为“光影魔术手”关键字设置文字跳转到网页的超链接。

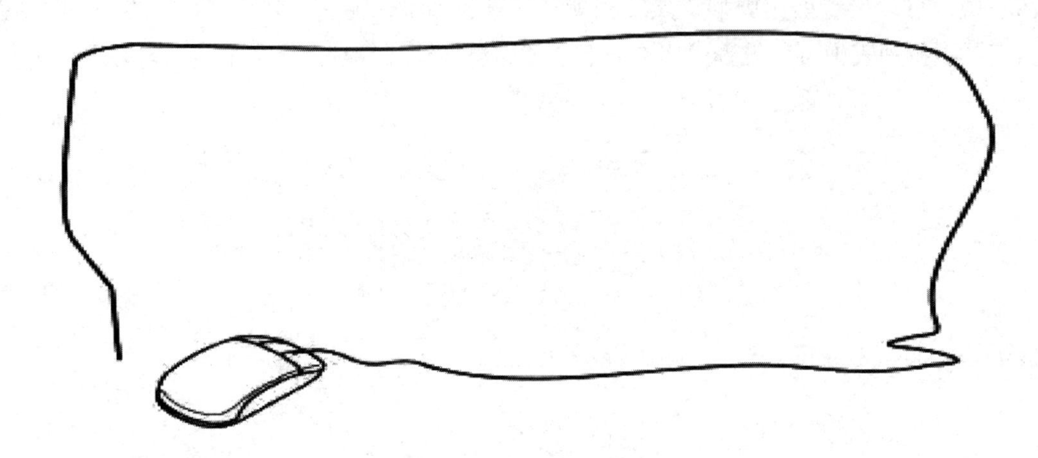

3.6 参考文献与书签的设置

微课视频

1. 参考文献的设置

参考文献作为一篇论文必不可少的组成部分，它的格式也是有要求的。如何在 WPS 文字中为长文档设置参考文献的格式呢？

选中参考文献并右击，在弹出的快捷菜单中选择“项目符号和编号”选项，在弹出的“项目符号和编号”对话框中选择“编号”选项卡，选择合适的编号样式（系统默认为“无”，此时“自定义”按钮是灰色的），如图 3.17 所示。

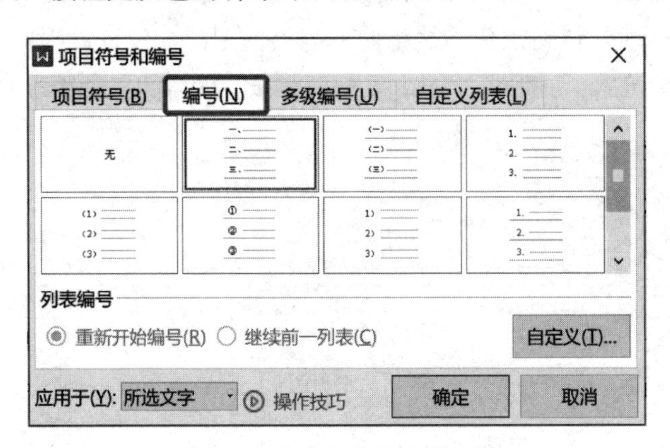

图 3.17 参考文献的编号设置

如果想自定义编号，则单击“自定义”按钮，在弹出的“自定义编号列表”对话框中，可以设置编号格式、编号样式、起始编号等，单击“字体”按钮可以设置文字格式，在下方的“预览”区域中显示设置结果，如图 3.18 所示。最后单击“确定”按钮，完成设置。

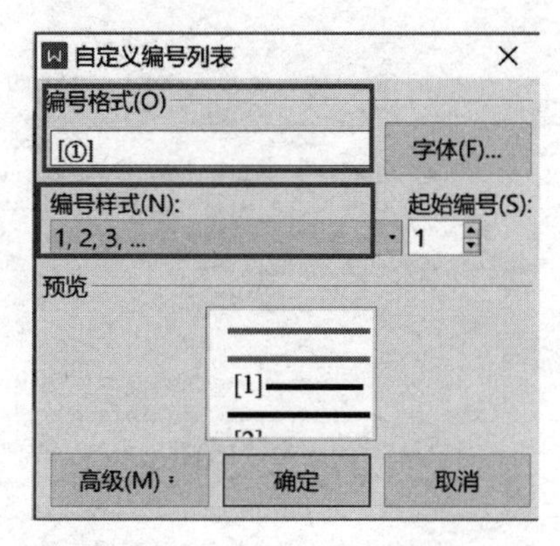

图 3.18　参考文献的自定义编号设置

2. 书签的设置

当我们浏览长文档时，由于内容过多，常常在关闭 WPS 文字后忘记自己阅读到文章的哪个部分。为了避免这种情况发生，我们可以为文档添加书签。

（1）添加书签。

将光标置于需要添加书签的位置，单击“插入”选项卡中的“书签”按钮，在弹出的“书签”对话框中，设置书签名、排序依据等。若以“名称”为排序依据，那么会按照添加名称的顺序进行排序。若以“位置”为排序依据，那么会按照书签的位置进行排序。勾选“隐藏书签”复选框，可以隐藏书签。最后单击“添加”按钮，即可添加书签，如图 3.19 所示。

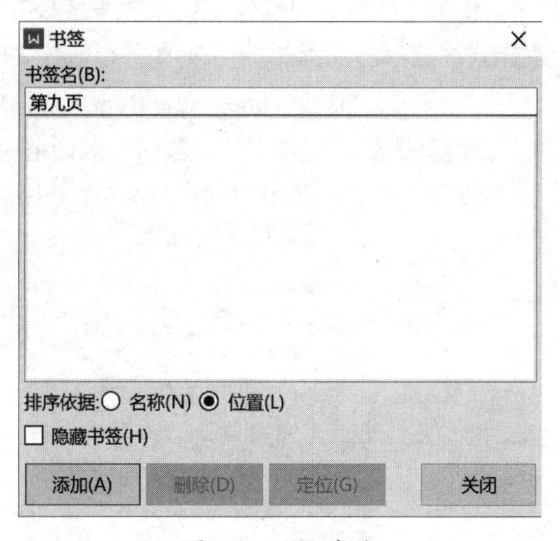

图 3.19　添加书签

（2）查看书签。

添加完书签后，单击“视图”选项卡中的“导航窗格”按钮，在左侧的“导航”窗格中单击“书签”按钮，可以查看所添加的书签，选择对应的书签，即可跳转到该位置，如图 3.20 所示。

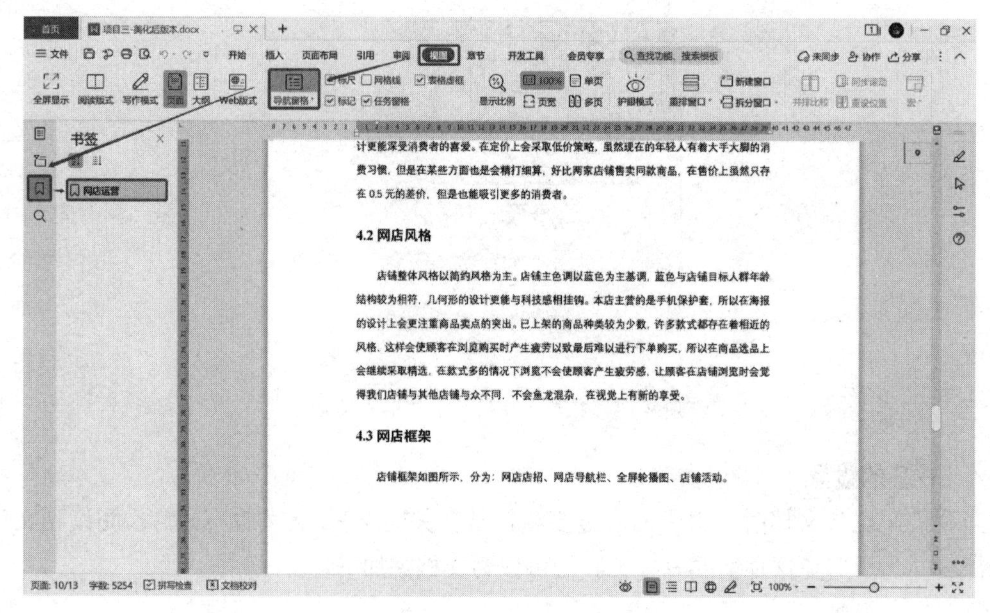

图 3.20　查看书签

主要步骤

步骤 1：样式的美化

1．修改正文样式。在“开始”选项卡中打开“样式”库，右击“正文”样式，在弹出的快捷菜单中选择“修改样式”选项。在弹出的“修改样式”对话框中，设置格式：两端对齐，中文设置为宋体、五号；西文设置为 Times New Roman、五号。单击“格式”下拉按钮，在下拉列表中选择“段落”选项，在弹出的“段落”对话框中设置首行缩进 2 字符，1.5 倍行距，如图 3.21 所示。设置完成后，单击“确定”按钮。

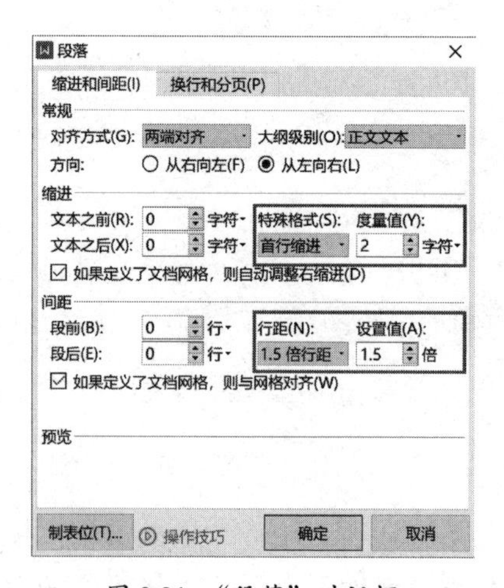

图 3.21　“段落”对话框

2．运用正文样式。选中长文档中的正文内容，在“开始”选项卡的“样式”库中选择

“正文”样式。

步骤 2：页眉页脚的美化

单击“插入”选项卡中的“页眉页脚”按钮，在页眉处，输入文字“淘宝店铺策划与运营”，在页脚处同样输入以上文字。在“开始”选项卡中设置页眉内容的对齐效果为左对齐。单击“页眉页脚”选项卡中的“页眉”下拉按钮，在下拉列表中选择“蓝色几何商务”选项，单击“页脚”下拉按钮，在下拉列表中选择“空白页脚”选项。

步骤 3：图表编号和目录的美化

1. 图表编号的美化。以图编号为例，将光标置于图片下方，单击“引用”选项卡中的“题注”按钮，在弹出的“题注”对话框中，选择“图”标签。单击“编号”按钮，在弹出的“题注编号”对话框中勾选“包含章节编号”复选框，如图 3.22 所示。设置完成后，单击“确定”按钮。修改题注后，要同时修改交叉引用部分（在步骤 5 中说明）。按照相同的步骤，美化表编号。

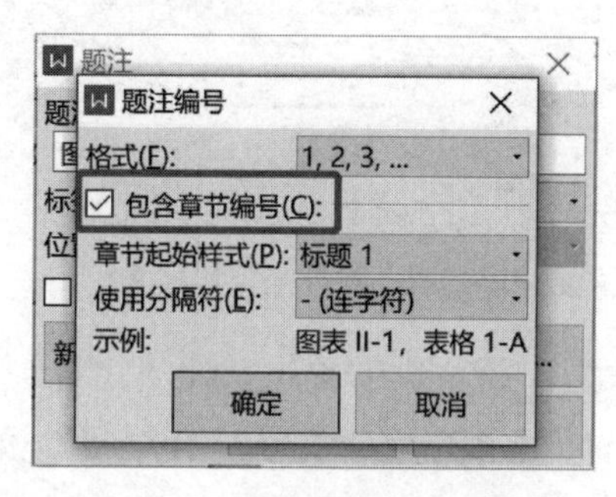

图 3.22 “题注编号”对话框

2. 图表目录的设置。在“淘宝店铺策划与运营”文档中有 3 张带有题注的图片，单击“引用”选项卡中的“插入表目录”按钮，弹出“图表目录”对话框，在“题注标签”列表中选择“图”选项，单击“确定”按钮，插入图目录。插入表目录的操作方法与插入图目录的操作类似。

步骤 4：脚注的美化

将光标置于需要美化的脚注位置并右击，在弹出的快捷菜单中选择“脚注和尾注”选项，在弹出的“脚注和尾注”对话框中，单击“编号格式”下拉按钮，在下拉列表中选择编号格式为“①，②，③，…”的选项，单击“应用”按钮。

步骤 5：设置超链接与交叉引用

1. 超链接至网页。选中需要设置超链接的文字“Photoshop”，单击“插入”选项卡中的“超链接”按钮，在弹出的“插入超链接”对话框中选择“原有文件或网页”选项，在下方的“地址”文本框中输入网址“www.adobe.com/products/photoshop***.html”。在上方的“要显示的文字”文本框中确认显示的文字为“Photoshop”，最后单击“确定”按钮。

2. 交叉引用。将光标置于文字“在设计店铺上需要使用的工具如”之后，单击“引用”选项卡中的“交叉引用”按钮，在弹出的“交叉引用”对话框中，设置引用类型为

“表”，并勾选“插入为超链接”复选框，最后单击“插入”按钮。

步骤 6：参考文献与书签的设置

1．参考文献的设置。选中文档中所有的参考文献并右击，在弹出的快捷菜单中选择“项目符号和编号”选项。在弹出的“项目符号和编号”对话框中选择“编号”选项卡，选择第二种编号样式，单击“自定义”按钮。在弹出的“自定义编号列表”对话框中，在“编号格式”文本框中输入 [①]，在“编号样式”下拉列表中选择“1，2，3，...”选项，单击“确定”按钮，如图 3.23 所示。

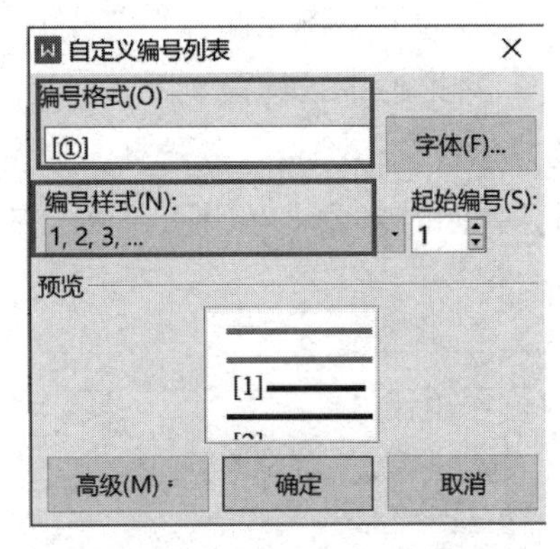

图 3.23　参考文献的设置

2．书签的设置。将光标置于第 9 页，单击“插入”选项卡中的“书签”按钮，弹出“书签”对话框，在“书签名”文本框中输入文字“第九页”，单击“添加”按钮。

重难点笔记区：

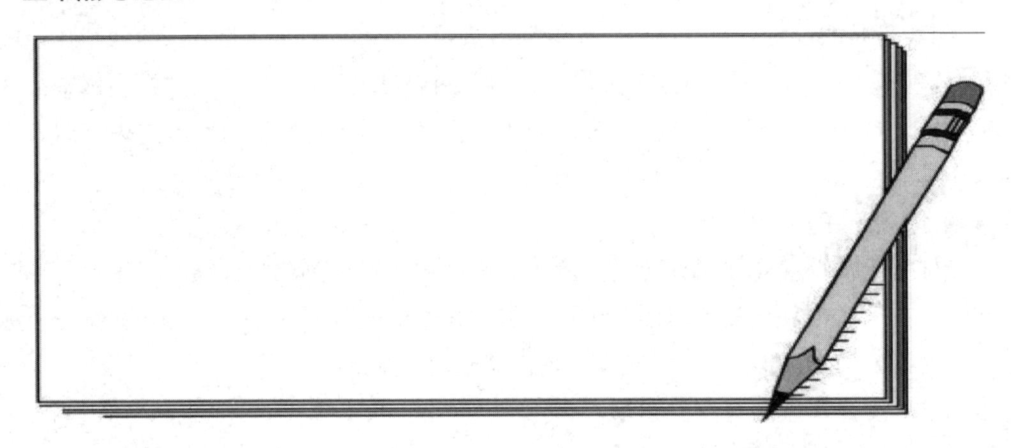

项目拓展

1．脚注和尾注的相互转化

WPS 文字提供了脚注和尾注的转化功能。

将光标置于脚注位置并右击，在弹出的快捷菜单中选择“转换至尾注”选项，即可将脚注转化为尾注，如图 3.24 所示。尾注与脚注的转化同理。

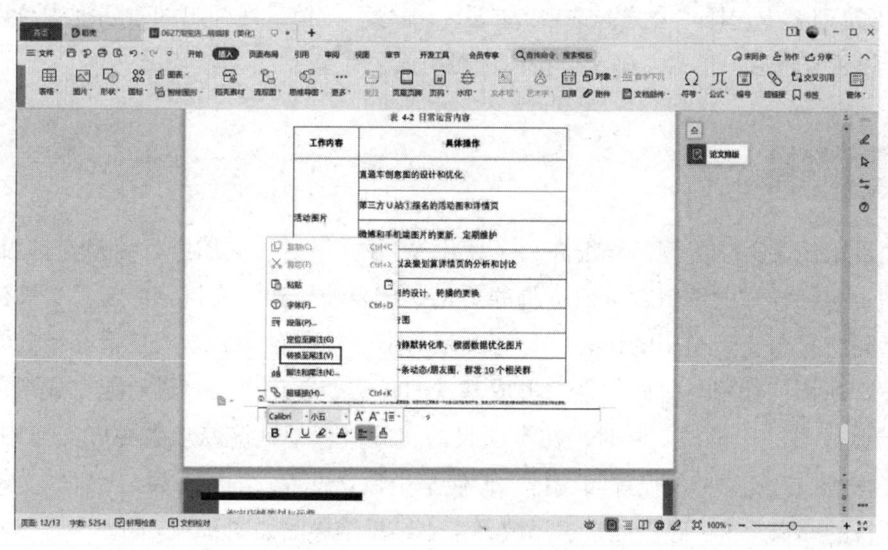

图 3.24　脚注和尾注的相互转化

2. 书签的管理和删除

设置了多个书签后，该如何管理书签和删除书签呢？ WPS 文字提供了书签的管理和删除功能。

单击“视图”选项卡中的“导航窗格”按钮，在左侧“导航”窗格中单击“书签”按钮。右击对应的书签，在弹出的快捷菜单中可以选择“跳转到书签位置”“按名称排序”“按位置排序”“重命名”“删除本书签”“删除全部书签”“显示书签标记”选项，如图 3.25 所示。

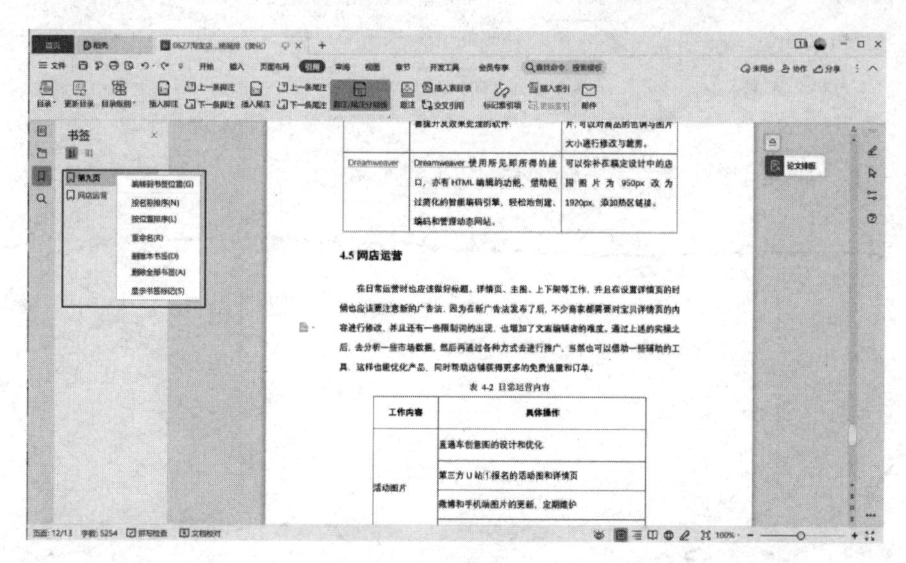

图 3.25　书签的管理和删除

3. 设置公式编号

在编写论文的过程中，经常需要插入公式，WPS 可以为公式设置编号。

选中对应的公式，单击“引用”选项卡中的“题注”按钮，弹出“题注”对话框，在“标签”下拉列表中选择“公式”选项。单击“编号”按钮，在弹出的对话框中可以设置编号格式。设置完成后，单击“确定”按钮即可引入公式编号。

项目小结

本项目以论文美化为例，详细介绍了使用 WPS 文字对长文档进行编辑与排版等内容，主要知识点包括样式的编辑、页眉页脚的美化、图表编号和图表目录的设置、脚注和尾注的美化、超链接与交叉引用的设置、参考文献与书签的设置等。本项目旨在帮助学生掌握长文档管理所需的编辑与排版技能，形成基本的长文档美化思路，最后能完成严谨且美观的长文档设计与美化工作。同时，在本项目的实施过程中，培养学生的审美与创新意识，以批判性思维探讨长文档的设计与编排，促使学生独立思考，细心研讨。

本项目的知识元素、技能元素、思政元素小结思维导图如图 3.26 所示。

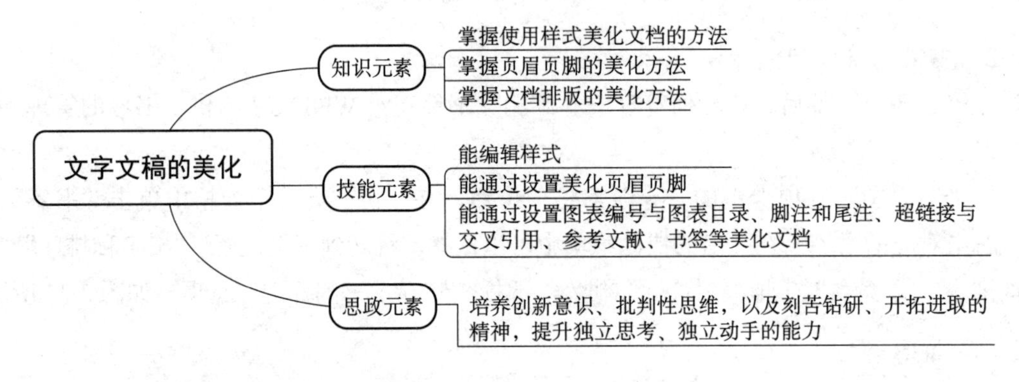

图 3.26 项目小结思维导图

问一问：本项目学习结束了，你还有什么问题吗？

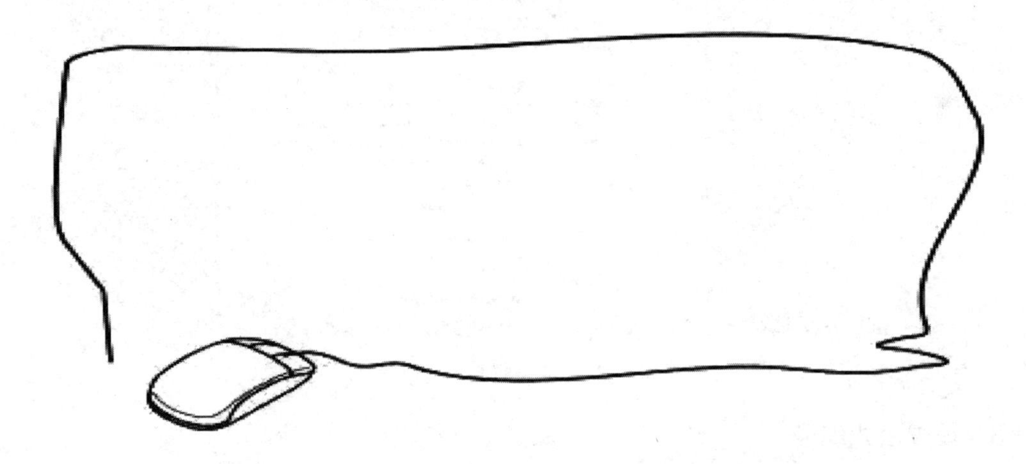

综合练习

一、单项选择题

1．使用WPS文字编排毕业论文，将所有应用了“标题3”样式的段落修改为1.25倍行距、段前间距12磅，最优的操作方法是（ ）。

A．修改其中一个段落的行距和间距，然后通过格式刷将该样式复制到其他段落

B．逐个修改每个段落的行距和间距

C．直接修改“标题3”样式的行距和间距

D．选中所有应用了“标题3”样式的段落，然后统一修改其行距和间距

2．当使用WPS文字编辑文档时，希望下次打开文档时能够快速找到上次最终编辑的位置，最优的操作方法是（ ）。

A．下次打开文档时，直接通过滚动条找到该位置

B．记住一个关键词，下次打开文档时，通过“查找”功能找到该关键词

C．记住当前页码，下次打开文档时，通过“查找”功能定位页码

D．在当前位置插入一个书签，通过“查找”功能定位书签

3．使用WPS文字编辑中文文档时，希望录入的正文都能够段首空2字符，最简捷的操作方法是（ ）。

A．在每次编辑文档前，先将“正文”样式修改为“首行缩进2字符”

B．每次编辑文档时，先输入内容然后选中所有正文文本将其设置为“首行缩进2字符”

C．在一个空白文档中将“正文”样式修改为“首行缩进2字符”，然后将当前样式设置为默认样式

D．将一个“正文”样式为“首行缩进2字符”的文档保存为模板文件，然后每次基于该模板创建新文档

二、操作题

1．将短文档“一分钟.doc”的标题“一分钟”设置为三号、黑体、黑色、加粗、居中对齐；将“一分钟.doc”的正文设置为宋体、五号，1.5倍行距，首行缩进2字符，效果如图3.27所示。请比较短文档的设置与本项目介绍的长文档的设置，说明各自的适用场景与优缺点。

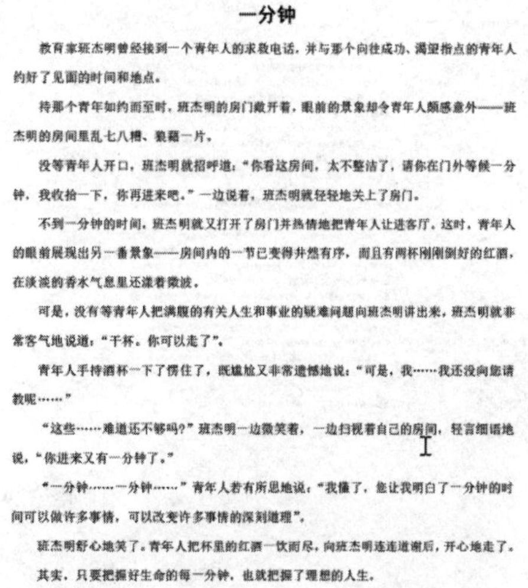

一分钟

教育家班杰明曾经接到一个青年人的求救电话，并与那个向往成功、渴望指点的青年人约好了见面的时间和地点。

待那个青年如约而至时，班杰明的房门敞开着，眼前的景象却令青年人颇感意外——班杰明的房间里乱七八糟、狼藉一片。

没等青年人开口，班杰明就招呼道：“你看这房间，太不整洁了，请你在门外等候一分钟，我收拾一下，你再进来吧。”一边说着，班杰明就轻轻地关上了房门。

不到一分钟的时间，班杰明就又打开了房门并热情地把青年人让进客厅。这时，青年人的眼前展现出另一番景象——房间内的一切已变得井然有序，而且有两杯刚刚倒好的红酒，在淡淡的香水气息里还漾着微波。

可是，没有等青年人把满腹的有关人生和事业的疑难问题向班杰明讲出来，班杰明就非常客气地说道：“干杯。你可以走了”。

青年人手持酒杯一下子愣住了，既尴尬又非常遗憾地说：“可是，我……我还没向您请教呢……”

“这些……难道还不够吗？”班杰明一边微笑着，一边扫视着自己的房间，轻言细语地说，“你进来又有一分钟了。”

“一分钟……一分钟……”青年人若有所思地说：“我懂了，您让我明白了一分钟的时间可以做许多事情，可以改变许多事情的深刻道理”。

班杰明舒心地笑了。青年人把杯里的红酒一饮而尽，向班杰明连连道谢后，开心地走了。

其实，只要把握好生命的每一分钟，也就把握了理想的人生。

图3.27 短文档的标题、正文设置

2．为“新媒体运营策划书初稿.docx”文档中的不同页面设置5个书签。依次使用“按名称排序”和“按位置排序”的方式进行排序，请比较两者的不同。

三、综合实践题

利用本项目所学习的知识，针对论文“新媒体

运营策划书初稿 .docx”进行美化。要求如下：

1．段落样式。新建名为“段落样式”的样式：宋体、五号，1.5 倍行距，首行缩进 2 字符，将正文各段落均设置为该样式。

2．论文页眉的设置。将正文的偶数页的页眉设置为“毕业论文”，奇数页的页眉设置为“新媒体运营策划书初稿”，将所有页眉均设置为居中对齐。为正文页脚设置页码，页码从 1 开始，奇数页的页码靠左对齐，偶数页的页码靠右对齐。

3．题注应用。在相应的图或表的下方插入题注，对应的标签名为“图”或“表”，编号包含章节号。章节起始样式为“标题 1”，分隔符为“-（连字符）”。在“表 1”之前增加一个表格，并添加一个题注，观察其后的题注编号是否自动改变，删除在之前步骤中添加的表格及题注，选中全文，按“F9”键，查看更新整个目录后题注编号是否改变。

4．交叉引用。将论文中的“如下图所示”中的“下图”两字改为交叉引用，引用内容为“只有标签和编号”。

5．图表目录。在目录的下一页生成图表目录，如图 3.28 所示。

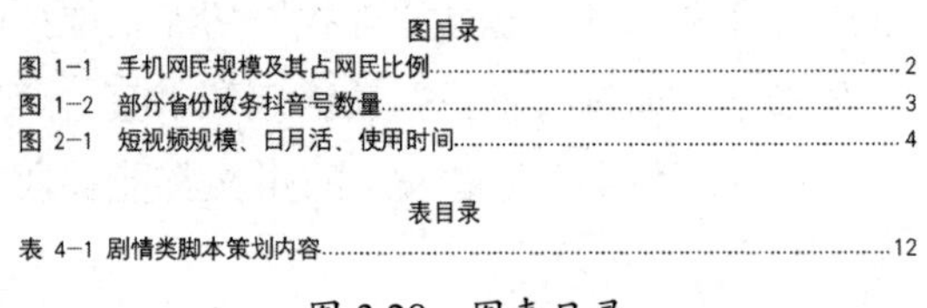

图目录

图 1−1　手机网民规模及其占网民比例……2
图 1−2　部分省份政务抖音号数量……3
图 2−1　短视频规模、日月活、使用时间……4

表目录

表 4−1 剧情类脚本策划内容……12

图 3.28　图表目录

6．脚注格式美化。定位至第一页的脚注，将脚注的编号格式修改为“①，②，③，...”。

7．超链接。为论文中第一次出现“抖音”的文字设置超链接，超链接至抖音官网。

8．书签设置。为论文中正文的第五页设置书签，设置书签名称为“第五页”。

9．参考文献。设置参考文献的“编号格式”为［①］，“编号样式”为“1，2，3，...”。

综合实践题的部分效果如图 3.29 所示。

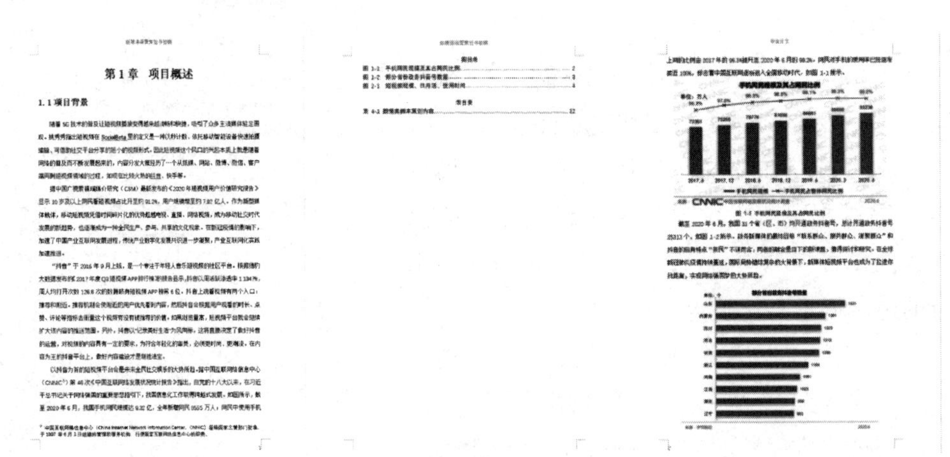

图 3.29　综合实践题的部分效果

第二篇
演示文稿制作

演示文稿制作篇主要介绍在 WPS 演示中制作界面友好、美观实用的演示文稿。该篇通过项目 4“公司简介演示文稿制作”、项目 5“旅游景点演示文稿制作”和项目 6“毕业纪念册演示文稿制作”，介绍演示文稿的编辑、美化、多媒体合成、动画制作与定稿等知识点与技能点。学生在项目实施的过程中不仅能养成严谨细致的工作习惯，树立创新意识和审美意识，还能激发其对家乡的热爱和民族自豪感。

项目 4　公司简介演示文稿制作

学习目标

知识目标：掌握调整图片的相关操作，如调整大小、角度、亮度、对比度，按形状裁剪、按比例裁剪、创意裁剪等；掌握智能图形的应用；掌握各种对齐工具的使用方法；掌握版式与幻灯片母版的设置方法。

能力目标：能够使用创意裁剪功能提升图片的裁剪效果；能够编辑表格，并设置单元格内文本的格式；能够使用公式编辑器编写各种公式；能够使用指定模板和主题内置的版式，并且可以编辑模板。

思政目标：培养学生严谨细致的工作习惯，提升其审美能力，提高学生的职场办公技能。

项目效果

WPS 演示是金山公司开发的演示文稿程序。本项目以制作公司简介演示文稿为例，介绍 WPS 演示的主要功能。制作一份演示文稿，可以从网络中下载模板，然后在此模板的基础上修改内容快速制作演示文稿。在编排标题页、目录页、内容页和结束页的过程中，通过对文字、图片、智能图形、表格等对象的编辑和美化，制作出美观的、具有简约风格的演示文稿。公司简介演示文稿制作完成后的效果如图 4.1 所示。

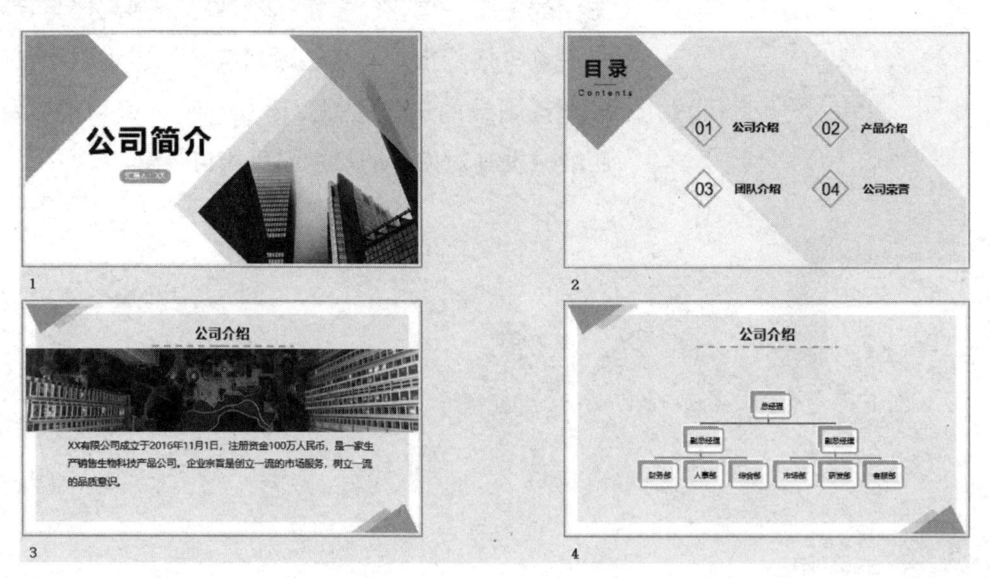

图 4.1　公司简介演示文稿效果

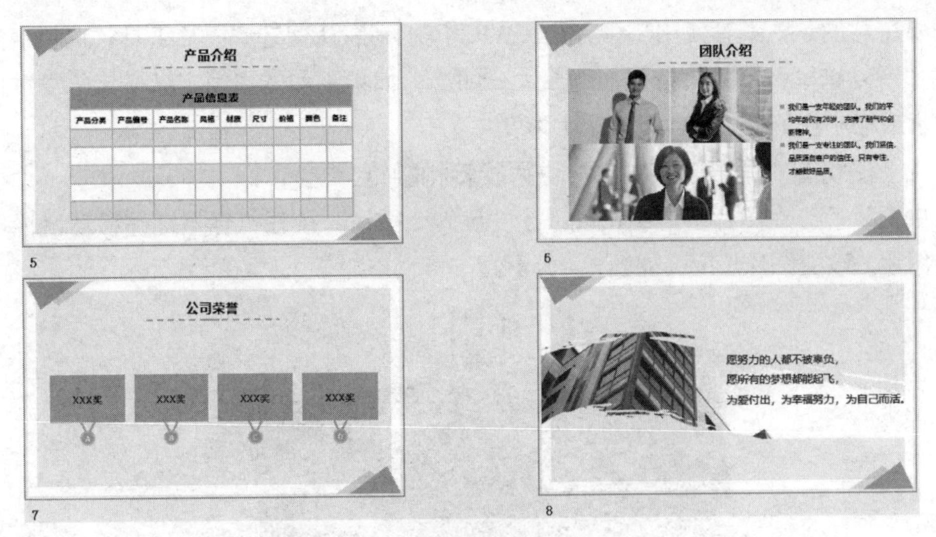

图 4.1　公司简介演示文稿效果（续）

知识技能

微课视频

4.1　幻灯片图片处理

在制作幻灯片时，图片是必不可少的元素，图文并茂的幻灯片不仅形象生动，而且更容易引起观众的兴趣，能更准确地表达演讲者的思想。

在幻灯片中插入图片时，经常需要调整图片的大小、角度，以及对图片进行旋转和翻转。

4.1.1　调整图片大小

在幻灯片中选中图片后，在图片周围会出现 8 个圆形控制点，用鼠标拖动控制点，就可以调整图片的大小，如图 4.2 所示。在“图片工具”选项卡的“形状高度”和“形状宽度”文本框中输入数值或者单击这两个文本框右侧的微调按钮，可以调整图片的高度和宽度，如图 4.3 所示。

图 4.2　拖动控制点调整图片的大小

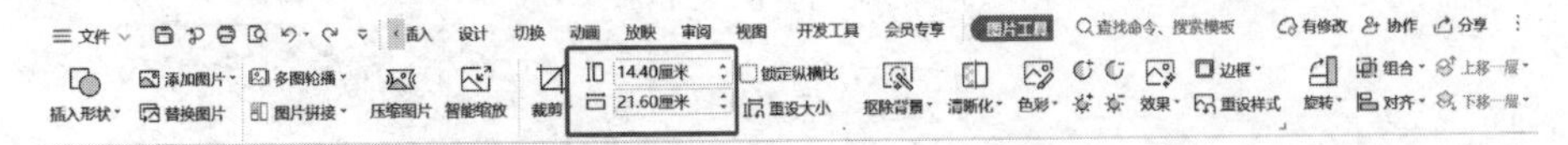

图 4.3　调整图片的高度和宽度

需要注意的是，不管使用哪种方法，WPS 演示都默认勾选“图片工具”选项卡的“锁定纵横比”复选框，图片会按照比例放大或缩小；如果不勾选“锁定纵横比”复选框，图片的放大或缩小将不受约束，可能产生形变。

4.1.2 调整图片角度以及对图片进行旋转和翻转

选中图片后，在图片上方会出现一个“旋转”按钮，按住鼠标左键并移动鼠标可以任意旋转图片，改变图片角度，如图 4.4 所示。

图 4.4 使用鼠标调整图片角度

单击“图片工具”选项卡的“旋转”下拉按钮，在下拉列表中选择“向左旋转 90°”“向右旋转 90°”“水平翻转”“垂直翻转”选项，可对图片进行旋转和翻转，如图 4.5 所示。

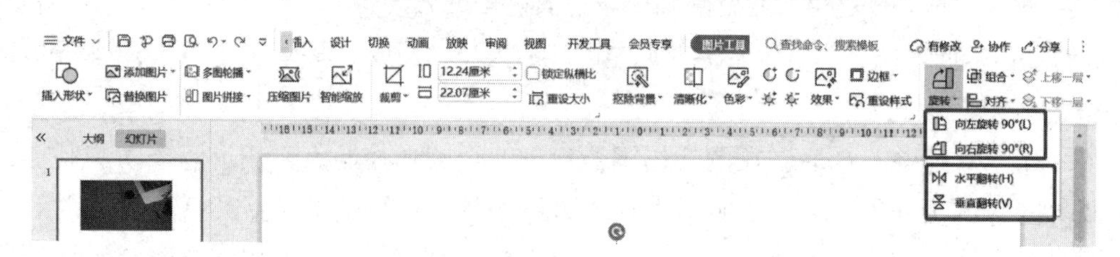

图 4.5 单击“旋转”下拉按钮

4.1.3 调整图片亮度和对比度

在幻灯片中选中图片后，单击“图片工具”选项卡中的调整亮度“ ”按钮和调整对比度“ ”按钮，可以调整图片亮度和对比度，如图 4.6 所示，加号为增加亮度或对比度，减号为降低亮度或对比度。效果如图 4.7 所示。

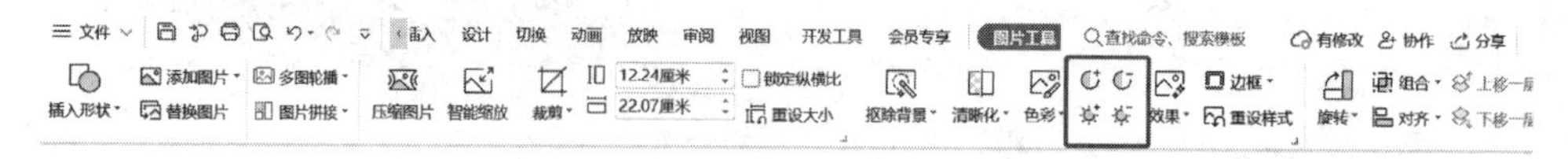

图 4.6 调整图片亮度和对比度

图 4.7　调整前后效果对比

动一动：请在稻壳图片库中插入一张自己喜欢的图片，调整图片亮度和对比度，看看效果吧。

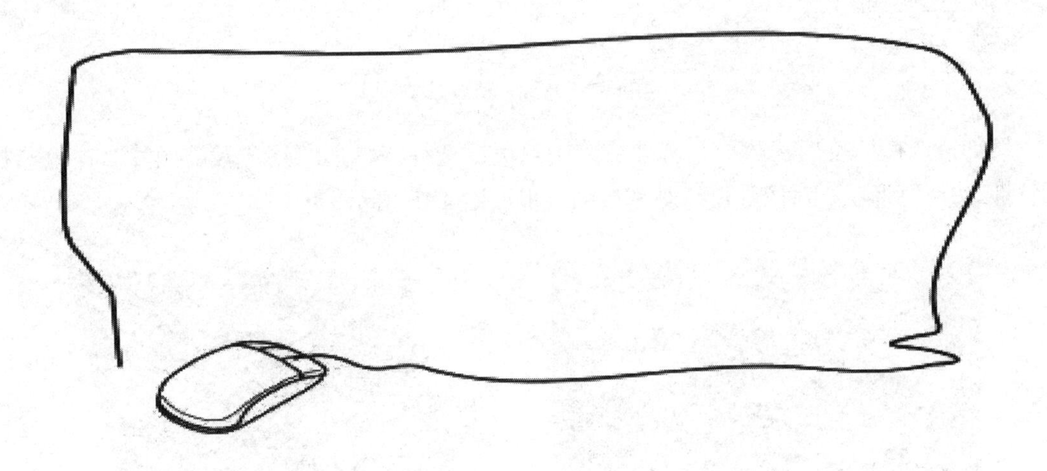

4.1.4　压缩图片

编辑幻灯片时，经常需要在幻灯片中插入多张图片。插入大量图片后，幻灯片的大小将会变大，不利于传输。为节省磁盘空间，以及便于文件传输，我们可以压缩图片，操作方法如下。

选中图片，单击“图片工具”选项卡中的“压缩图片”按钮，打开“压缩图片”对话框，在“应用于”选区中选中“选中的图片”单选按钮，如果想应用于所有图片，则选中“文档中的所有图片”单选按钮，如图 4.8 所示。

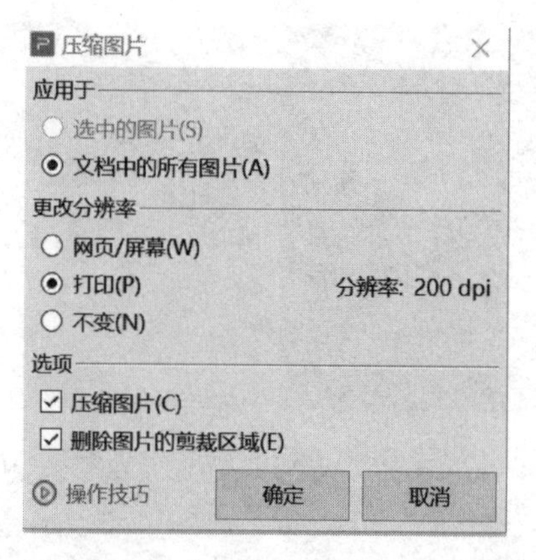

图 4.8 “压缩图片”对话框

4.1.5 裁剪图片

在幻灯片中插入图片后，图片会保持默认的形状，为了让图片具有艺术效果，可以对图片进行裁剪。单击“图片工具”选项卡中的“裁剪”下拉按钮，在下拉列表中选择“裁剪”选项，再选择“按形状裁剪”或“按比例裁剪”选项，如图 4.9 所示。

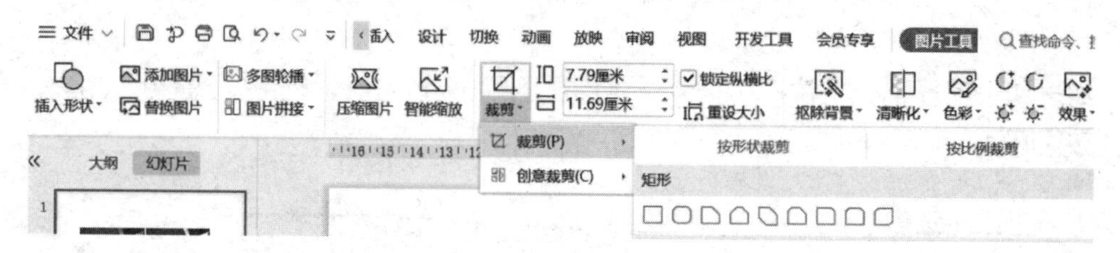

图 4.9 “裁剪”下拉按钮

例如，选择“按形状裁剪”选项后，用户可以选择一种形状用于裁剪图片。这里选择“平行四边形”形状，对图片进行裁剪后的效果如图 4.10 所示。

图 4.10 按形状裁剪

WPS 演示除了提供常规裁剪功能，还提供了创意裁剪功能。在幻灯片中选中图片后，单击“图片工具”选项卡中的“裁剪”下拉按钮，在下拉列表中选择“创意裁剪”选项，在子列表中选择一种创意图形，即可对图片进行创意裁剪。“稻壳创意裁剪”提供了免费和付费的创意图形，用户可以根据自己的需要在“经典图形”“节日/生肖”和“几何”选项卡

中进行选择，还可以在右侧的“其他”下拉列表中选择“笔刷”或“人像”选项，如图 4.11 所示。

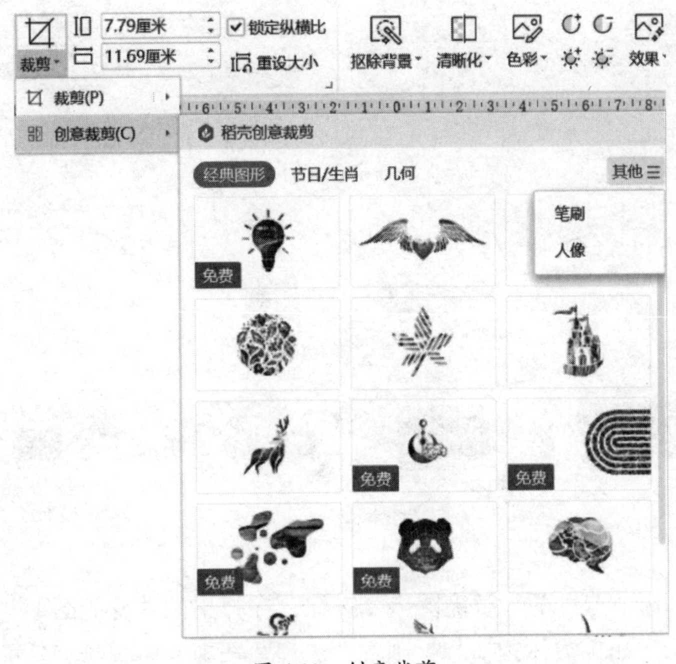

图 4.11　创意裁剪

想一想：在裁剪图片时，裁剪的图片是否从文档中被彻底删除？

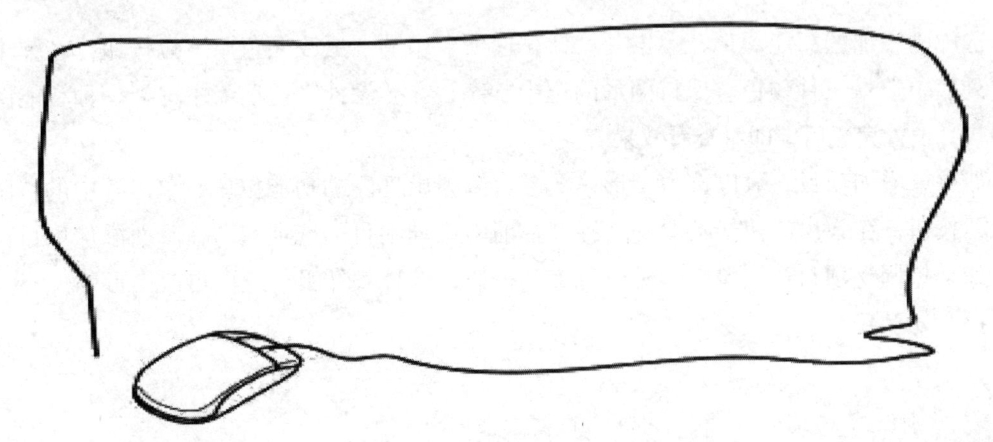

4.2　智能图形的应用

在制作幻灯片时，经常会将多个图形进行排列组合，形成层次结构图、流程图等。常规的制作方法非常烦琐，而 WPS 演示中的智能图形提供了形式各异，丰富多彩的图形，这些图形包括列表、流程、循环、层级结构、关系、矩阵、棱锥图、图片和并列等类型。智能图形可以轻松、便携、高效地创建各类图形组合，满足用户的需求，如图 4.12 所示。

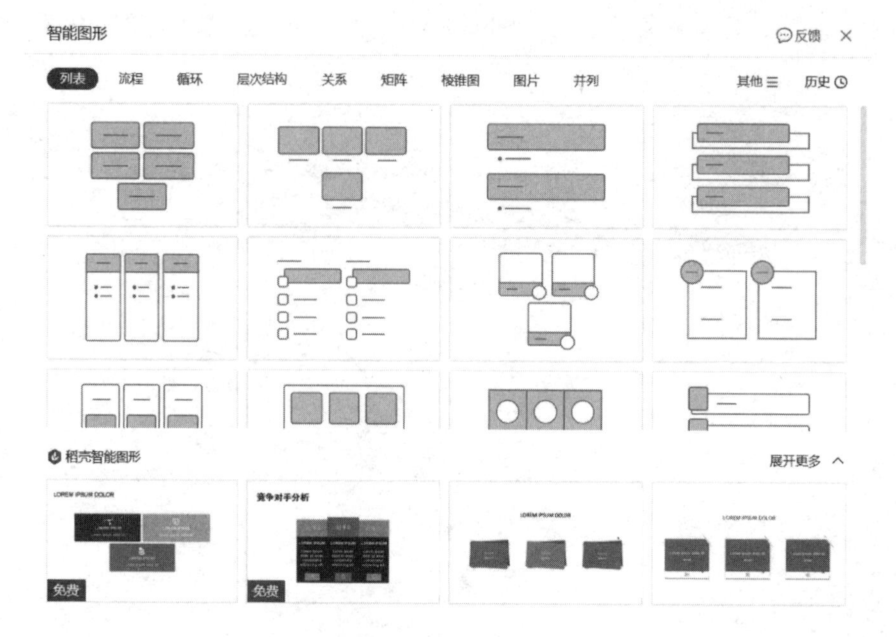

图 4.12　智能图形

单击“插入”选项卡中的“智能图形”按钮，在弹出的“智能图形”对话框中根据需求选择合适的图形，如果需体现流程，则在“流程”选项卡中选择合适的图形，稻壳智能图形提供了大量精美的图形模板。

选中已添加的智能图形，在“设计”选项卡中对图形做进一步调整，如更改颜色、样式、大小等。

选中已添加的智能图形，单击“设计”选项卡中的“更改颜色”下拉按钮，在弹出的下拉列表中选择一种颜色。保持图形的选中状态，在“设计”选项卡中选择一种智能图形的样式，设置完成后，即可查看效果。

如果想增加项目，可以选中图形，图形右侧会出现浮动功能按钮，单击其中的“添加项目”按钮，在弹出的快捷菜单中选择“在前面添加项目”选项或“在后面添加项目”选项；如果想调整项目，则单击“更改位置”按钮，选择“降级”选项更改图形的位置，如图 4.13 所示。

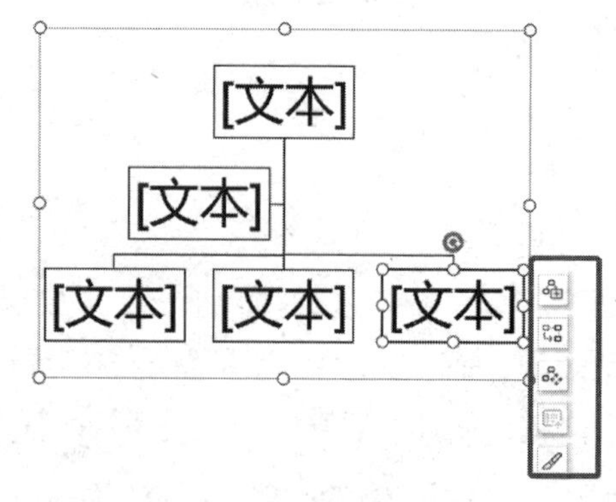

图 4.13　在智能图形中添加或调整项目

重难点笔记区：

4.3　表格的编辑

在幻灯片中，有些信息或数据不能单纯地用文字或图片来表示，在信息或数据比较多的情况下，可以将数据分门别类地存放在表格中，使信息或数据一目了然，更有说服力。WPS 演示的表格功能非常强大，提供了单独的表格工具模块，使用该模块不但可以创建各种样式的表格，还可以对创建的表格进行编辑。

在“插入”选项卡中单击“表格”下拉按钮，在下拉列表的“插入表格”选区中选择行数和列数，快速插入表格，如图 4.14 所示。也可以单击“表格”下拉按钮，在下拉列表中选择“插入表格”选项，弹出“插入表格”对话框，分别设置所需的“行数”和“列数”，单击“确定”按钮。WPS 演示提供了多种稻壳内容型表格模板，用户可以选择免费或付费模板。

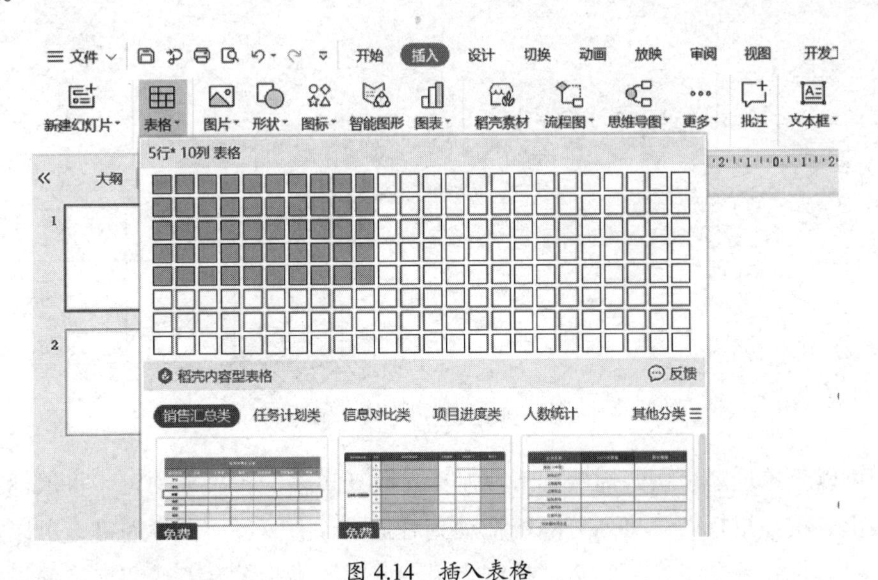

图 4.14　插入表格

插入表格后，我们可以通过设置表格样式来美化表格。选择“表格样式”选项卡，可以根据需要选择表格样式，如图 4.15 所示。

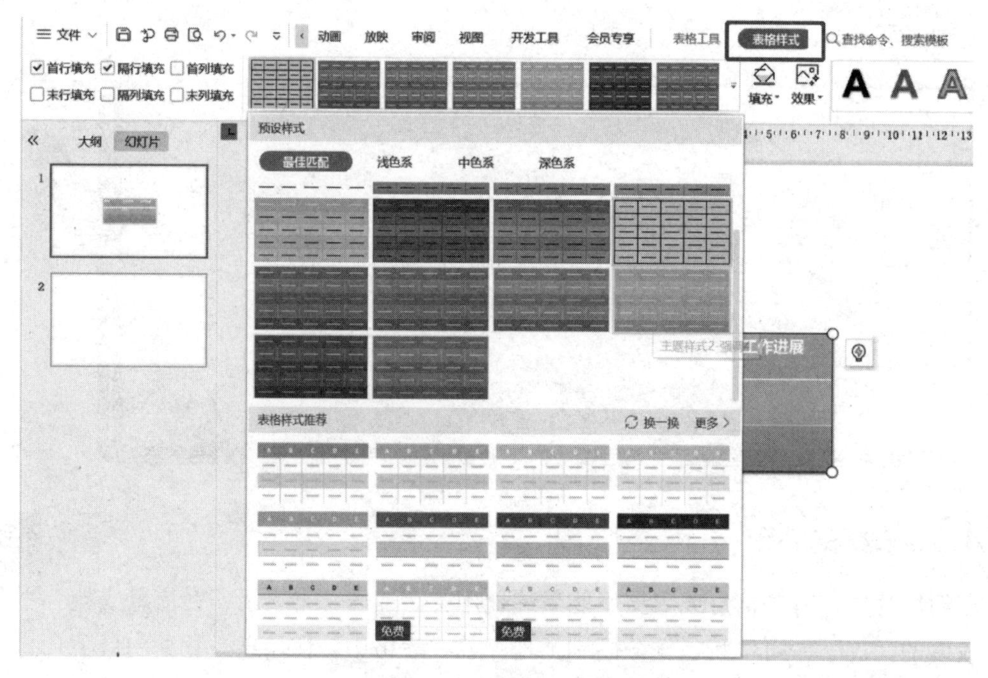

图 4.15　选择表格样式

选择“表格工具”选项卡，可以设置单元格内文本的格式，如字体、字号、颜色、对齐方式、文字方向等，如图 4.16 所示。

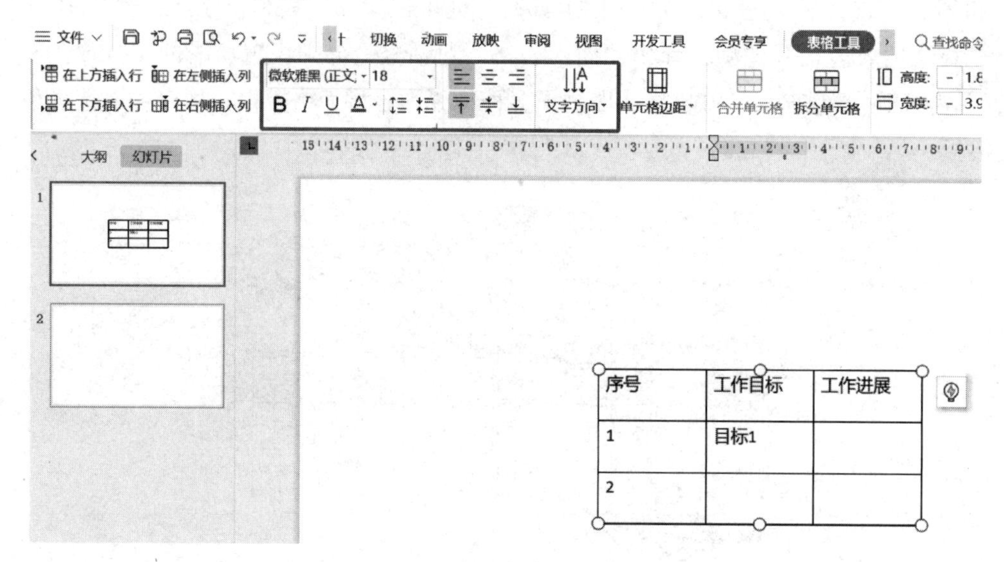

图 4.16　设置单元格内文本的格式

用户可以直接拖动表格四周的圆形控制点，改变表格的行高或列宽。将鼠标指针置于列分隔线上，按住鼠标左键将列分隔线拖动到合适的位置，释放鼠标左键，可以调整表格的列宽。将鼠标指针置于表格的边框控制点上，此时鼠标指针会变成双向箭头形状，按住鼠标左键，拖动鼠标至合适的位置后释放鼠标左键，可以调整表格的大小。

将鼠标指针置于表格的边框处，按住鼠标左键，拖动鼠标至合适的位置后释放鼠标左

键，可以移动表格。

还可以选中表格，在“表格工具”选项卡的“高度”和“宽度”文本框中，输入高度值和宽度值来修改表格的高度与宽度。

4.4　公式的编辑

微课视频

在幻灯片中插入数学公式。单击“插入”选项卡中的“公式”按钮，如图 4.17 所示，此时会自动切换至“公式工具”选项卡。

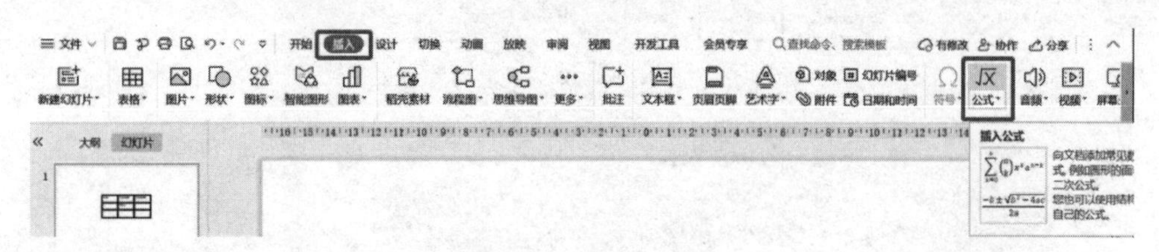

图 4.17　“公式”按钮

WPS 演示在“公式工具”选项卡中提供了各种符号，也提供了强大的公式编辑功能，用户可以使用此功能直接插入公式，如图 4.18 所示。

用户可以在公式编辑器内选择相应的符号和公式并进行编辑，单击公式编辑器以外的区域，公式就被输入幻灯片中，如图 4.19 所示。

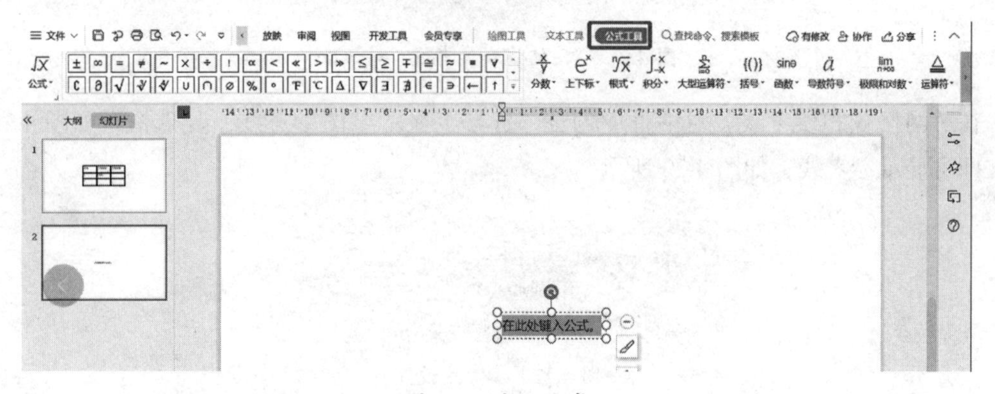

图 4.18　插入公式

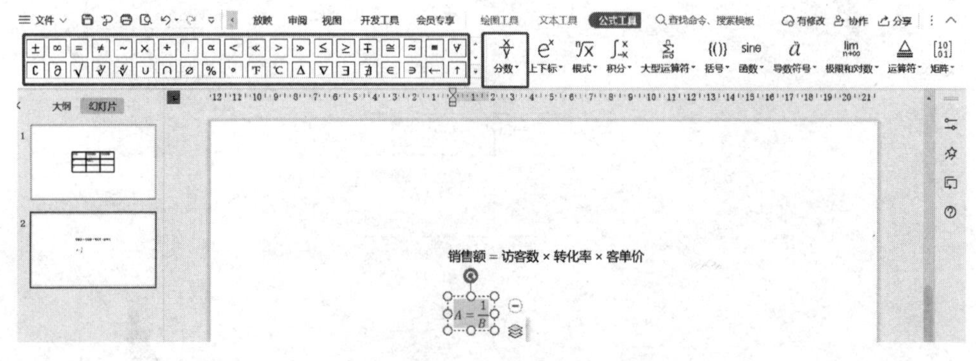

图 4.19　编辑公式

4.5 幻灯片对齐工具

微课视频

使用 WPS 演示制作幻灯片时，为了便于排版，有时需要插入网格和参考线。

单击“视图”选项卡中的“网格和参考线”按钮，如图 4.20 所示，弹出“网格线和参考线”对话框，如图 4.21 所示，在“对齐”“网格设置”和“参考线设置”选区中进行设置。

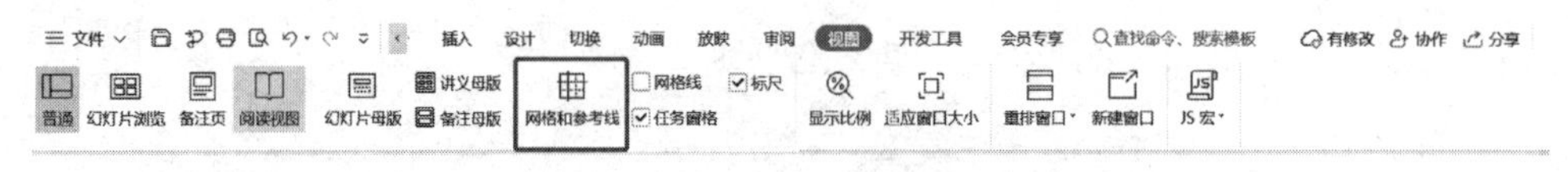

图 4.20　单击“网格和参考线”按钮

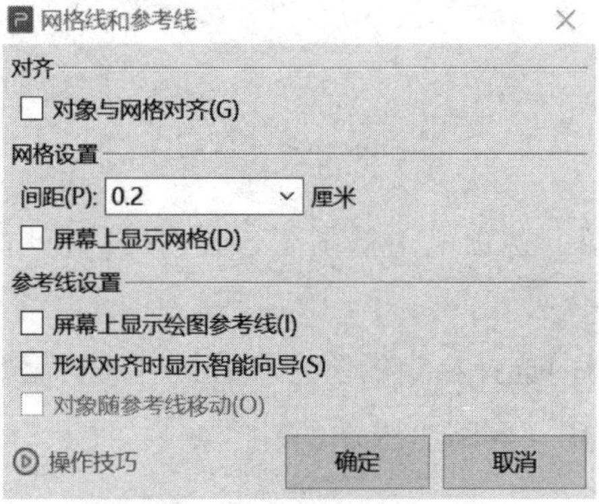

网格线和参考线

对齐

☐ 对象与网格对齐(G)

网格设置

间距(P): 0.2 厘米

☐ 屏幕上显示网格(D)

参考线设置

☐ 屏幕上显示绘图参考线(I)

☐ 形状对齐时显示智能向导(S)

☐ 对象随参考线移动(O)

操作技巧　确定　取消

图 4.21　“网格线和参考线"对话框

在“网格线和参考线”对话框中勾选“屏幕上显示绘图参考线”复选框，如图 4.22 所示，即可显示参考线，如图 4.23 所示。

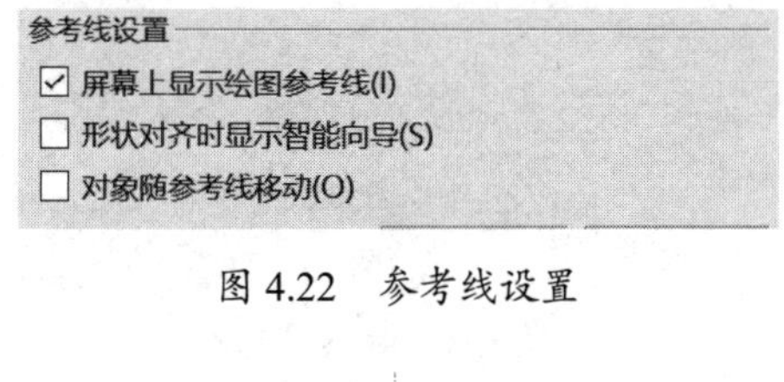

图 4.22　参考线设置

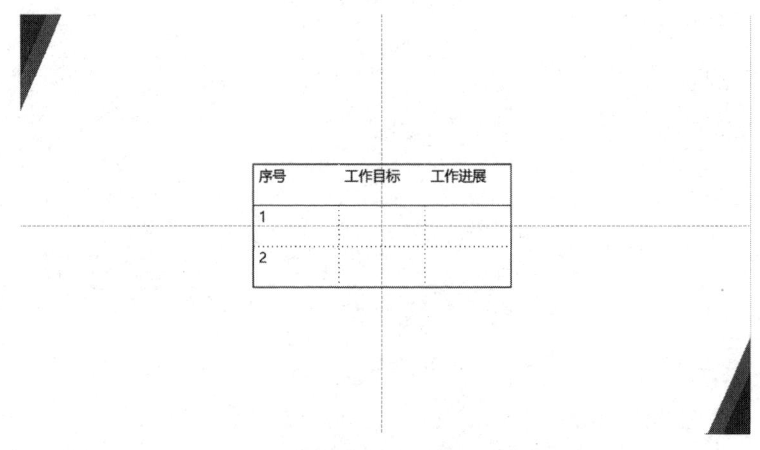

图 4.23　显示参考线

再次打开“网格线和参考线”对话框，设置网格间距为“0.125 厘米”，如图 4.24 所示，单击“确定”按钮，即可显示网格线，如图 4.24 和图 4.25 所示。

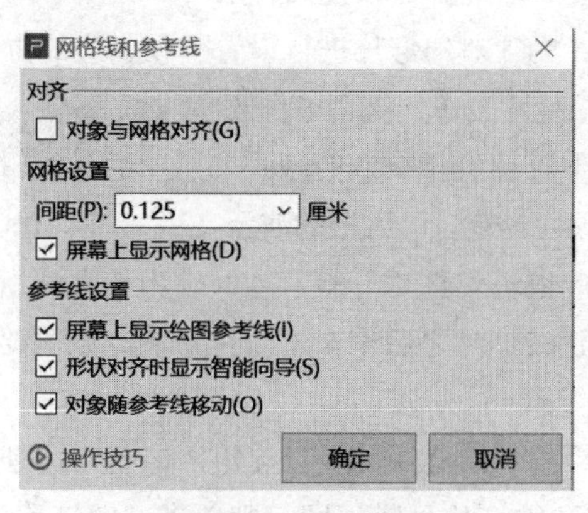

图 4.24　网格线设置

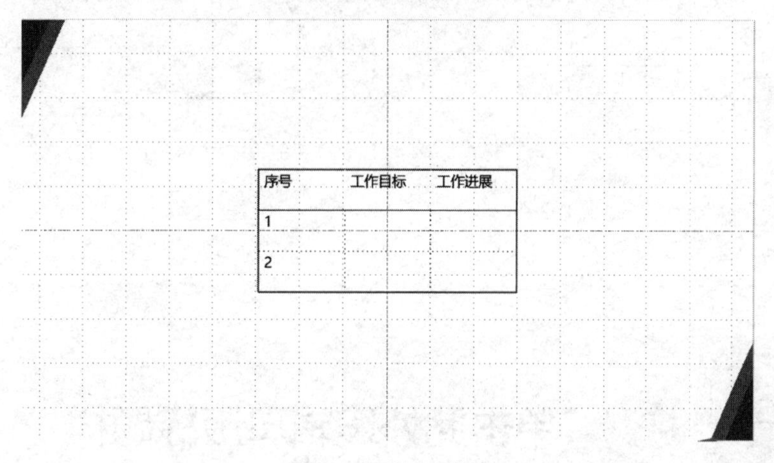

图 4.25　显示网格线

想一想：勾选参考线设置中的三个复选框，会出现什么效果？

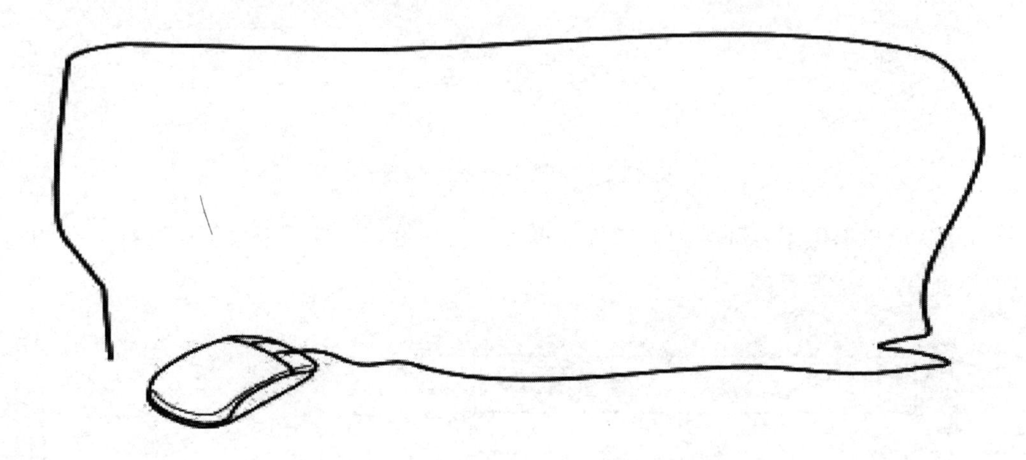

4.6 版式与母版的设置

微课视频

母版是演示文稿中重要的组成部分，使用母版可以让所有幻灯片具有统一的风格和样式。使用母版时，无须对幻灯片进行设置，在相应的位置输入需要的内容即可，使用母版可减少重复性工作，提高工作效率。

幻灯片母版可为所有幻灯片设置默认的版式。用户通过编辑幻灯片母版，可以将自己的创意和想法付诸实际，创建具有自己风格的演示文稿。

在创建幻灯片之前，应编辑幻灯片母版，这样，添加到演示文稿中的所有幻灯片都具有相同的版式。如果在创建幻灯片之后编辑幻灯片母版，则需要在普通视图中将更新的版式重新应用于所有幻灯片。

单击“视图”选项卡中的“幻灯片母版”按钮，如图 4.26 所示，系统会自动切换到幻灯片母版视图。如果想离开幻灯片母版视图，则单击“幻灯片母版”选项卡中的“关闭”按钮，即可返回幻灯片编辑界面，如图 4.27 所示。

图 4.26　单击“视图”选项卡中的“幻灯片母版”按钮

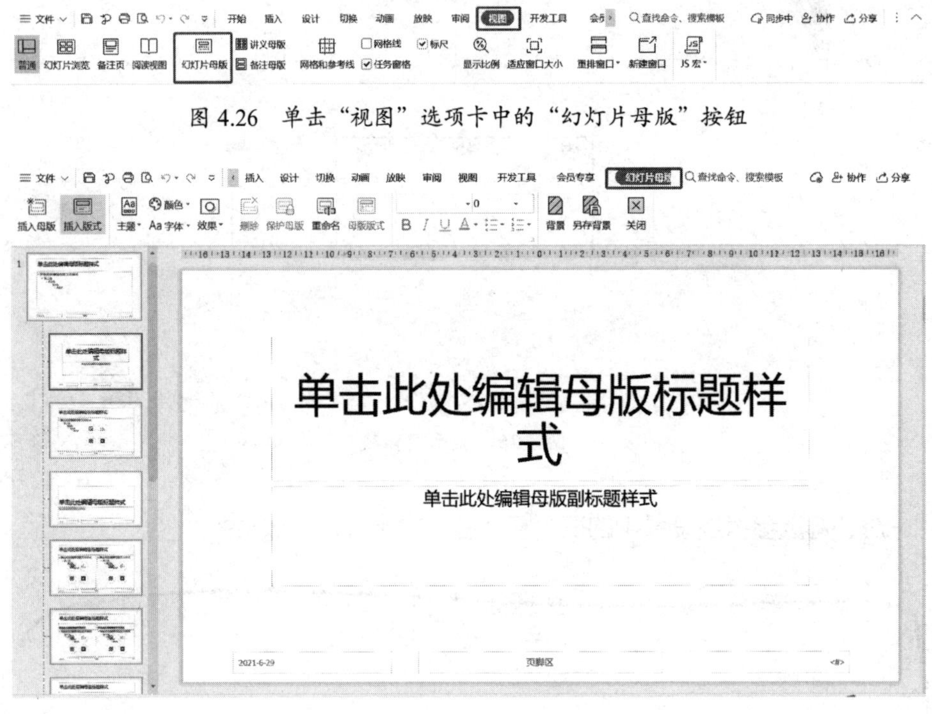

图 4.27　“幻灯片母版”选项卡

WPS 演示也提供了各种主题的幻灯片母版，在“设计”选项卡中可以选择喜爱的幻灯片母版，如图 4.28 所示。

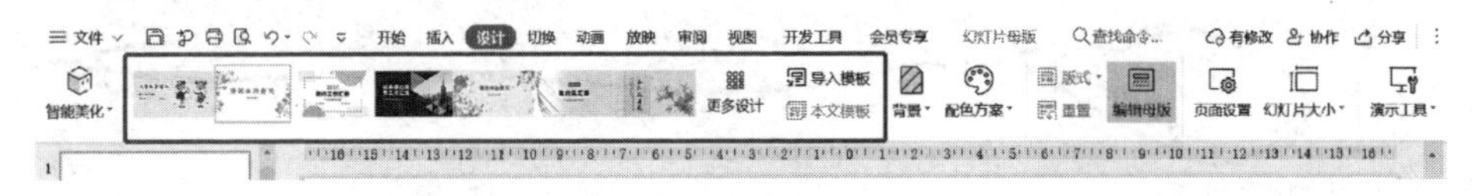

图 4.28　“设计”选项卡中的各种幻灯片母版

或者单击“更多设计”按钮，在弹出的“全文美化”对话框中选择幻灯片母版，预览后，单击下方的“应用美化”按钮，即可应用该幻灯片母版，如图4.29和图4.30所示。

图4.29 “全文美化”对话框

图4.30 单击“应用美化”按钮

选择“设计”选项卡，单击“编辑母版”按钮，可对幻灯片母版进行编辑。注意，在实际操作的过程中，可以将多余的占位符删除。

议一议：请同学们讨论一下，使用幻灯片母版可以修改哪些幻灯片的元素？

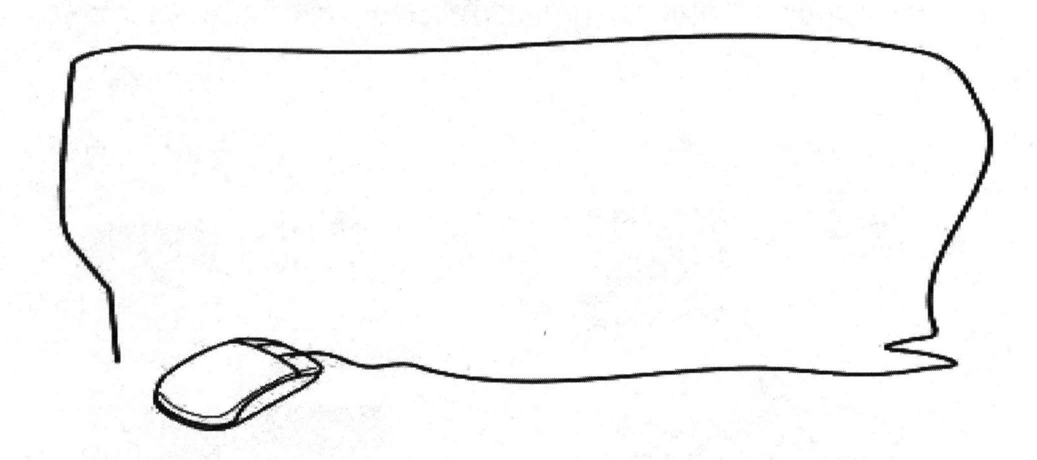

主要步骤

步骤 1：创建演示文稿

启动 WPS Office，单击“新建”按钮，在弹出的界面中选择“P 演示”选项卡，单击“新建空白演示”按钮即可创建演示文稿，如图 4.31 所示。也可以通过模板创建演示文稿。

图 4.31　单击“新建空白演示”按钮

步骤 2：选择幻灯片母版

在“设计”选项卡中单击“更多设计”按钮，弹出“全文美化”对话框，选择一种幻灯片母版，单击“应用美化”按钮。

将幻灯片母版中多余的占位符删除，同时删除不需要的页面及内容，以方便后期编排。完成幻灯片母版的版式调整后，就可以编辑幻灯片了，如图 4.32 所示。

图 4.32　调整幻灯片母版的版式

单击“幻灯片母版”选项卡中的“关闭”按钮，退出幻灯片母版视图，切换至普通视图。

为方便操作，本项目已提供幻灯片母版“制作公司简介演示文稿 - 模板 .pptx”，请同学们下载后完成项目操作。

步骤 3：内容页幻灯片的编辑与排版

当完成版式设计后，可以直接新建版式幻灯片，进行内容页幻灯片的编辑与排版。

1. 右击第一张幻灯片缩略图，在弹出的快捷菜单中选择“版式”选项，在子菜单中选择标题页版式，分别输入“公司简介”和“日期”，修改文字的字体和字号，完成标题页幻灯片的设计，如图 4.33 所示。

图 4.33　标题页幻灯片

2. 按“Enter”键新建一张幻灯片，右击第二张幻灯片缩略图，在弹出的快捷菜单中选择“版式”选项，在子菜单中选择目录页版式，分别输入“目录”和对应的标题文字，修改文字的字体和字号，通过参考线和对齐工具，完成四处标题文本框的对齐，如图 4.34 所示。

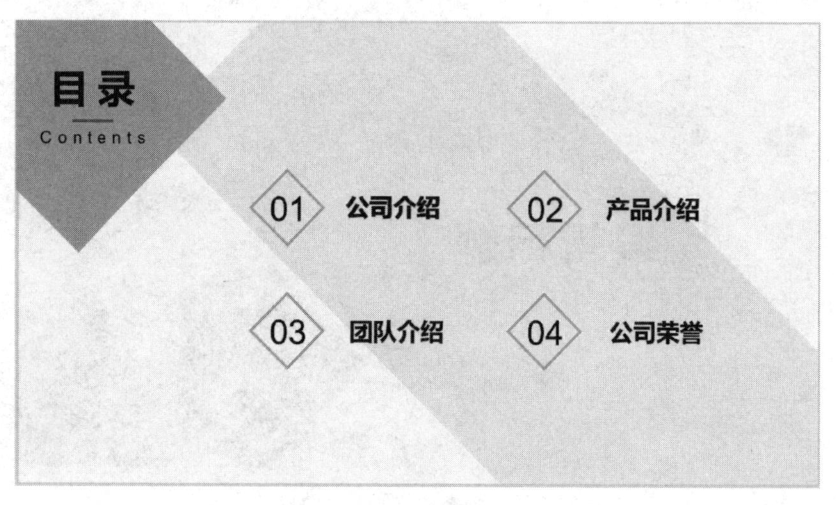

图 4.34　目录页幻灯片

3．按“Enter”键新建一张幻灯片，右击第三张幻灯片缩略图，在弹出的快捷菜单中选择“版式”选项，在子菜单中选择“公司介绍”内容页版式，插入图片“公司介绍 .png”，单击“图片工具”选项卡中的“裁剪”按钮，通过图片周边的控制柄按钮调整裁剪区域，将图片移动至标题下方。在图片下方插入文本框，输入公司信息，设置字体、字号和行间距等，如图 4.35 所示。

图 4.35　公司介绍

4．按“Enter”键新建一张幻灯片，右击第四张幻灯片缩略图，在弹出的快捷菜单中选择“版式”选项，在子菜单中选择“公司介绍”内容页版式，单击“插入”选项卡中的“智能图形”按钮，在弹出的对话框中选择“层次结构”选项卡，选择一种合适的组织结构图，如图 4.36 所示。

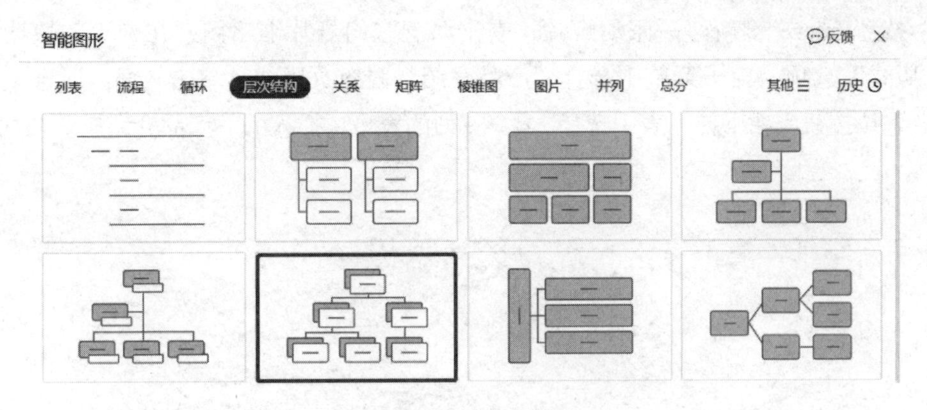

图 4.36　选择组织结构图

在智能图形的文本框中输入文字，单击第二层的第一个图形，在弹出的浮动功能按钮中单击第一个按钮“ ”，在弹出的快捷菜单中选择“在下方添加项目”选项，即可在第三层图形中添加一个项目，同理，在第二个“副总经理”处添加两个项目，如图 4.37 和图 4.38 所示。

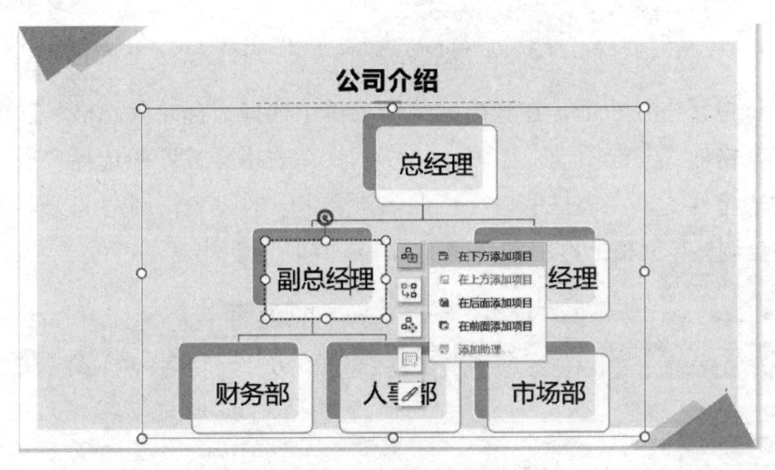

图 4.37　修改智能图形

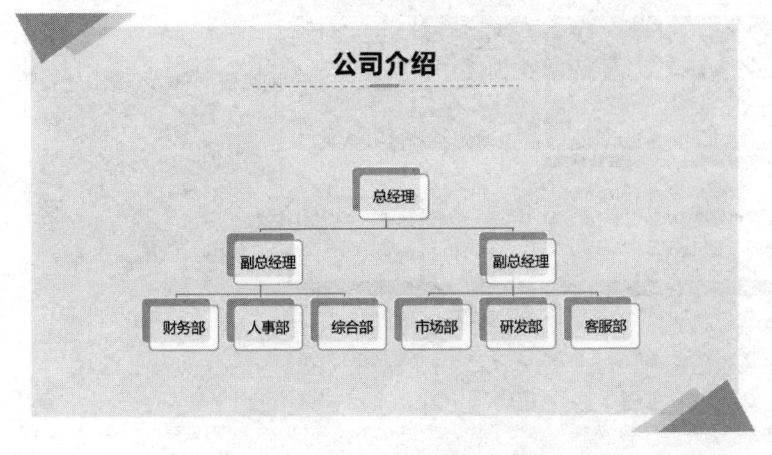

图 4.38　添加项目后的智能图形

5. 按“Enter”键新建一张幻灯片，右击第五张幻灯片缩略图，在弹出的快捷菜单中选择“版式”选项，在子菜单中选择“产品介绍”内容页版式，单击“插入”选项卡中的“表格”下拉按钮，在下拉列表中选择7行×9列的表格，插入的“产品介绍”表格如图4.39所示。

图 4.39 插入的“产品介绍”表格

选中第一行单元格并右击，在弹出的快捷菜单中选择“合并单元格”选项，将第一行合并。选择“表格样式”选项卡，如图 4.40 所示，在表格样式库中选择“最佳匹配”选项卡，选择一种表格样式，在表格的单元格内输入文字，通过表格周边的圆形控制点调整表格的大小，并且调整单元格的宽度和高度，如图 4.41 所示。

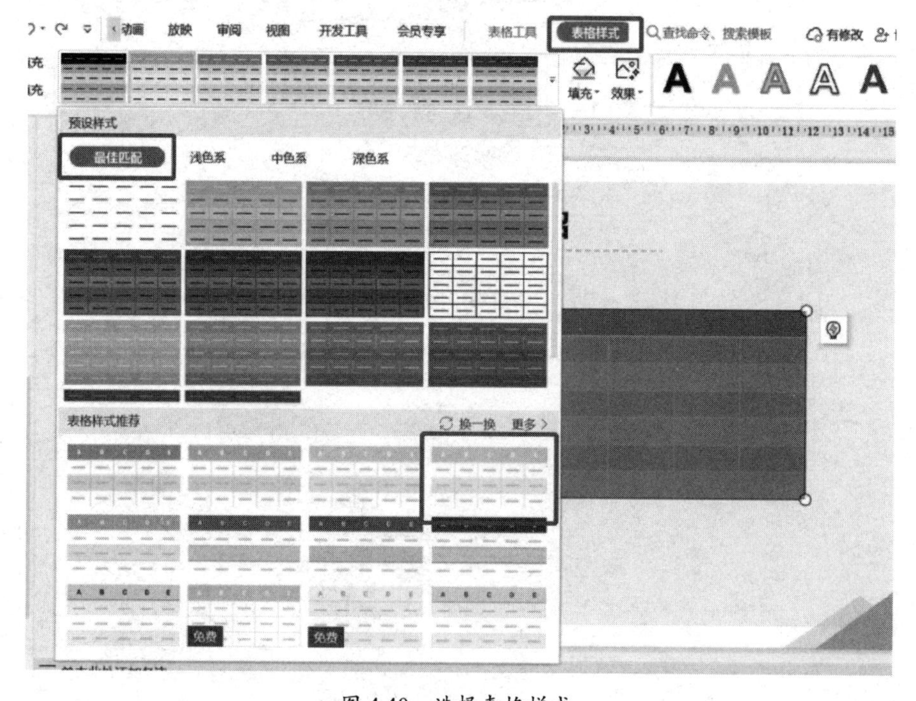

图 4.40 选择表格样式

图 4.41　输入文字并调整表格

6. 按“Enter”键新建一张幻灯片，右击第六张幻灯片缩略图，在弹出的快捷菜单中选择“版式”选项，在子菜单中选择“团队介绍”内容页版式，单击“插入”选项卡中的“图片”下拉按钮，在弹出的下拉列表中选择“人像”选项，单击图片即可插入图片。用户也可以在搜索框中搜索图片，找到合适的图片后，将其插入幻灯片中，如图 4.42 所示。

图 4.42　插入“人像”图片

本项目提供了 3 张图片素材，分别为“团队介绍 1.png”“团队介绍 2.png”“团队介绍 3.png”。单击“插入”选项卡中的“图片”下拉按钮，在下拉列表中单击“本地图片”按钮，将上述 3 张图片插入幻灯片中。选中这 3 张图片，单击“图片工具”选项卡中的“图片拼接”下拉按钮，在下拉列表中选择 3 张图片拼接的模板，3 张图片即可完成拼接，并被嵌入幻灯片中；将拼接后的图片移至合适位置，在图片的右侧输入文字，设置文字的字体、字号和行间距等，如图 4.43 所示。

图 4.43　图片拼接

7. 按“Enter”键新建一张幻灯片，右击第七张幻灯片缩略图，在弹出的快捷菜单中选择“版式”选项，在子菜单中选择“公司荣誉”内容页版式，单击“插入”选项卡中的“智能图形”按钮，在弹出的对话框中选择“列表”选项卡，如图 4.44 所示，在稻壳智能图形选区中单击“4 项”按钮，找到合适的模板，将其插入幻灯片中，在“绘图工具”选项卡中修改智能图形的填充颜色，以及文字的颜色、字号和字体等，如图 4.45 所示。

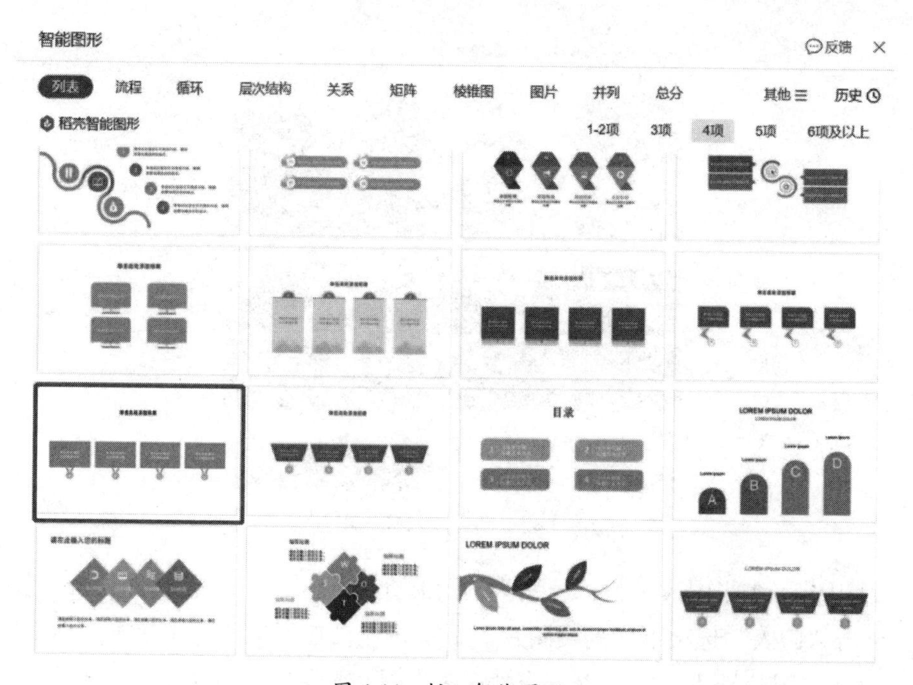

图 4.44　插入智能图形

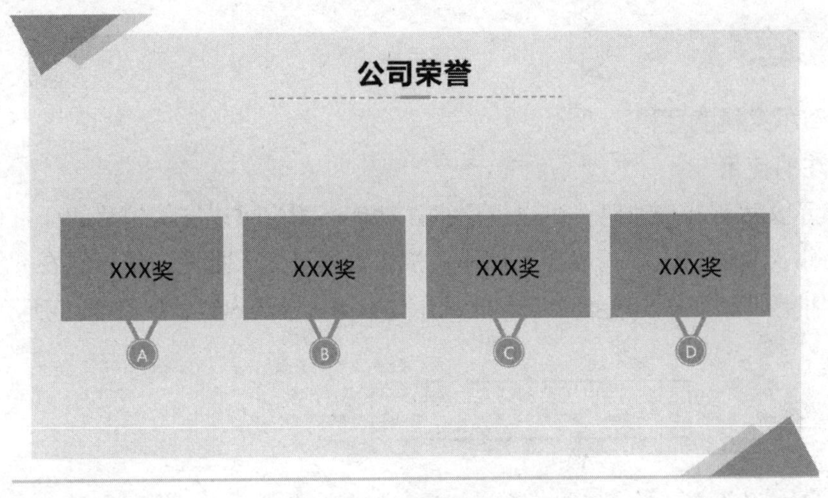

图 4.45　修改智能图形

步骤 4：编排结束页幻灯片

按“Enter”键新建一张幻灯片，右击第八张幻灯片缩略图，在弹出的快捷菜单中选择“版式”选项，在子菜单中选择结束页版式，单击“插入”选项卡中的“图片”下拉按钮，在下拉列表中选择“本地图片”选项，插入“结束页图片 .png”。单击“图片工具”选项卡中的“裁剪”下拉按钮，在下拉列表中选择“创意裁剪”→“笔刷”选项，选择一种合适的模板，完成图片的创意裁剪，如图 4.46 所示。在图片的右侧输入文字，设置文字的颜色、字号和字体，如图 4.47 所示。

图 4.46　完成图片的创意裁剪

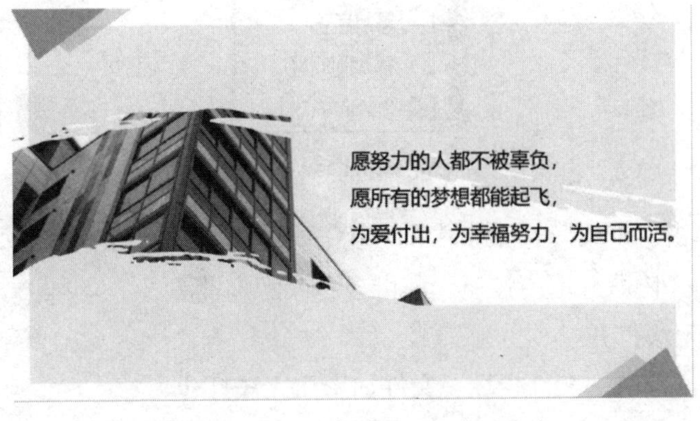

图 4.47　输入文字并设置文字的格式

项目拓展

（一）演示文稿的定稿

1. 批注的使用

当对演示文稿进行修改时，可以使用批注功能。用户可以在幻灯片的任意位置插入批注。单击“审阅”选项卡中的“插入批注”按钮，即可插入批注，也可以在“插入”选项卡中单击“批注”按钮，出现批注编辑框，在其中输入批注内容，如图 4.48 所示。

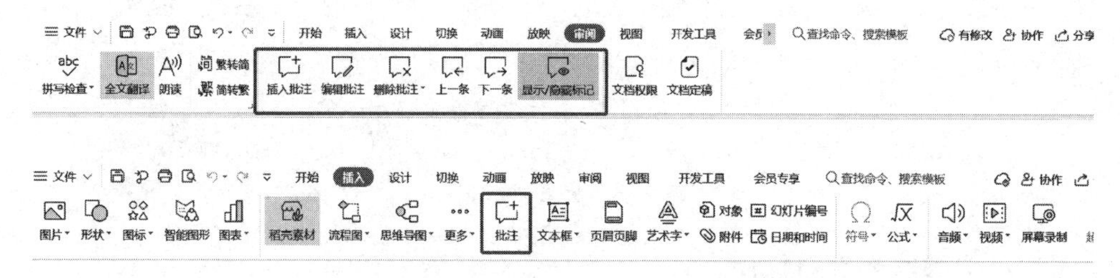

图 4.48 “审阅”选项卡中的“插入批注”按钮和“插入”选项卡中的“批注”按钮

使用鼠标可以将批注拖动至幻灯片的任意位置，如图 4.49 所示。

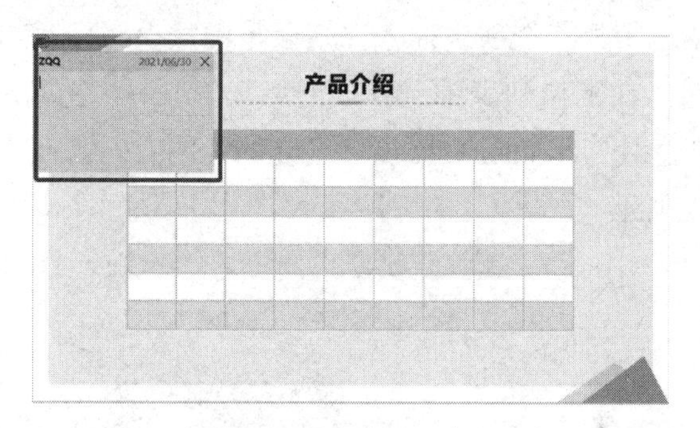

图 4.49 将批注拖动至幻灯片的任意位置

选中已添加的批注并右击，在弹出的快捷菜单中可选择“编辑批注”“复制文字”“插入批注”“删除批注”选项，即可对批注内容进行相应的操作，如图 4.50 所示。

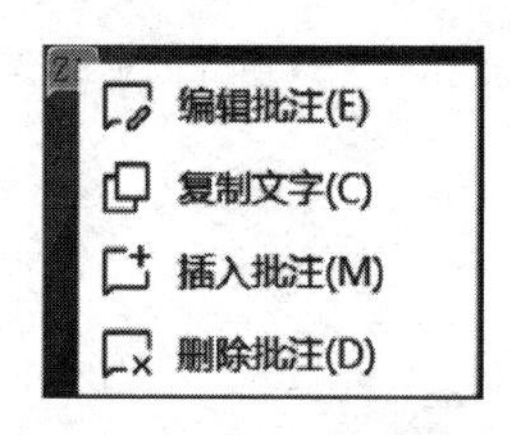

图 4.50 批注的相关操作

用户也可以单击“审阅”选项卡中的“上一条”或“下一条”按钮，在不同的批注之间跳转。单击“显示/隐藏标记”按钮，即可显示或隐藏批注。

2. 演示文稿无法打开

文稿会因为格式问题、文件损坏、文件加密而无法打开。

3. 演示文稿的加密

在菜单栏中选择“文件”→“文档加密”选项，可以在子菜单中看到“文档权限”和“密码加密”两个选项，如图 4.51 所示。

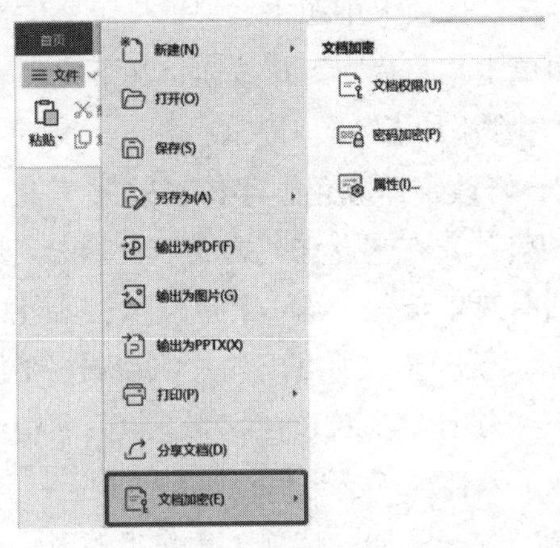

图 4.51 “文档加密”子菜单

在“文档加密”子菜单中选择“文档权限”选项，弹出“文档权限”对话框，用户可开启“私密文档保护”功能，开启该功能后，仅本人账号可查看/编辑文档，还可以添加指定人查看/编辑文档，如图 4.52 所示。

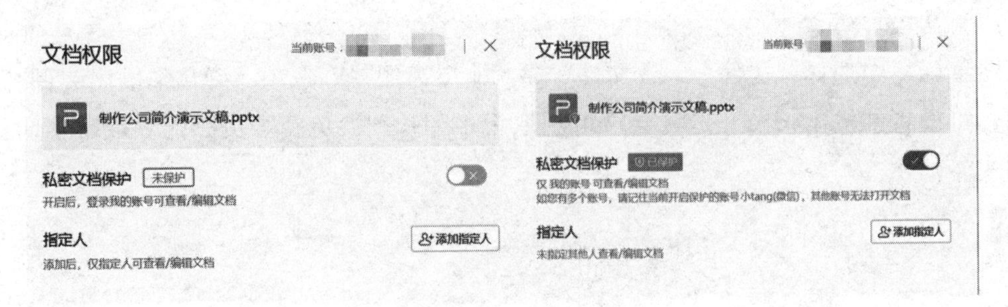

图 4.52 “文档权限”对话框

在“文档加密”子菜单中选择“密码加密”选项，弹出“密码加密”对话框，用户可设置打开权限的密码和编辑权限的密码。其他用户如果想查看和编辑演示文稿，则应输入正确的密码，如图 4.53 所示。

密码加密

点击 高级 可选择不同的加密类型，设置不同级别的密码保护。

打开权限

打开文件密码(O)：

再次输入密码(P)：

密码提示(H)：

编辑权限

修改文件密码(M)：

再次输入密码(R)：

请妥善保管密码，一旦遗忘，则无法恢复。担心忘记密码？转为私密文档，登录指定账号即可打开。

应用

图 4.53 “密码加密”对话框

（二）演示文稿的进阶技巧

1. 添加统一公司 LOGO

如果想在每张幻灯片的页眉都添加公司 LOGO，则可以使用幻灯片母版。本项目以圆形代替公司 LOGO，在“设计”选项卡中单击“编辑母版”按钮，进入母版视图，选择主母版。在“插入”选项卡中单击“图片”下拉按钮，在下拉列表中选择公司 LOGO。关闭母版版式，此时，每张幻灯片都添加了公司 LOGO。

2. 使用幻灯片母版统一修改字体颜色、字体、效果

使用 WPS Office 打开幻灯片，在“设计”选项卡中单击“编辑母版”按钮，再在“幻灯片母版”选项卡中，根据需要单击“主题”下拉按钮、“颜色”下拉按钮、“字体”下拉按钮、“效果”下拉按钮，可以统一修改所有幻灯片的主题、字体、颜色和效果。例如，在“幻灯片母版”选项卡中单击“字体”下拉按钮，在下拉列表中选择“宋体”选项，所有幻灯片中的文字就统一修改成“宋体”了。也可以单击“设计”选项卡中的“智能美化”下拉按钮，在下拉列表中选择“统一字体”选项，在弹出的对话框中选择需要美化的页面，单击“自定义”按钮，为标题和正文设置自定义的中文字体和西文字体。

3. 制作长图

很多新媒体平台发布的内容都是长图片内容，使用 WPS 可以将演示文稿导出为长图，直接在新媒体平台发布。需要注意的是，使用 WPS 合成无水印、高清品质的长图，需要先注册成为 WPS 会员。

在菜单栏中选择“文件”→“文件”→“输出为图片”选项，弹出“输出为图片”对话框，可设置并输出长图。付费会员可获取无水印长图，免费会员只能获取带水印长图，如图 4.54 所示。

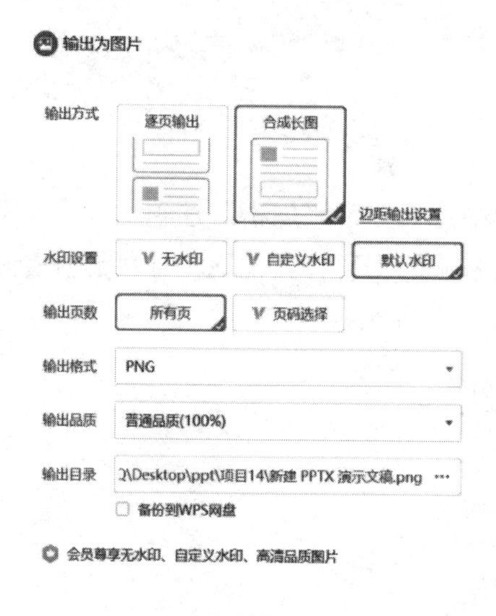

图 4.54 “输出为图片”对话框

项目小结

当制作演示文稿时，为了提高效率，可以使用模板。本项目以制作公司简介演示文稿为例，介绍 WPS 演示的主要功能，使学生掌握图片、文字、表格、智能图形等对象的编辑方法，能制作出美观的、具有简约风格的演示文稿。本项目的知识元素、技能元素与思政元素小结思维导图如图 4.55 所示。

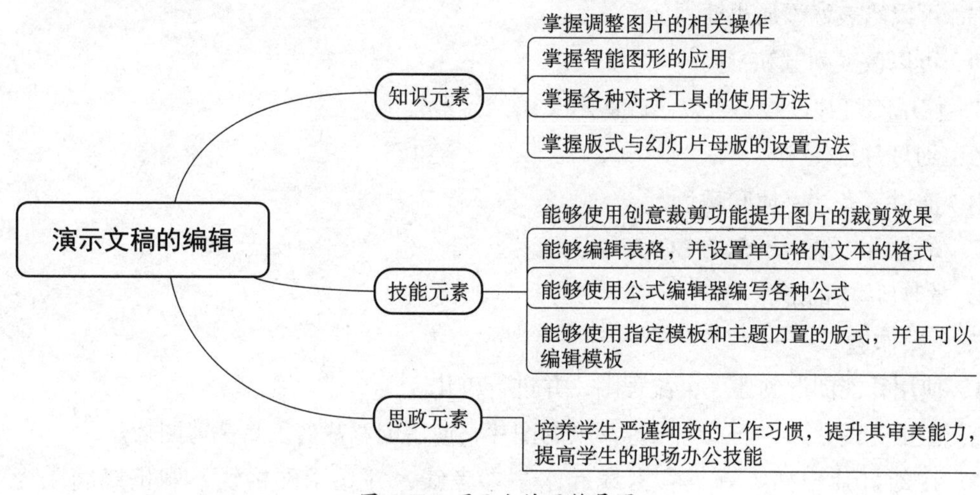

图 4.55　项目小结思维导图

问一问：本项目学习结束了，你还有什么问题吗？

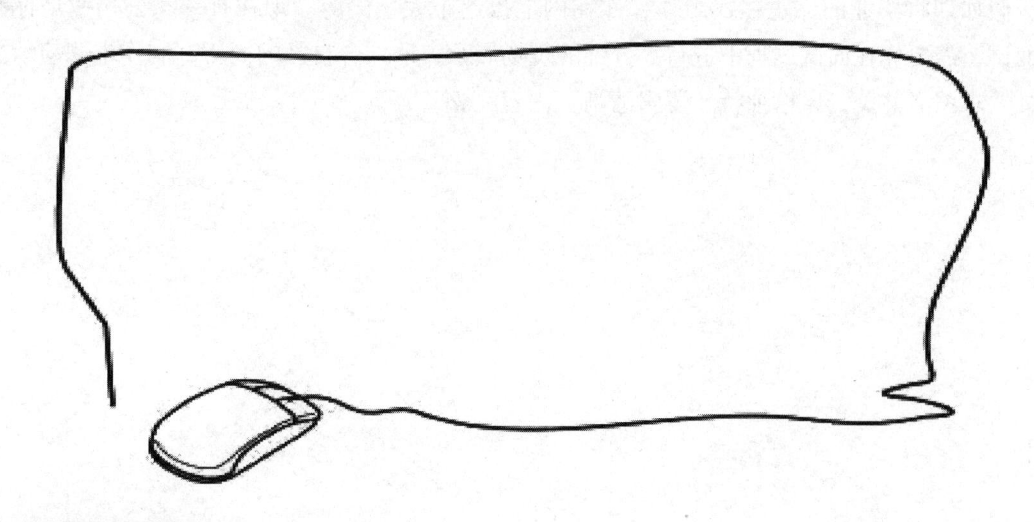

综合练习

一、不定项选择题

1．在 WPS 演示中，下列有关裁剪图片的说法中，错误的是（　　）。

A．裁剪图片是指图片的大小不变，而将不希望显示的图片区域隐藏起来

B．稻壳创意裁剪的样式都是收费的

C．裁剪图片时，可选定图片，单击“图片工具”选项卡中的“裁剪”按钮

D．裁剪图片可以按比例裁剪，也可以按形状裁剪

2．在 WPS 演示中，下列关于表格的说法中，错误的是（　　）。

A．可以在表格中插入新行和新列

B．不能合并单元格

C．可以给表格添加边框

D．可以改变列宽和行高

3．使用幻灯片母版不可以修改演示文稿的元素有（　　）。

A．幻灯片批注

B．演讲者备注字体和颜色

C．幻灯片中统一出现的 LOGO 图片

D．幻灯片中的形状

二、操作题

1．使用智能图形创建一个流程图，并进行美化。

2．在稻壳图片库中插入一张你喜欢的图片，使用创意裁剪工具裁剪图片。

3．在幻灯片中插入垂直参考线和水平参考线，并显示网格线，网格线间距为 0.25 厘米。

三、综合实践题

假如即将毕业的你正在找工作，你在网上投递了大量简历。现在有一家公司邀请你参加面试，需要你在面试过程中进行 5 分钟的现场展示，请结合自己的简历，制作求职演示文稿，要求图文并茂、风格独特、逻辑清晰、内容完整。

项目 5　旅游景点演示文稿制作

学习目标

知识目标：掌握插入音频、视频的多种方法并了解它们的区别；掌握各种动作链接的设置方法和逻辑关系；掌握裁剪音频、视频的方法；掌握合并演示文稿的方法；了解文件无法打开的原因。

能力目标：能插入音频、视频；能使用稻壳音频在演示文稿中插入音频；能设置音频、视频的播放方式；能裁剪音频、视频；能设置全程背景音乐；能插入、修改和删除音频、视频超链接。

思政目标：激发学生的热爱家乡之情，提升民族自豪感。

项目效果

本项目选取浙江杭州相关的景点、特产、美食等作为素材，从结构到内容编排，从思路组织、文字安排及思想表达，到结论推断，借助图片和动画效果、音频和视频效果，扎实的数据来源、严谨的思路、准确的描述，以及层次递进、前后呼应的表达方式，充分表达演讲者的思想意图。

确定了演示文稿的主题及设计思路后，就可以收集材料和准备素材了。找到并下载适合主题的文字材料，通过图片、文字、音频、视频等形式进行展示。在制作演示文稿的过程中，注意模板的选用与色彩的搭配，在幻灯片中插入适当的动作链接和音频、视频超链接以增强表达效果。在素材选取方面，尽量展示地方知名旅游景点与风土人情，从而使学生更加深入地了解地方民俗文化，提升民族自豪感。旅游景点演示文稿制作完成后的效果如图 5.1 所示。

图 5.1　旅游景点演示文稿效果

图 5.1　旅游景点演示文稿效果（续）

知识技能

微课视频

5.1　音频和视频的插入

5.1.1　在幻灯片中插入音频

选中幻灯片，在“插入”选项卡中单击“音频”下拉按钮，在下拉列表中可以选择“嵌入音频”“链接到音频”“嵌入背景音乐”“链接背景音乐”“稻壳音频”选项，如图 5.2 所示。

图 5.2　插入音频

1. 嵌入音频

嵌入音频是指插入本地的音频文件，在“插入”选项卡中单击“音频”下拉按钮，在下拉列表中选择“嵌入音频”选项，弹出“插入音频”对话框，先选择音频文件的路径，再选择具体的音频文件即可，如图 5.3 所示。

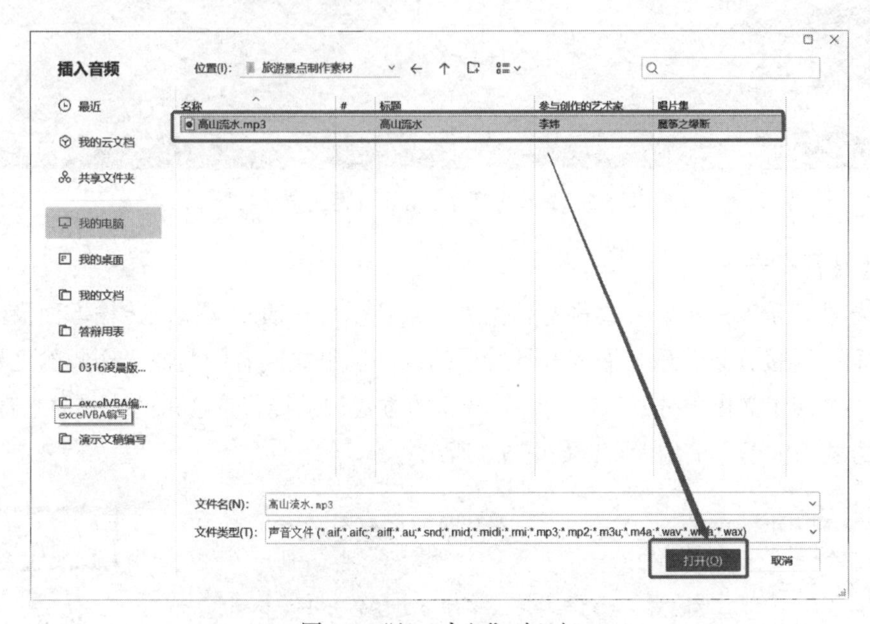

图 5.3　“插入音频”对话框

2. 链接到音频

链接到音频与嵌入音频的相同点是插入的文件均为本地的音频文件，区别在于链接到音频以链接的方式打开音频文件，而嵌入音频则将音频文件直接插入幻灯片中。但要注意，嵌入音频的演示文稿，经过传输后，其中的音频文件仍然可以播放；而链接到音频的演示文稿，在传输时，必须将链接的音频文件一同传输，否则打开传输后的演示文稿无法播放音频。在同一个演示文稿中分别以嵌入音频的方式和链接到音频的方式插入音频文件，对比两种方式下演示文稿的大小。显然，以链接到音频的方式保存的演示文稿所占空间更小，如图 5.4 所示。

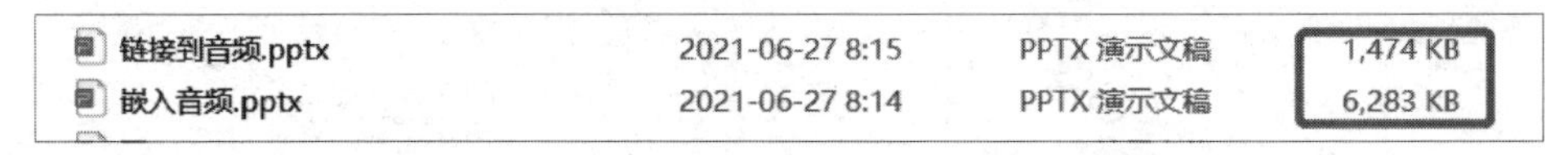

图 5.4　对比两种方式下演示文稿的大小（音频）

3. 嵌入背景音乐

嵌入背景音乐的操作过程与嵌入音频的操作过程大致相同，以嵌入背景音乐的方式插入的音频在幻灯片中将作为背景音乐，伴随幻灯片的整个放映过程。嵌入背景音乐后，幻灯片中会出现“🔈”图形按钮，如图 5.5 所示。

图 5.5　嵌入背景音乐后出现的图形按钮

4. 链接背景音乐

链接背景音乐以链接的方式将音频作为背景音乐。在演示文稿的传输方面及演示文稿的大小方面，链接背景音乐与嵌入背景音乐的区别和链接到音频与嵌入音频的区别是一样的。在同一个演示文稿中分别以嵌入背景音乐的方式和链接背景音乐的方式插入音频文件，对比两种方式下演示文稿的大小，如图 5.6 所示。

链接到背景音乐.pptx	2021-06-27 8:24	PPTX 演示文稿	1,474 KB
嵌入背景音乐.pptx	2021-06-27 8:23	PPTX 演示文稿	6,283 KB

图 5.6　对比两种方式下演示文稿的大小（背景音乐）

动一动：请大家练习以上几种音频插入方式，比较它们的异同，同时在 WPS 中已有的“稻壳音频”库中搜索音乐并将其插入幻灯片中，保存文件后查看文件大小。

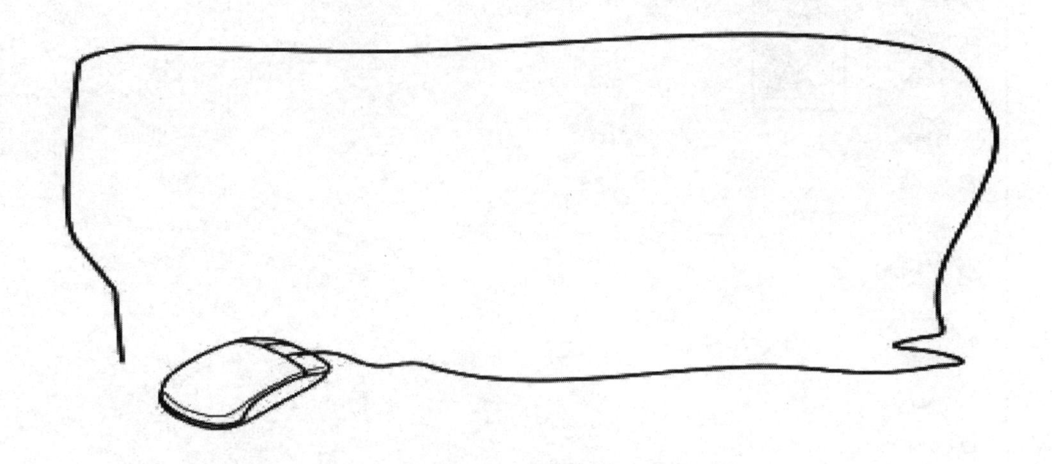

5.1.2　在幻灯片中插入视频

选中一张图片或幻灯片，在“插入”选项卡中单击“视频”下拉按钮，在下拉列表中可以选择“嵌入本地视频”“链接到本地视频”“Flash”“开场动画视频”选项，如图 5.7 所示。

图 5.7　插入视频

其中，嵌入本地视频和链接到本地视频这两种方式的原理与嵌入音频和链接到音频是一样的，这里不再赘述。

这里重点介绍插入 Flash 和插入开场动画视频。插入 Flash 是指插入“.swf ”格式的视频文件，如图 5.8 所示。而插入开场动画视频是指插入 WPS 已有的视频模板等，如图 5.9 所示。

图 5.8　插入 Flash

图 5.9　插入开场动画视频

想一想：大家已掌握多种音频插入方式，现在请练习以上几种视频插入方式，比较它们的异同。

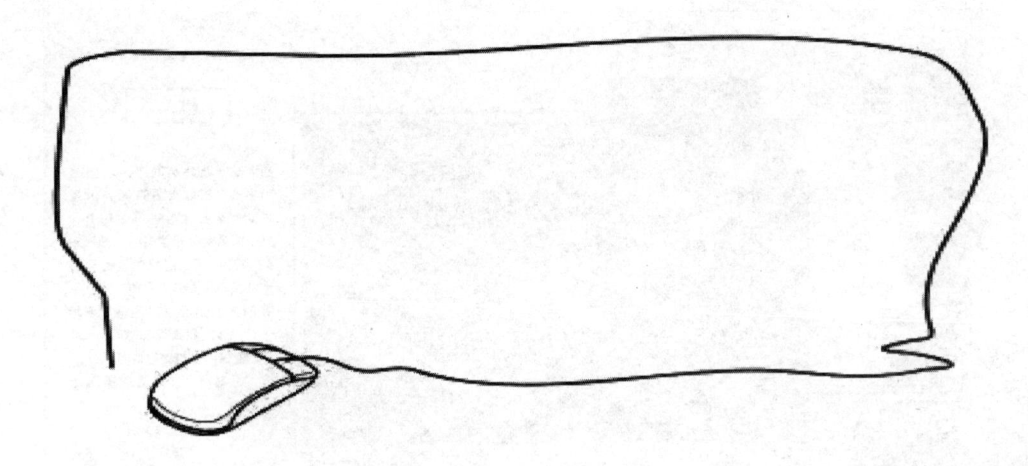

5.2　音频和视频的编辑

微课视频

5.2.1　音频的编辑

单击幻灯片中的“ ”图形按钮，选择“音频工具”选项卡，如图 5.10 所示，在该选项卡中可以调节音频的音量，对音频进行裁剪，设置音频的淡入淡出参数，设置循环播放，设为背景音乐等。

图 5.10　“音频工具”选项卡

5.2.2　视频的编辑

视频的编辑与音频的编辑类似，选中插入的视频，选择“视频工具”选项卡，在该选项卡中可以调节视频的音量，裁剪视频，设置视频封面，重置视频等，如图 5.11 所示。

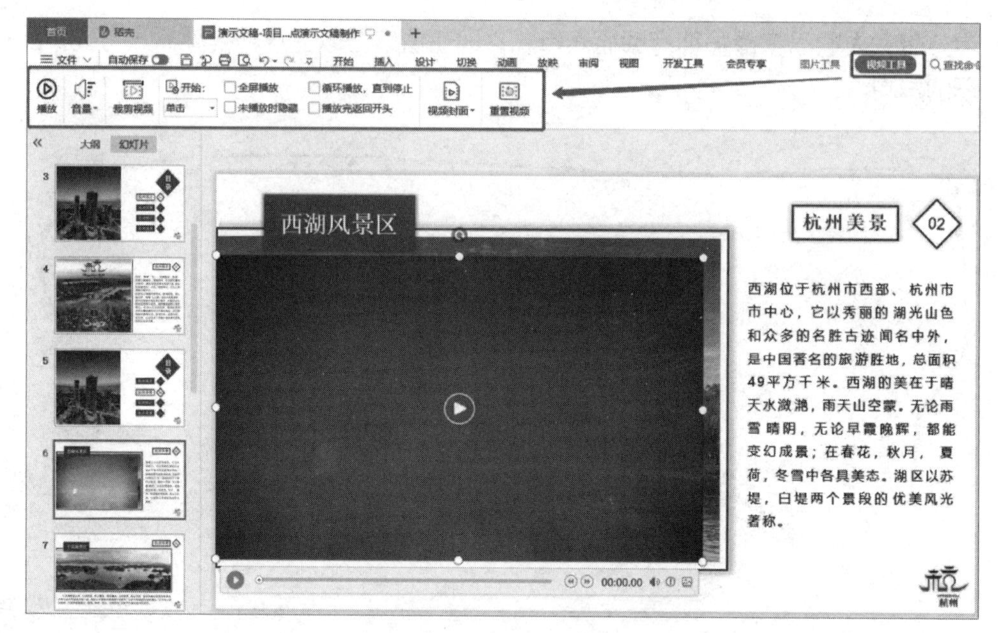

图 5.11 “视频工具”选项卡

动一动：请大家练习音频和视频的编辑，将用到的功能记录下来。

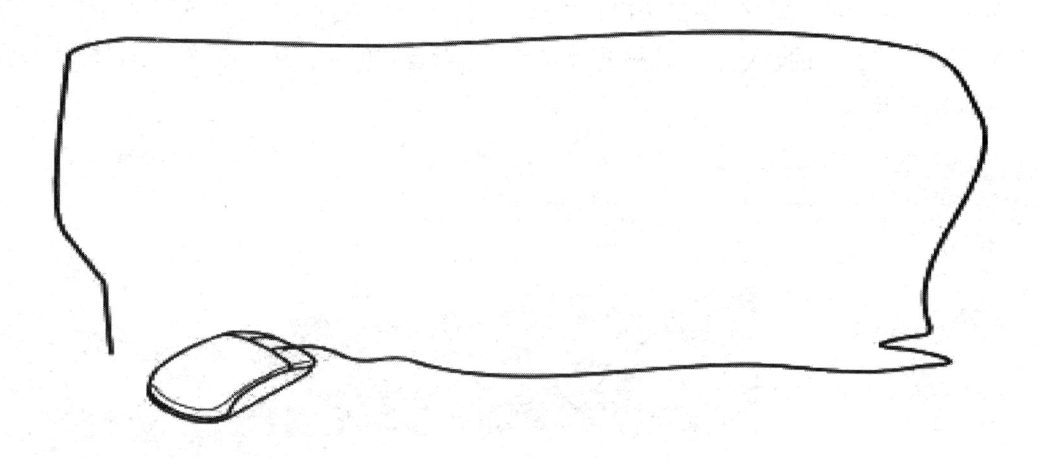

5.3 音频超链接和视频超链接的设置

微课视频

音频超链接和视频超链接的设置方法与普通超链接的设置方法比较相似。在“插入”选项卡中单击“超链接”下拉按钮，在下拉列表中选择“文件或网页”或“本文档幻灯片页”选项，如图 5.12 所示。

图5.12　单击“超链接”下拉按钮

5.3.1　超链接到文件或网页

在“插入”选项卡中单击“超链接”下拉按钮，在下拉列表中选择“文件或网页”选项，弹出“插入超链接”对话框，选择音频文件或视频文件或其他文件，单击“屏幕提示”按钮，弹出“设置超链接屏幕提示”对话框，输入需要在屏幕上提示的文字，如5.13所示。

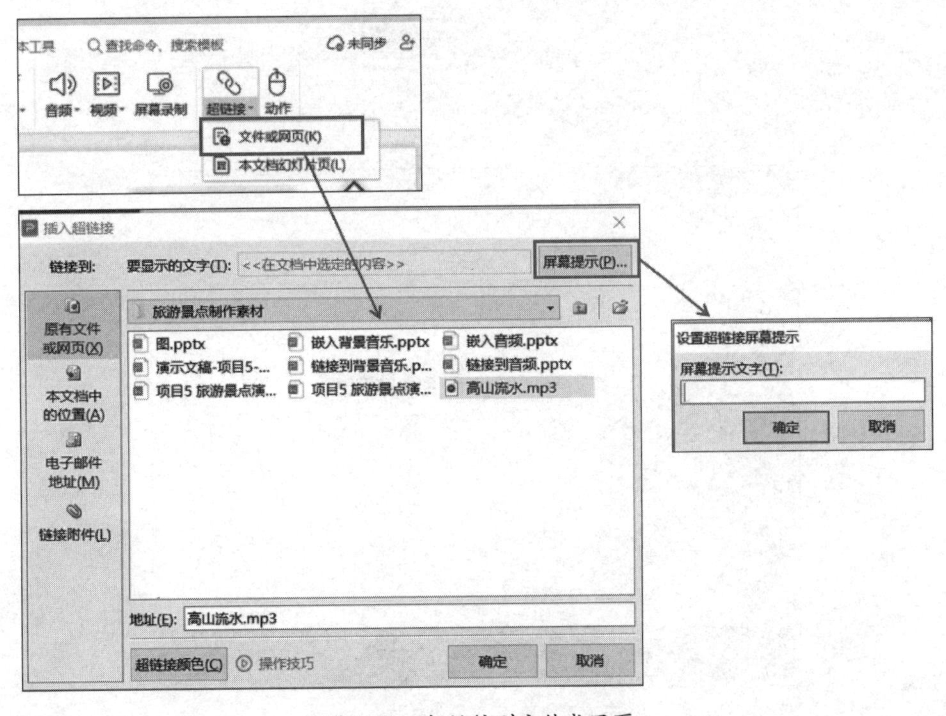

图5.13　超链接到文件或网页

插入文件后播放幻灯片，将鼠标指针移到超链接对象之上，就会显示音频标题，如图 5.14 所示。单击该标题就会弹出“WPS 演示”对话框，单击“确定”按钮，如图 5.15 所示。这样就可以通过计算机自带的播放器播放音频文件了，如图 5.16 所示。

图 5.14　显示插入的音频标题

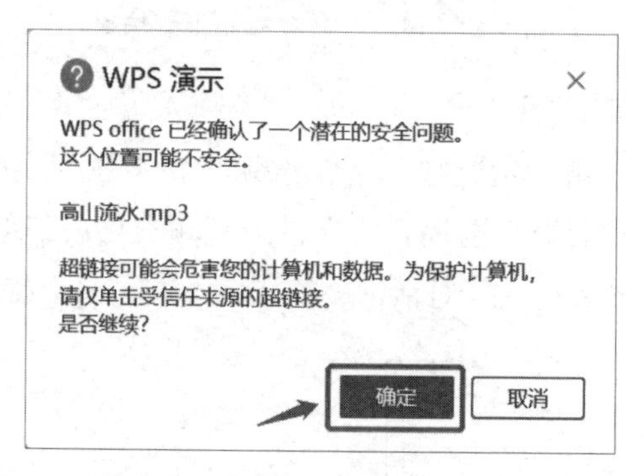

图 5.15　单击“确定”按钮

图 5.16　通过计算机自带的播放器播放音频文件

还有一种操作方法，即右击要设置超链接的对象，在弹出的快捷菜单中选择“超链接”选项，如图 5.17 所示，弹出“插入超链接”对话框，在该对话框中进行设置。

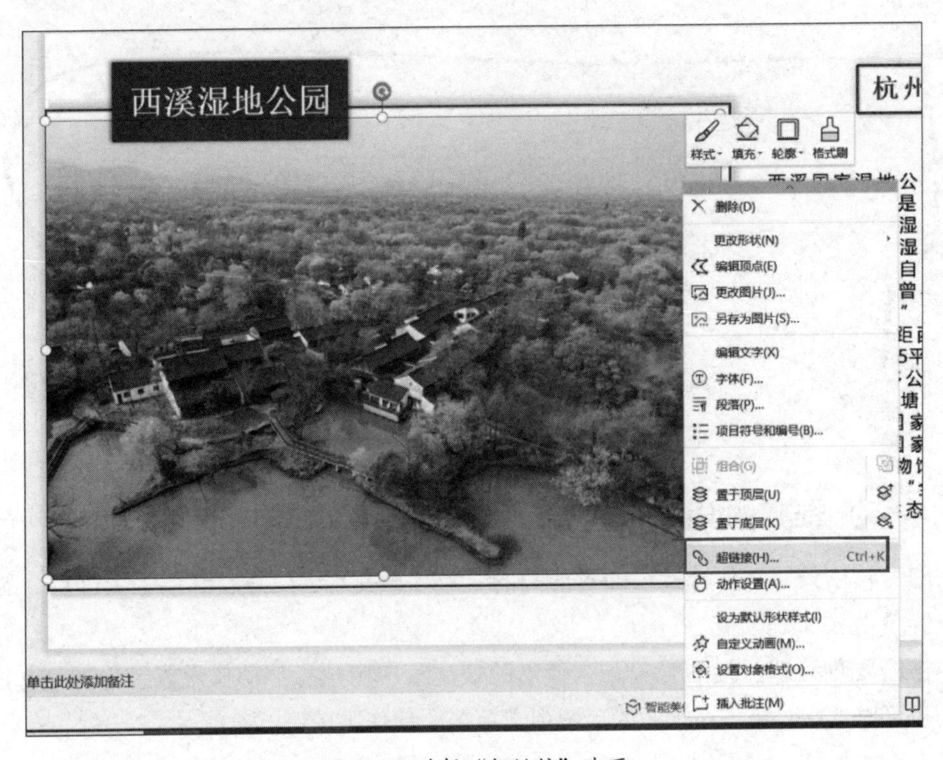

图 5.17　选择“超链接”选项

5.3.2　超链接到本文档幻灯片页

在“插入”选项卡中单击“超链接”下拉按钮，在下拉列表中选择“本文档幻灯片页”选项，如图 5.18 所示，弹出“插入超链接”对话框，左侧列表中默认为“本文档中的位置”选项，用户可以选择要链接的幻灯片，如图 5.18 所示。

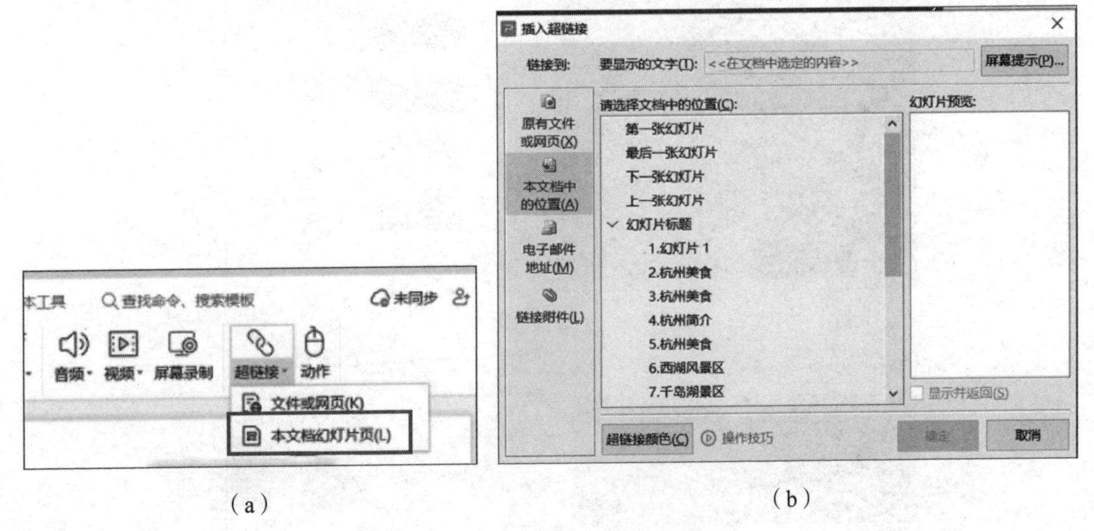

（a）　　　　（b）

图 5.18　超链接到本文档幻灯片页

议一议：通过以上音频超链接和视频超链接的设置方法，请探究文本超链接和图形超链接的设置方法。

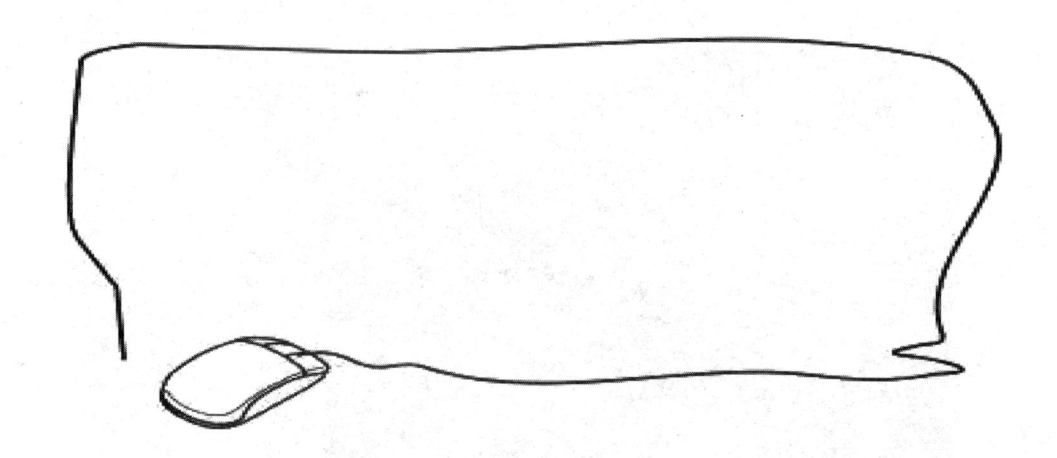

5.4 动作链接的设置

微课视频

在幻灯片中设置动作链接，即对选中的对象（如文字、图片、图形等）进行动作设置。

右击需要创建超链接的对象，在弹出的快捷菜单中选择“动作设置”选项，如图 5.19 所示；也可以选中对象，在“插入”选项卡单击“动作”按钮。

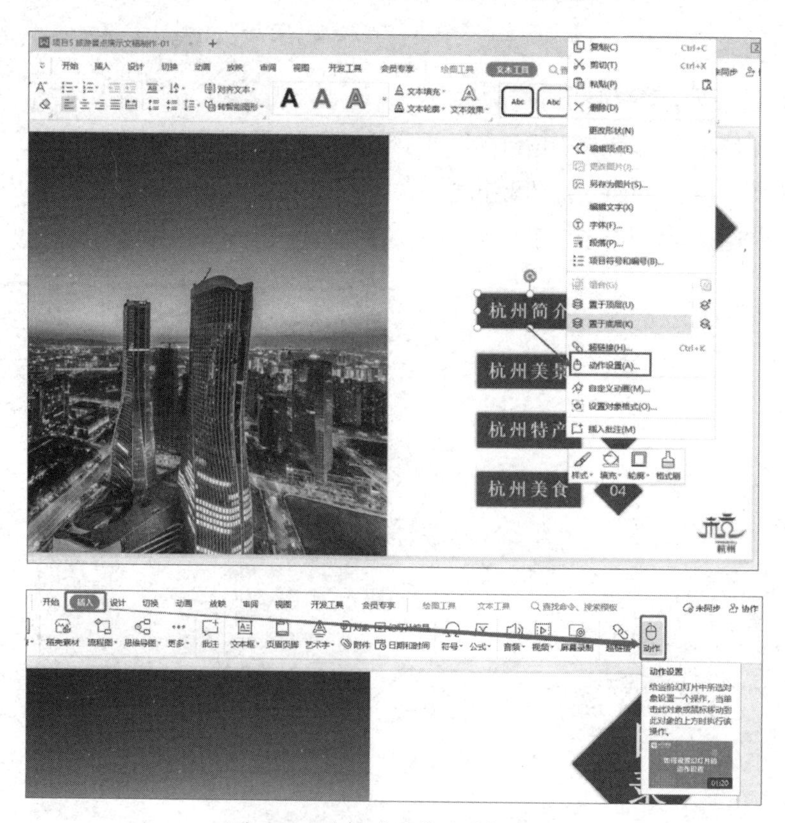

图 5.19 选择“动作设置”选项

弹出“动作设置”对话框，该对话框有两个选项卡，即“鼠标单击”与“鼠标移过”选项卡，在“鼠标单击”选项卡中，选中“超链接到”单选按钮，在“超链接到”下拉列表中根据实际情况选择某个选项，单击“确定”按钮。如果要将超链接的范围扩大到其他演示文稿或其他文件，则应在“超链接到”下拉列表中选择“其他 WPS 演示文件 ...”或“其他文件 ...”选项，如图 5.20 所示。

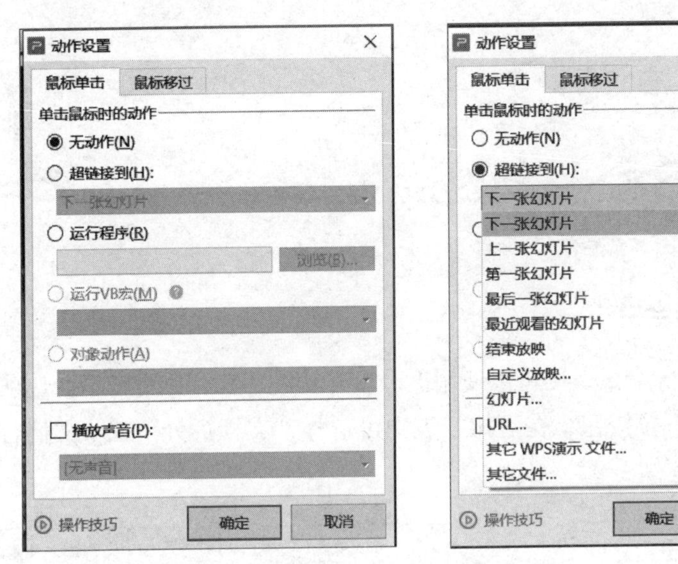

图 5.20　“动作设置”对话框

在 WPS 演示中进行动作设置时，还可以在“动作设置”对话框中选中“运行程序”单选按钮，单击后面的“浏览”按钮，在弹出的对话框中选择所需的可执行文件，如图 5.21 所示。

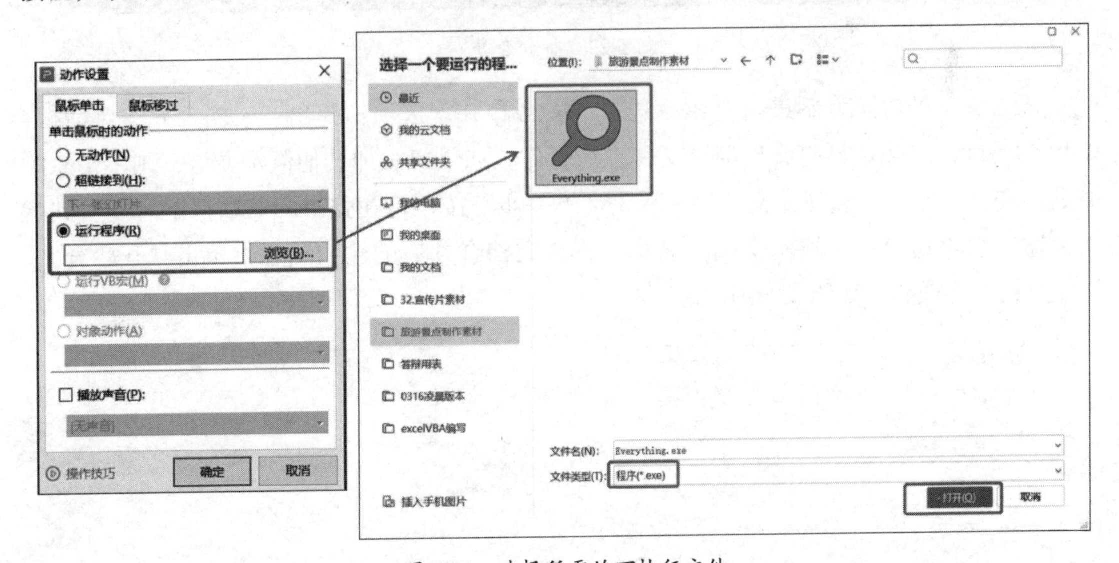

图 5.21　选择所需的可执行文件

动一动：请大家练习动作链接的设置，比较动作链接设置与超链接设置的异同。

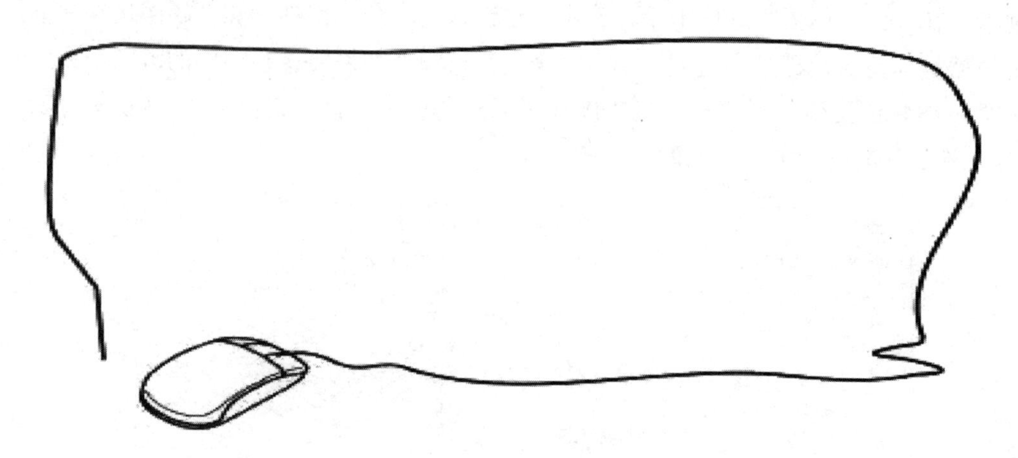

5.5 演示文稿的合并

微课视频

如果用户注册为 WPS 会员，则可以使用拆分合并功能。在“会员专享”选项卡中单击“拆分合并”下拉按钮，在下拉列表中可选择“文档拆分”或“文档合并”选项，如图 5.22 所示。

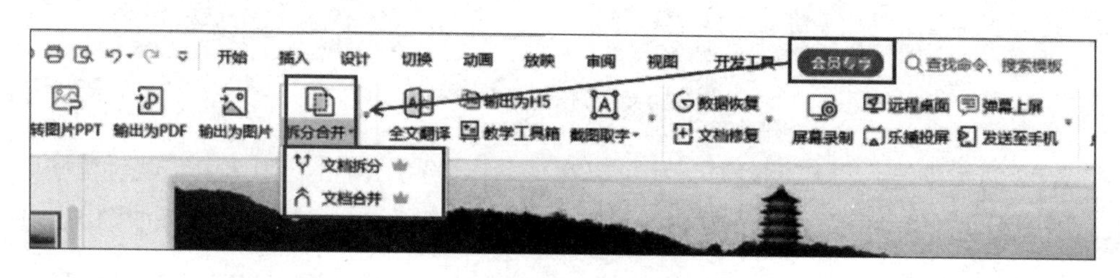

图 5.22　拆分合并

下面以合并功能为例进行介绍。选择“文档合并”选项，弹出“文档合并”对话框，WPS 演示默认对当前已打开的演示文稿进行操作，如果想添加其他演示文稿，则单击“添加更多文件”按钮，选择完文件后，单击“下一步”按钮，在弹出的对话框中可以看到默认的输出名称是第一个演示文稿的名称，选择文档合并后的输出路径，单击“开始合并”按钮进行合并操作，如图 5.23 所示。

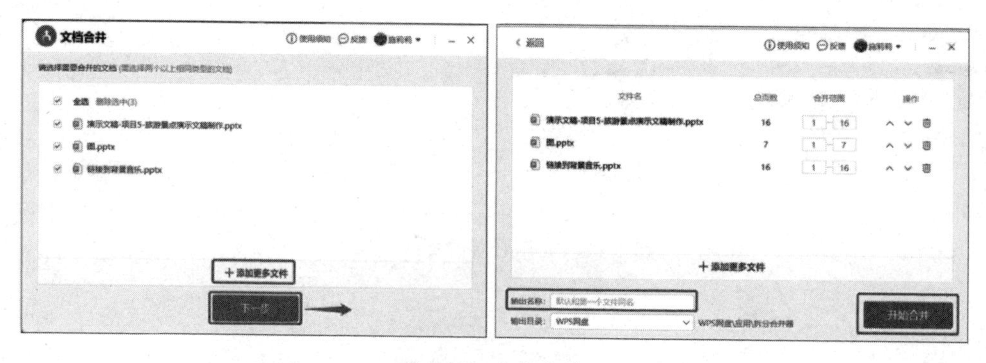

图 5.23　文档合并

想一想：在 WPS 演示的“会员专享”选项卡中可以进行文档合并，那么文档拆分该如何操作呢？

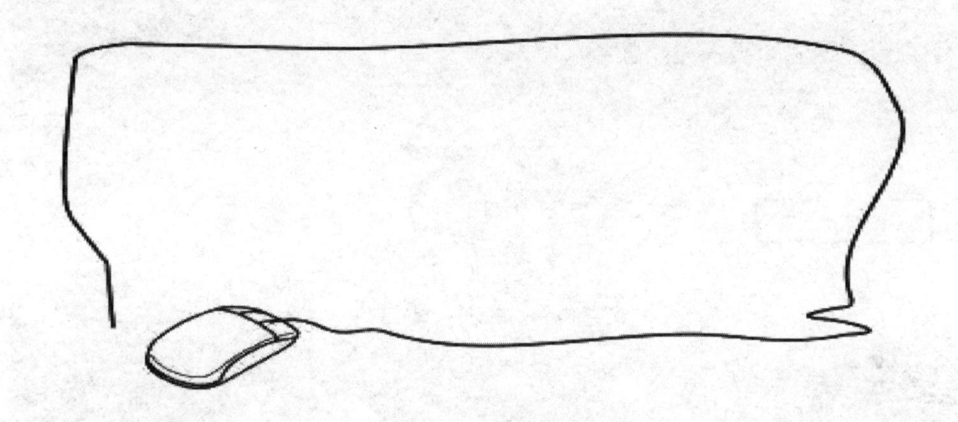

主要步骤

本项目主要介绍旅游景点演示文稿的制作，主要选取浙江杭州的景点、特产、美食等作为素材。相关素材已准备完毕，接下来在 WPS 演示中插入音频和视频，编辑音频和视频，以及设置超链接和动作链接。

步骤 1：打开演示文稿

打开已添加好文字和图片的演示文稿“旅游景点演示文稿 -v1.pptx”。

步骤 2：音频的插入与编辑

在首页中插入音频，将其作为背景音乐，操作步骤如下。

首先，选中首页幻灯片，在“插入”选项卡中单击“音频”下拉按钮，在下拉列表中选择“稻壳音频”选项，如图 5.24 所示，在列表或搜索框里搜索适合旅游主题的音乐，如“音浪来袭”，单击右侧的“立即使用”按钮，即可将其插入首页幻灯片中，如图 5.25 所示。

图 5.24　选择“稻壳音频”选项

图 5.25　插入“稻壳音频”中的音频文件

然后，选中首页中的“🔈”图形按钮，在“音频工具”选项卡中进行编辑。例如，音频时长过长，可单击“裁剪音频”按钮，在弹出的“裁剪音频”对话框中设置音频的时长，如从 00:00:00 ～ 02:00:00，如图 5.26 所示。

图 5.26　“裁剪音频”对话框

最后，在“音频工具”选项卡中单击“设为背景音乐”按钮，即可设置为演示文稿的背景音乐，如图 5.27 所示。

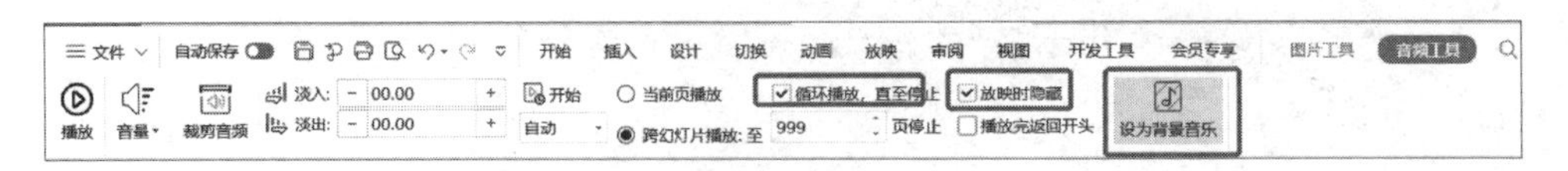

图 5.27　单击“设为背景音乐”按钮

动一动：前文已介绍“裁剪音频”功能和“设为背景音乐”功能，请大家再试一下其他功能，如淡入、淡出，音量的设置等。

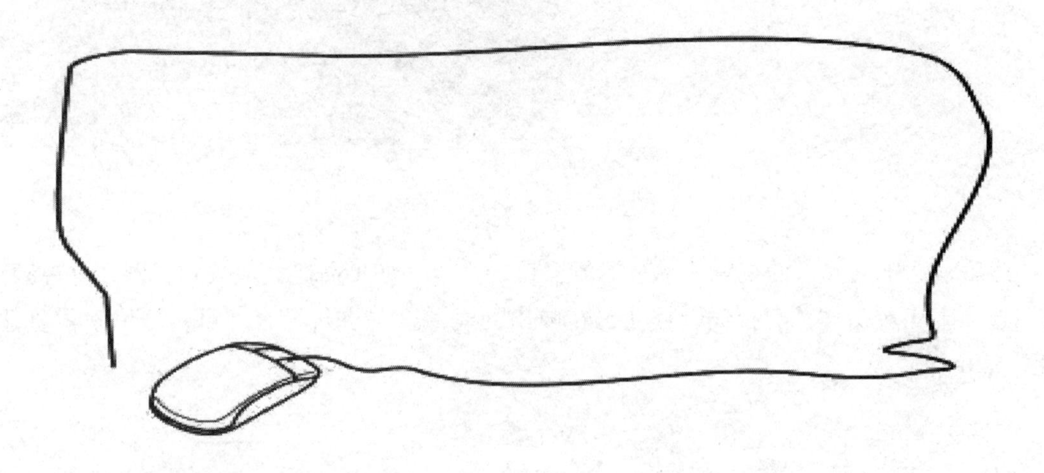

步骤 3：视频的插入与编辑

在“西湖风景区”幻灯片中插入视频，操作步骤如下。

首先，选中“西湖风景区”幻灯片，单击风景图片，在“插入”选项卡中单击“视频”下拉按钮，为了能够节省演示文稿的存储空间，故在下拉列表中选择“链接到本地视频”选项，如图 5.28 所示。选择已下载好的视频文件，单击“打开”按钮，如图 5.29 所示。

图 5.28　选择“链接到本地视频”选项

图 5.29　插入视频后的幻灯片

然后，选中刚插入的视频，调节播放窗口的大小。如果需要裁剪视频，则在“视频工具”选项卡中单击“裁剪视频”按钮，在弹出的对话框中进行设置即可，这里不再赘述，如图 5.30 所示。

图 5.30　单击“裁剪视频”按钮

最后，设置视频封面，在“视频工具”选项卡中单击“视频封面”下拉按钮，在下拉列表中选择一种封面样式，或者选择其他选项，如图 5.31 所示。如果对编辑后的视频不满意，则可以单击“重置视频”按钮，使视频恢复至原始状态，再对视频进行编辑。

图 5.31　设置视频封面

重难点笔记区：

步骤 4：超链接的设置

在目录页中设置超链接，并且在“千岛湖风景区”幻灯片中设置视频超链接，操作步骤如下。

首先，在第二张幻灯片中右击编号“01”所在的菱形，在弹出的快捷菜单中选择“超链接”选项，弹出“插入超链接”对话框，在左侧列表中选择“本文档中的位置”选项，在“请选择文档中的位置”下拉列表中选择“3. 杭州简介”选项，单击“确定”按钮，超链接的设置过程如图 5.32 所示。以此类推，编号“02”“03”“04”的菱形均这样设置。

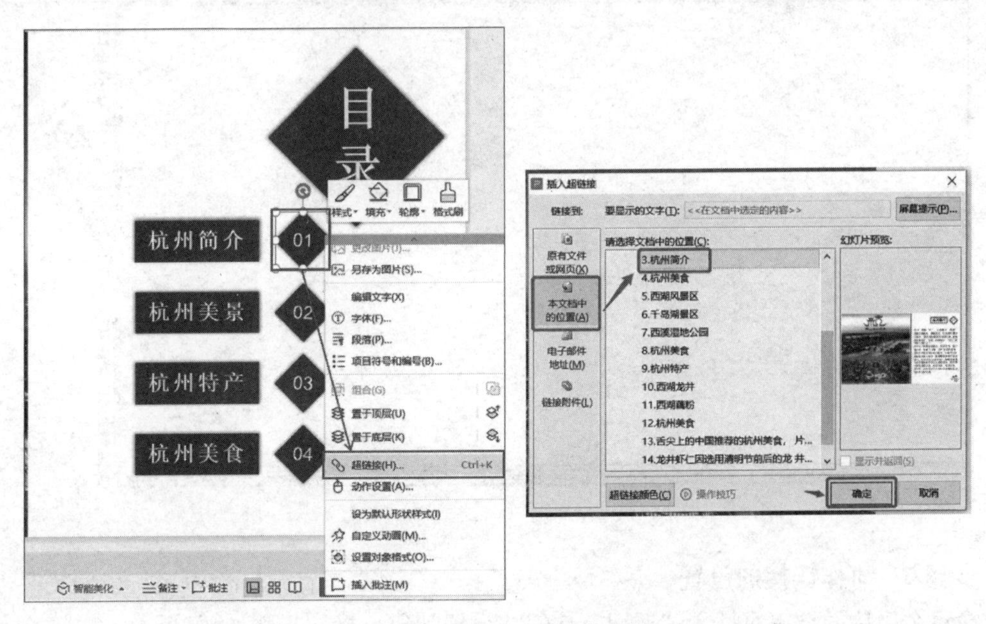

图 5.32　设置目录页的超链接

然后，设置视频超链接，右击“千岛湖风景区”幻灯片中的图片，在弹出的快捷菜单中选择“超链接”选项，在弹出的“插入超链接”对话框的左侧列表中选择“原有文件或网页”选项，在对话框的右侧选择“千岛湖宣传片.mp4”文件，单击“确定”按钮，如图 5.33 所示。

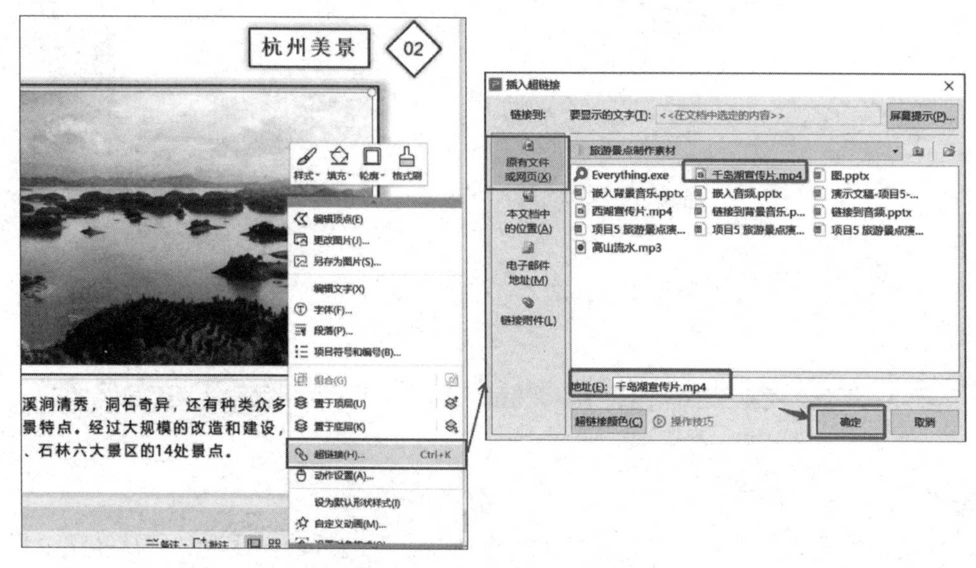

图 5.33　设置视频超链接

最后，在放映幻灯片的过程中单击已插入视频超链接的图片，即可在独立窗口中播放视频。

重难点笔记区：

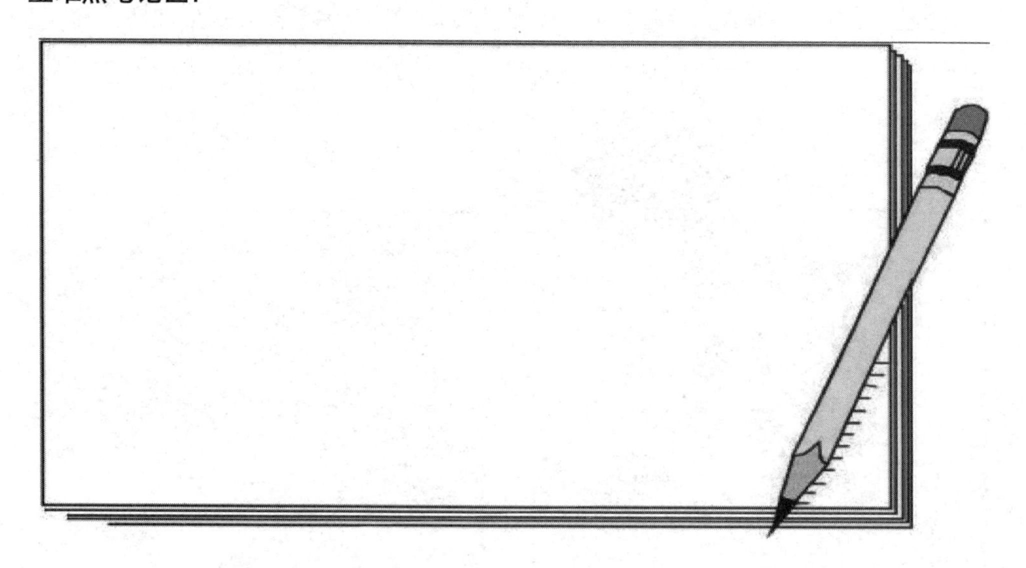

步骤 5：动作链接的设置

在每个模块的结束页插入“返回”按钮并设置动作，操作步骤如下。

首先，在第三张幻灯片中插入矩形，在矩形中输入文字“返回”，矩形的背景颜色可自

定义。

然后，右击该矩形，在弹出的快捷菜单中选择“动作设置”选项，在弹出的“动作设置”对话框中，选中“超链接到”单选按钮，并在下拉列表中选择“幻灯片”选项，在弹出的“超链接到幻灯片”对话框中选择目录页幻灯片，即第二张幻灯片，单击“确定”按钮，动作链接的设置过程如图 5.34 所示。

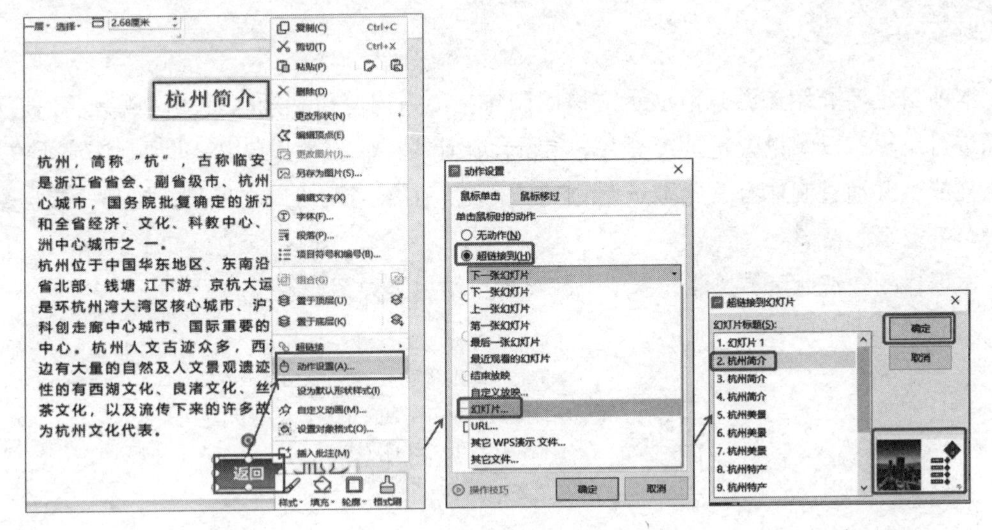

图 5.34　设置动作链接

最后，在其他模块的结束页中也插入同样的“返回”按钮，并设置动作链接。

重难点笔记区：

项目拓展

演示文稿无法打开的原因有以下几种。第一，保存演示文稿时，文件的格式设置有误，可能出现无法打开演示文稿的现象；第二，演示文稿会因为存储介质的损坏，出现无法打开的现象；第三，已加密的演示文稿，在忘记密码的情况下无法打开。

针对以上三种原因，给大家提出几条建议供参考，首先，保存演示文稿时要正确设置文件格式，不要随意删除或更改文件的扩展名；其次，要保证存储路径或存储介质是安全的；最后，在进行文件加密时，务必做好备忘工作，以免忘记密码而无法打开演示文稿。

项目小结

本项目主要介绍旅游景点演示文稿的制作，项目内容包括插入音频和视频、对音频和视频进行编辑，以及设置超链接等。本项目旨在让学生掌握使用 WPS 演示制作演示文稿的基本技能，并通过制作有关旅游景点的演示文稿，了解当地的人文特色，提升民族自豪感，激发热爱家乡之情。

本项目的知识元素、技能元素、思政元素小结思维导图如图 5.35 所示。

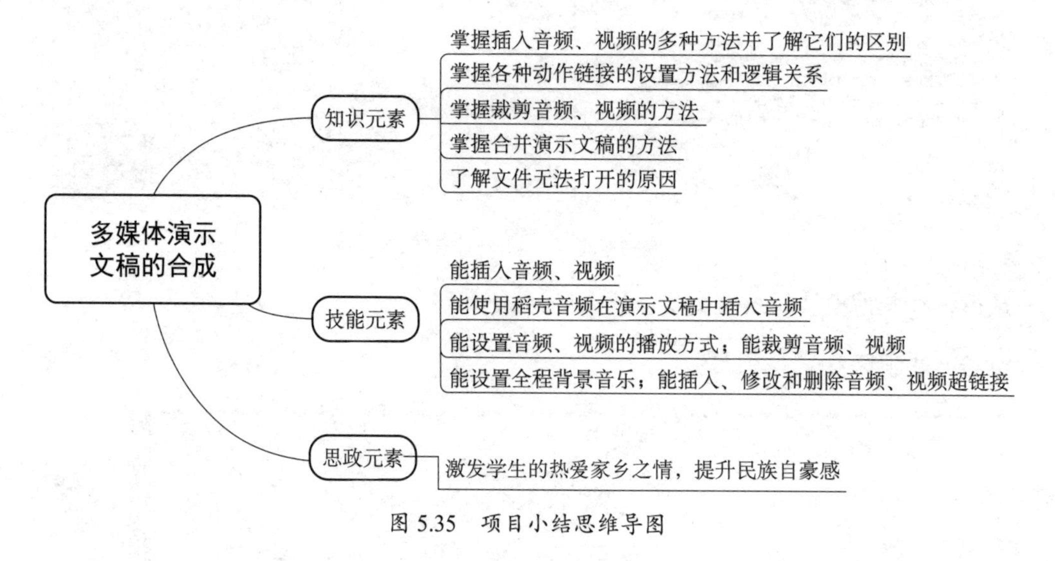

图 5.35 项目小结思维导图

问一问：本项目学习结束了，你还有什么问题吗？

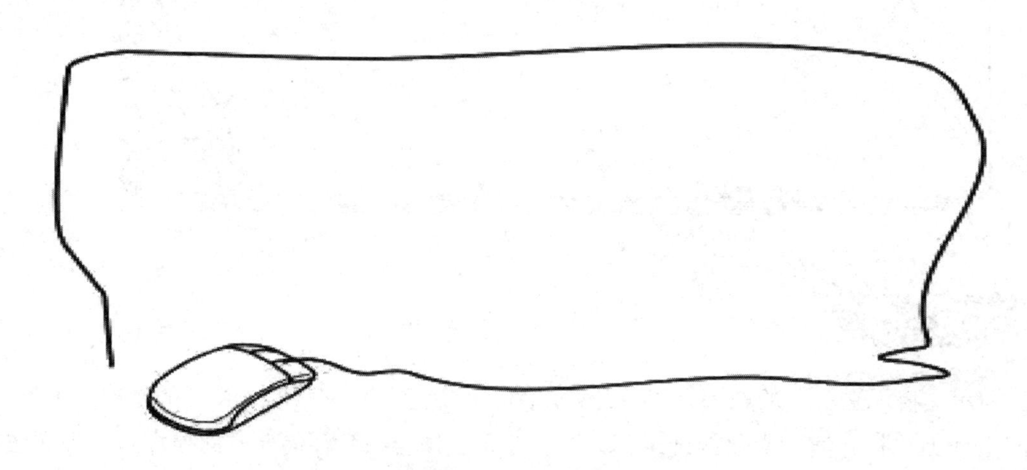

综合练习

一、单项选择题

1．在“WPS 演示 2019”中，插入音频有几种方式？（　　）

①嵌入音频　②链接到音频　③嵌入背景音乐　④链接背景音乐　⑤稻壳音频

A．①③④⑤　　B．①②③⑤

C．②③④⑤　　D．①②③④⑤

2．在“WPS 演示 2019”中，插入视频有几种方式？（　　）

①嵌入本地视频　②链接到本地视频　③ Flash　④开场动画视频

A．①②③④　　B．①②③

C．②③④　　D．①③④

3．关于“WPS 演示 2019”中的超链接，下列说法中，正确的是（　　）。

A．不能链接到电子邮箱

B．在图片上不能建立超链接

C．已建立的超链接，既可以修改也可以删除

D．在文字上不能建立超链接

4．在“WPS 演示 2019”中，能够设置超链接的对象有（　　）。

①文本框　②文字内容　③图片　④自选图形　⑤声音　⑥视频

A．③④⑤⑥　　B．①③⑤⑥

C．②③④⑤　　D．①②③④

5．在“WPS 演示 2019”中，为演示文稿中的对象添加超链接，所链接的目标不能是（　　）。

A．电子邮件地址　　B．当前演示文稿中的某张幻灯片

C．另一个演示文稿　　D．幻灯片中的某张图片

二、判断题（T/F）

1．在“WPS 演示 2019”中，插入的音频图标可以在放映时隐藏起来。（　　）

2．在“WPS 演示 2019”幻灯片中，双击音频图标可以预听声音。（　　）

3．在“WPS 演示 2019”中，对插入的音频文件和视频文件可以进行编辑。（　　）

4．在“WPS 演示 2019”中，在同一个演示文稿中分别以嵌入音频的方式和链接到音频的方式插入音频文件，对比两种方式下演示文稿的大小，可以发现以链接到音频的方式保存的演示文稿所占空间更大。（　　）

5．在“WPS 演示 2019”中，演示文稿可以包含文字、图表、图像、音频、视频、超链接等。（　　）

6．在“WPS 演示 2019”中，“动作设置”包括“鼠标单击”和“鼠标移过”两种方式。（　　）

7．在“WPS 演示 2019”中，“超链接”可以链接到“文件或网页”及“本文档幻灯片

页”。(　　)

8. 在“WPS 演示 2019”中，演示文稿的“拆分合并”功能只有会员才能使用。(　　)

三、操作题

1. 任选两种插入音频的方式，在幻灯片中插入音频，比较它们的异同。

2. 使用“开场动画”功能在幻灯片中插入视频。

3. 基于第 1 题和第 2 题插入的音频和视频，对两者进行编辑。

4. 使用“链接到音频”的方式，在幻灯片中插入音频。

5. 使用“动作设置”中的“鼠标单击”方式为幻灯片中的对象设置超链接。

6. 使用“会员专享”选项卡中的“拆分合并”功能对多个演示文稿进行“合并”操作，最后对合并后的演示文稿进行“拆分”操作。

注：基于本书配套资源中的“项目 5 中操作题演示文稿源文件 .pptx”进行操作即可。

四、综合实践题

1. 根据自己家乡的特色（包括饮食、风景、文化等方面），搜集相关的资料图片，使用 WPS 演示制作一份独具特色的“我爱家乡”演示文稿。

2. 假设班主任要求在下次班会上，每人都要做自我介绍。请结合自己的情况（包括喜好、特长、性格等方面），制作一份精美的“自我介绍”演示文稿。要求图文并茂，可以通过音频或视频进行展示，让同学们更加了解你。

3. 假设在学校举办的职业生涯规划大赛中，你通过努力进入了决赛。决赛现场要求进行 8 分钟的策划书展示，请你结合自己的职业生涯规划，制作一份演示文稿，使用图片、文字、音频、视频、超链接等形式进行展示。

项目 6　毕业纪念册演示文稿制作

学习目标

知识目标：掌握路径动画的设置与应用；掌握动画文本的设置与应用；掌握“自定义动画”窗格的应用，熟悉时间轴的概念；掌握对文件加密和解密的方法。

能力目标：能在保留动画效果的前提下替换对象；能够制作复杂动画；能够制作交互式动画。

思政目标：培养学生的创新意识，帮助学生树立正确的人生观和价值观。

项目效果

本项目主要介绍毕业纪念册演示文稿的制作，通过本项目的学习，能够让学生掌握各类动画的设置及应用，如路径动画、动画文本、“自定义动画”窗格、时间轴等，完成复杂动画与交互式动画的制作。本项目旨在培养学生的创新意识，帮助其树立正确的人生观和价值观，让他们更加珍惜在校的学习时光，做个惜时、珍时之人。

毕业纪念册演示文稿项目效果如图 6.1 所示。

图 6.1　毕业纪念册演示文稿项目效果

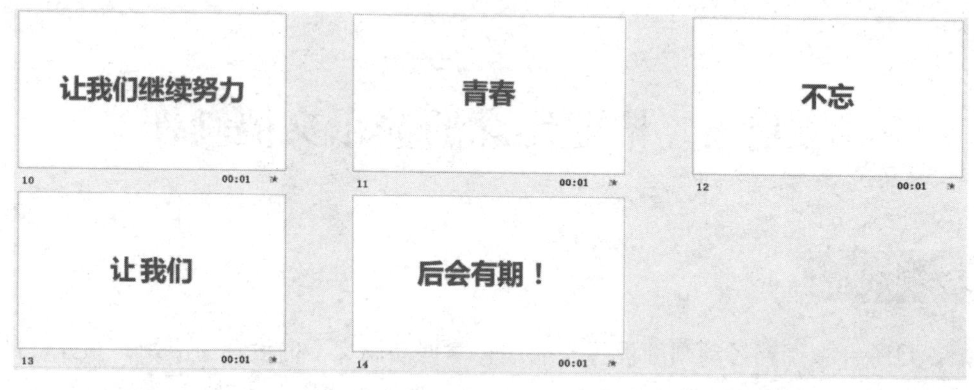

图 6.1　毕业纪念册演示文稿项目效果（续）

知识技能

6.1　路径动画的设置与应用

微课视频

路径动画是指对象根据某一个路径进行运动而产生的动画。这里以一个图形对象为例，演示路径动画的设置过程。

选中要设置路径动画的对象，如文字、图形、图片等，在“动画”选项卡中单击“ ”下拉按钮，在下拉列表中选择“绘制自定义路径”选项，如图 6.2 所示。此外，还有一种插入路径动画方式，选中对象，在“动画”选项卡中单击“自定义动画”按钮，在“自定义动画”窗格的“添加效果”下拉列表中选择“绘制自定义路径”选项，如图 6.3 所示。

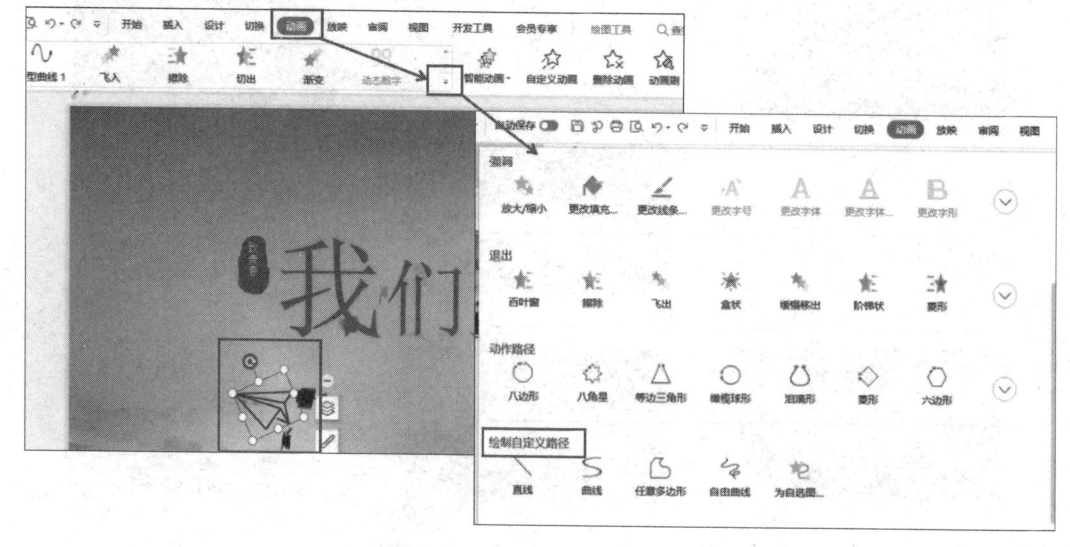

图 6.2　插入路径动画方式一

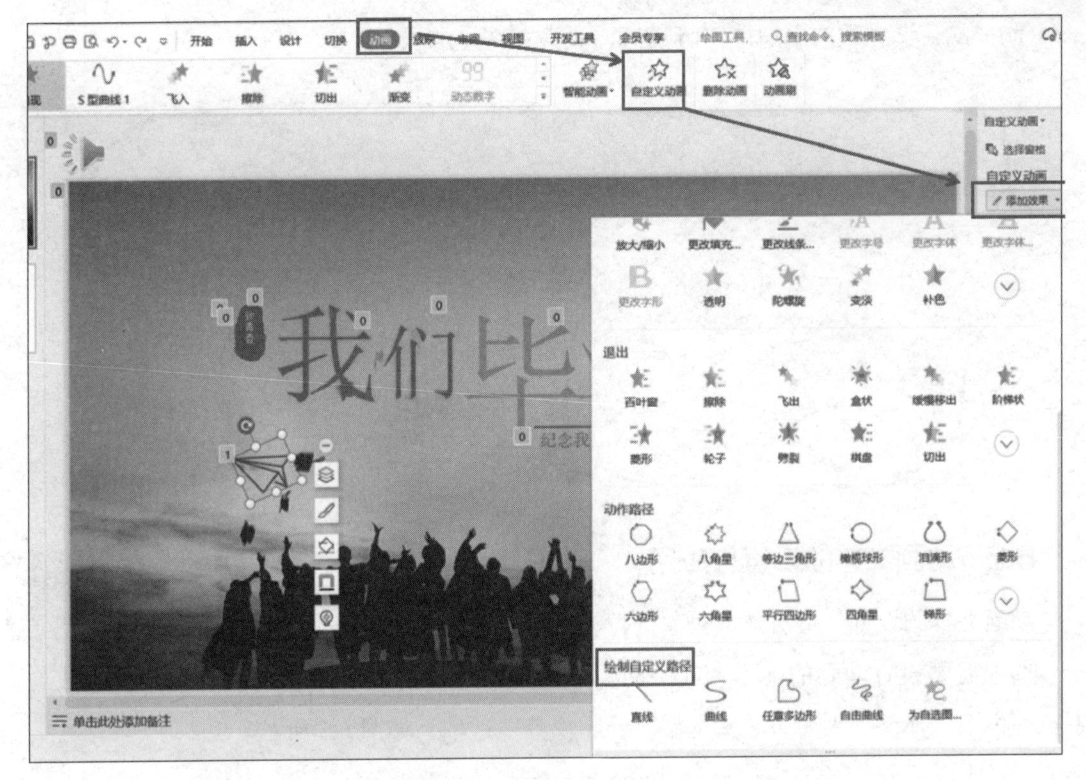

图 6.3　插入路径动画方式二

在“绘制自定义路径”选项下方选择一种自定义路径，如“自由曲线”，然后在幻灯片中绘制路径，绘制完成后会出现绿色开始箭头与红色结束箭头，如图 6.4 所示。

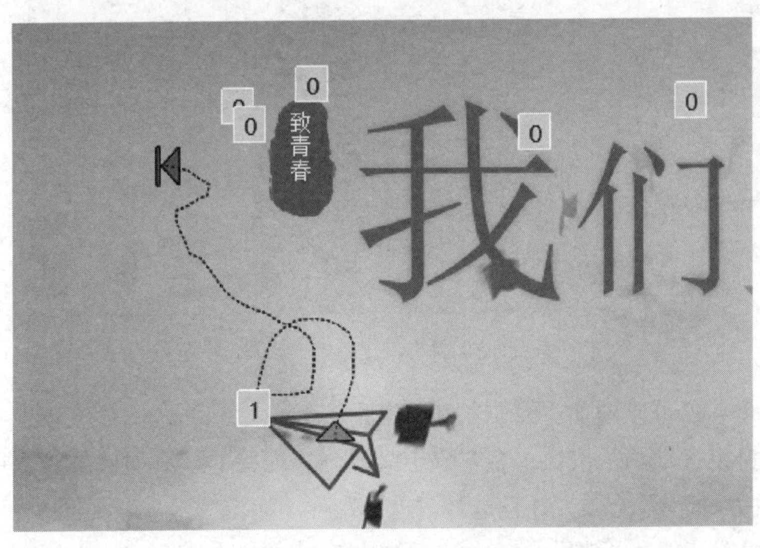

图 6.4　绘制自定义路径

播放动画或预览幻灯片放映效果，如果对动画效果不满意则可以对路径进行微调。

动一动：请大家为幻灯片中的其他对象设置路径动画。

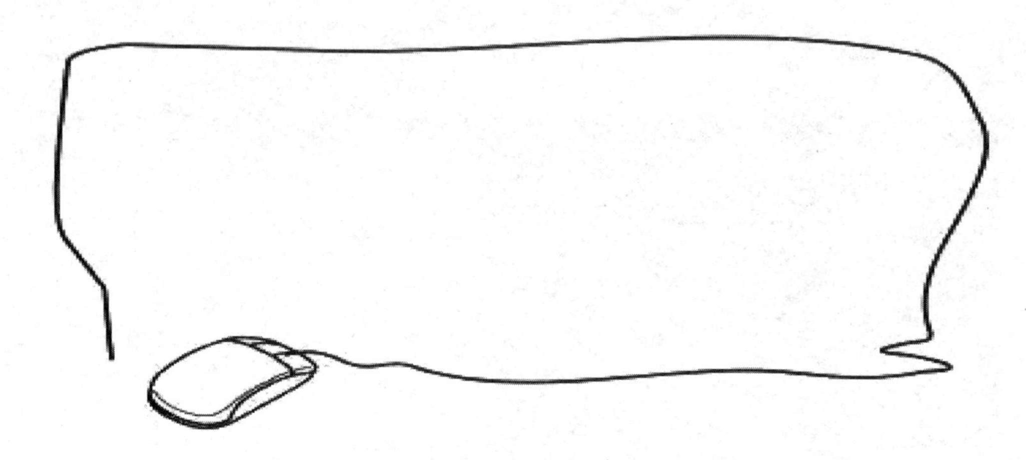

6.2 动画文本的设置与应用

微课视频

动画文本的设置是指对文本对象进行动画设置。

选中需要设置动画的文本，在“动画”选项卡中单击“▾”下拉按钮，在下拉列表中选择“进入”→“基本型”→“棋盘”选项，如图 6.5 所示。

图 6.5　对文本进行动画设置

此外，对文本还可以添加“强调”和“退出”动画效果。选中该文本，在“动画”选项卡中单击“自定义动画”按钮，在“自定义动画”窗格的“添加效果”下拉列表中选择“强调”→“放大/缩小”选项，并且选择“退出”→“切出”选项，如图 6.6 所示。用户还可以根据需要设置其他动画效果。

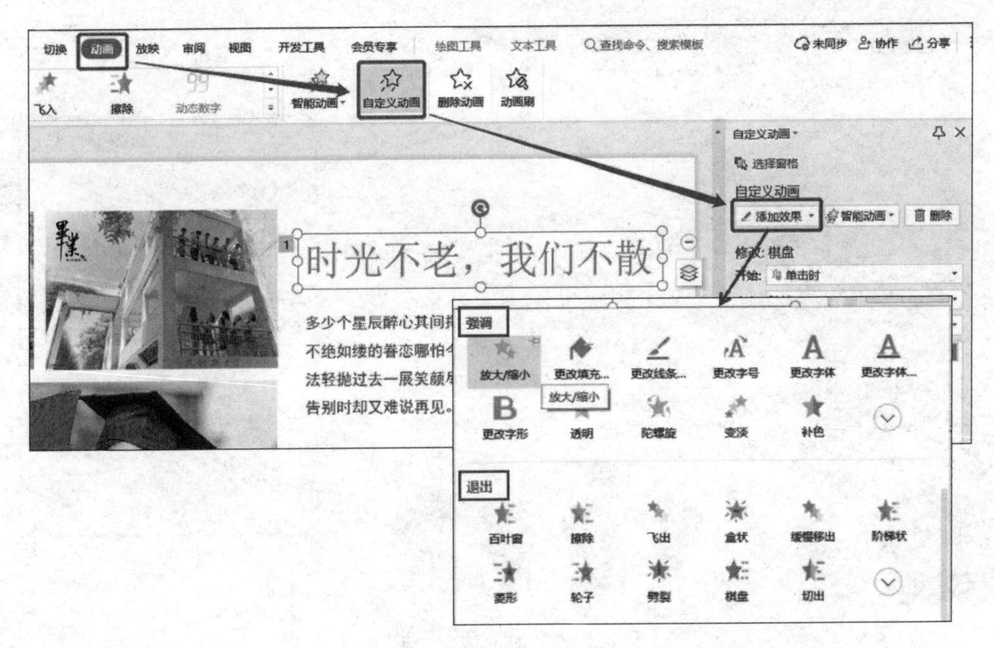

图 6.6　为文本添加“强调”和“退出”动画效果

所有动画效果设置完成后，播放动画或放映幻灯片查看动画效果。

想一想：一般情况下，哪些文本需要设置“强调”动画？

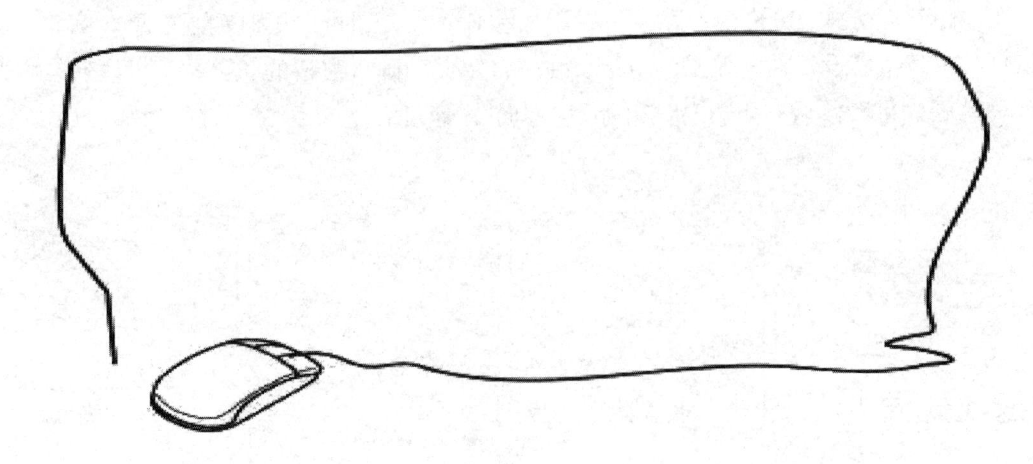

6.3 “自定义动画”窗格的应用

微课视频

使用动画窗格可以快速调整动画的播放顺序、动画的播放速度等。

在“动画”选项卡中单击“自定义动画”按钮，在幻灯片的右侧会出现“自定义动画”窗格，如图 6.7 所示。

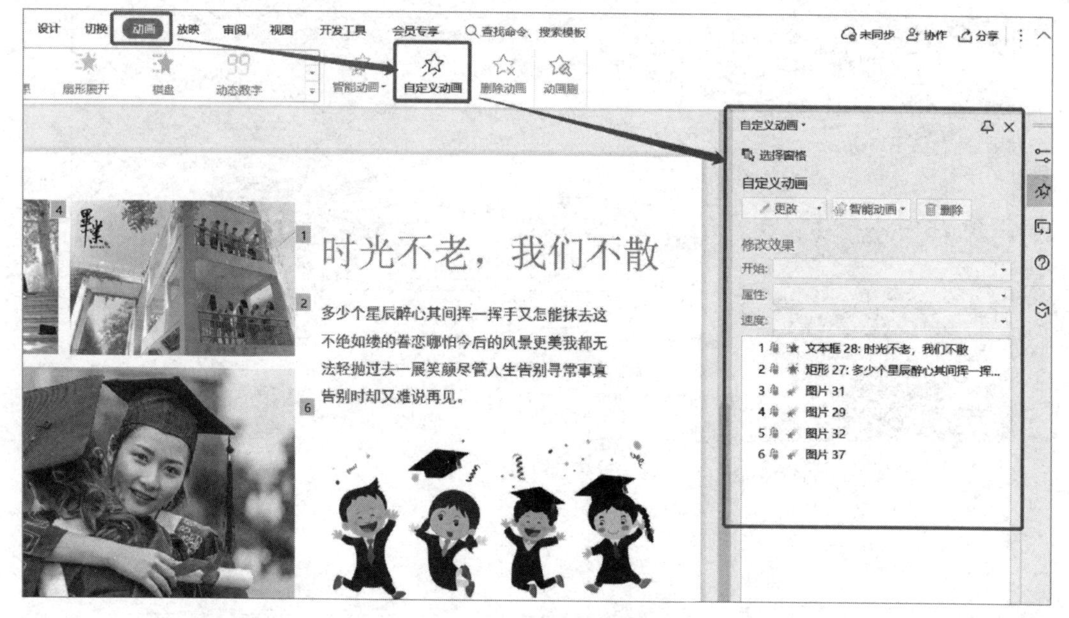

图 6.7 “自定义动画”窗格

在“自定义动画”窗格中，可以看到该幻灯片中已设置动画的对象，包括文字、图片等；还可以看到每个对象的动画播放顺序。如果想调整动画播放顺序，可以直接拖曳对象使其上移或下移。

在“自定义动画”窗格中，除了可以添加动画效果，还可以更改动画效果。例如，选中幻灯片中某个已设置动画效果的对象，在“自定义动画”窗格的“更改”下拉列表中选择一种动画效果，然后在下方的“开始”“方向”“速度”下拉列表中进行选择，如图 6.8 所示。

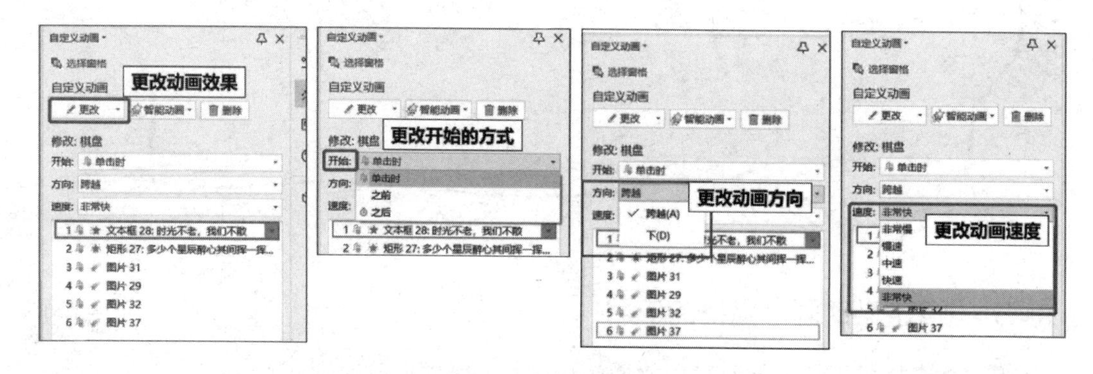

图 6.8 更改动画效果

通过“自定义动画”窗格还可以设置动画时间轴。在“自定义动画”窗格中右击某个对象，在弹出的下拉列表中选择“显示高级日程表”选项，对象后面会出现动画时间轴，如图 6.9 所示。

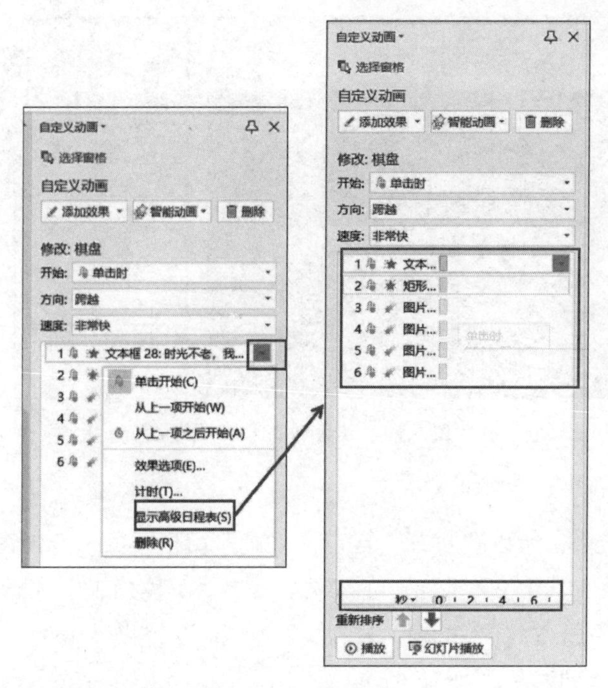

图 6.9　动画时间轴

调整动画时间轴中的滑块宽度，即可修改动画的持续时间。

议一议：在“自定义动画”窗格中，除了以上相关功能，还有哪些功能可以使用？

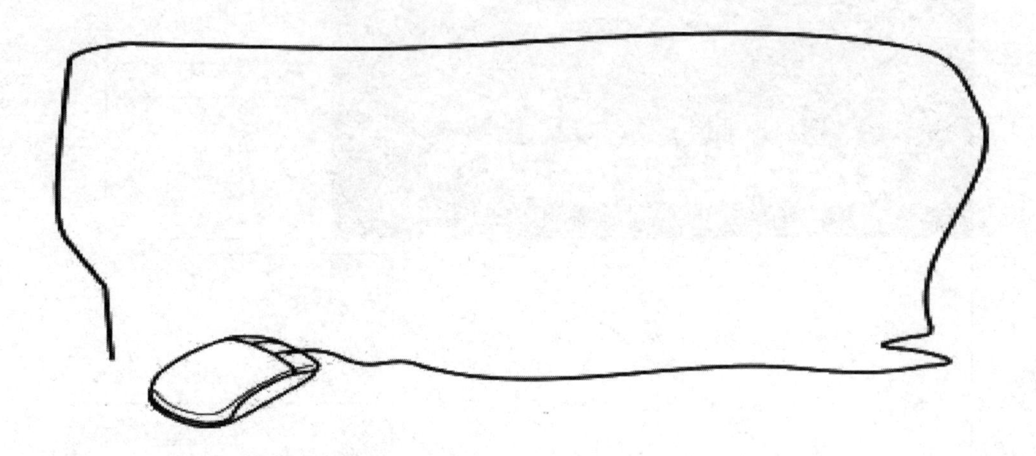

6.4　复杂动画的制作

微课视频

复杂动画是指多个动画效果叠加后的动画，复杂动画的设置包括对一个对象设置多重动画效果，也包括对多个对象分别设置动画效果，还包括“路径动画”和“智能动画”的综合应用等。本节以文本对象为例，介绍复杂动画的制作。

为文本“让我们开始吧”设置快闪动画效果，最终效果如图 6.10 所示。

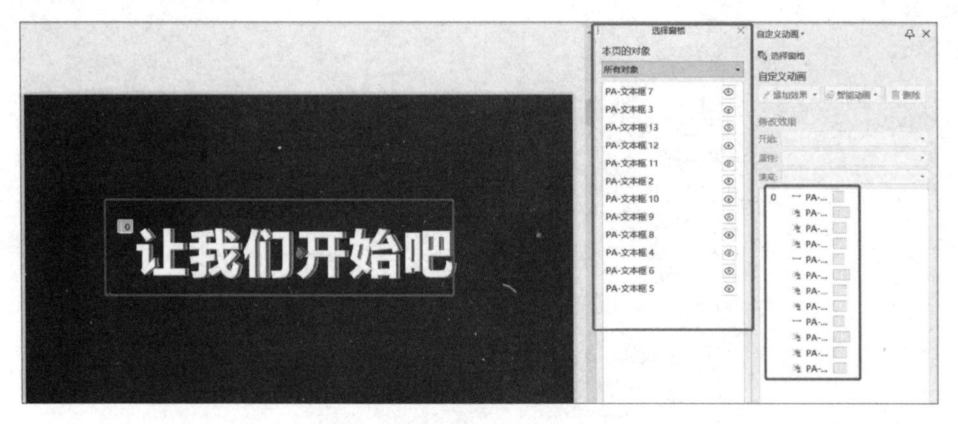

图 6.10　复杂动画之快闪效果

具体设置步骤如下。

因为文本对象众多，所以要打开“自定义动画”窗格中的“选择窗格”，以便我们能迅速找到目标文本对象。选中文本框 2，在“添加效果”下拉列表中选择“动画路径”→“直线和曲线”→“(直线）向右”选项，在文字的中间设置微小路径，并更改“开始”“路径”“速度”等设置，如图 6.11 所示。

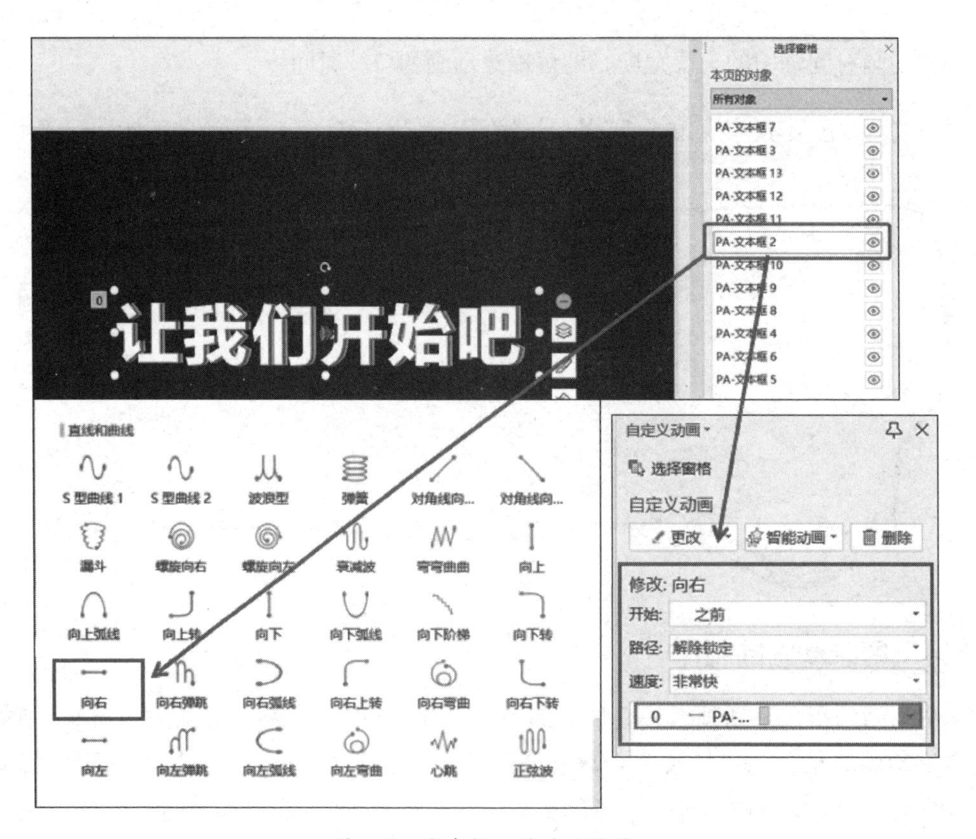

图 6.11　文本框 2 的动画设置

为文本框 4、文本框 5、文本框 6 设置动画，先选中文本框 4，在“动画”选项卡中单击“智能动画”下拉按钮，在下拉列表中选择“Q 弹强调效果”选项，再在“自定义动画”窗格中设置参数，如图 6.12 所示。以同样的方法对文本框 5 和文本框 6 进行设置，其中，设置“速度”为“0.6 秒”，其他参数与文本框 4 的参数一样。设置完成后，如图 6.13 所示。

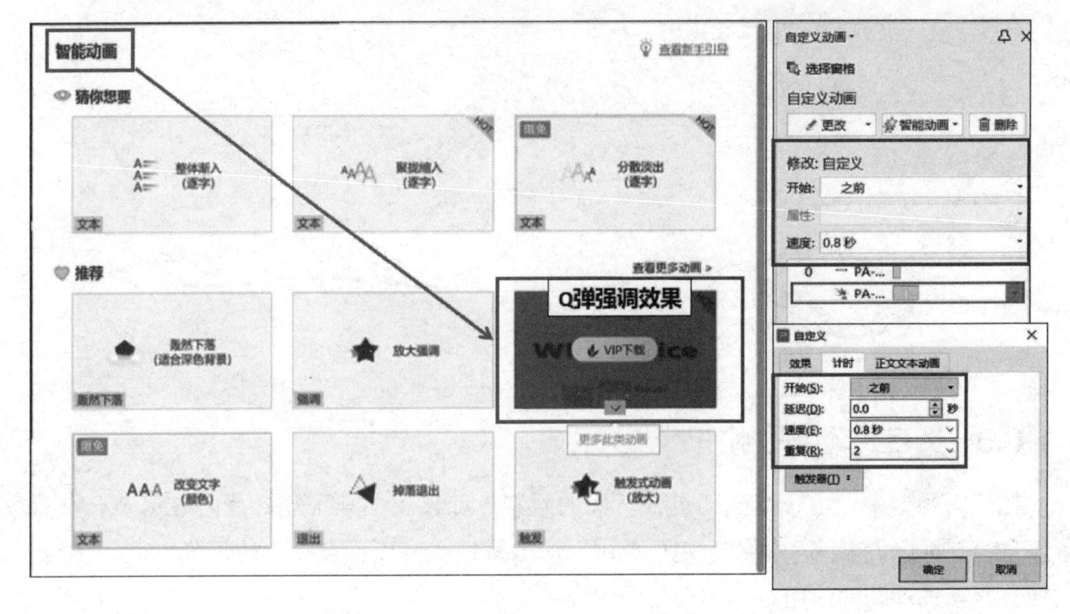

图 6.12　文本框 4 智能动画设置过程

图 6.13　文本框 4、文本框 5、文本框 6 的动画设置参数

按照上述方法，为文本框 3 设置“路径动画”，为文本框 8、文本框 9、文本框 10 设置“智能动画”；为文本框 7 设置“路径动画”，为文本框 11、文本框 12、文本框 13 设置“智能动画”，这里不再赘述。最终设置效果如图 6.10 所示。

动一动：学以致用，请大家使用复杂动画的相关设置方法，制作文本“让我们开始吧”的快闪效果。

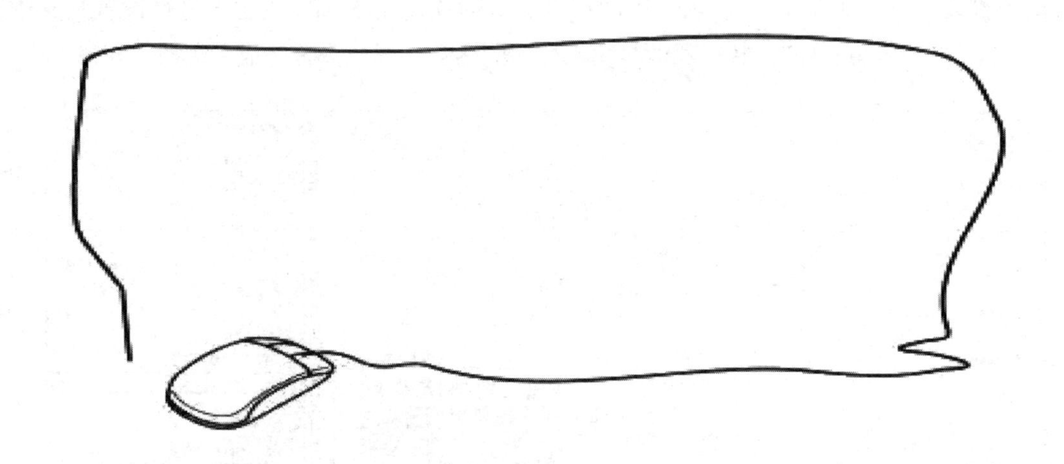

6.5　交互式动画的制作

微课视频

在使用场景中，由于受到幻灯片页面的限制，如果想在某张幻灯片内展示多条信息，则可以设置多个按钮，用户单击对应的按钮就可以看到相应的预览内容，这便是交互式动画的作用。

插入一张空白幻灯片，单击“插入”选项卡中的“图标”下拉按钮，在“稻壳图标”下拉列表中选择与主题相关的图标，作为后续设置交互式动画的载体。例如，我们插入 4 个图标，以第 1 个图标为例介绍制作交互式动画的方法，最终效果如图 6.14 所示。

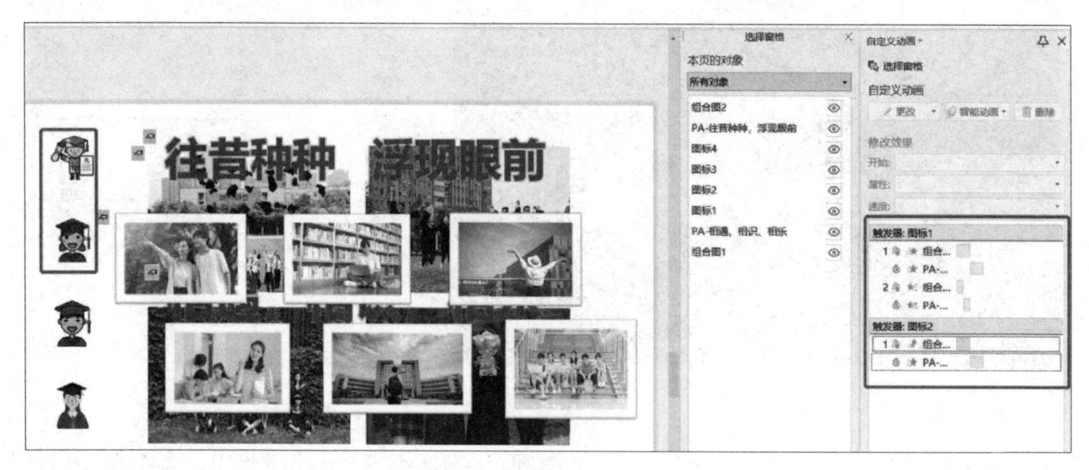

图 6.14　交互式动画效果

具体操作步骤如下。

1. 选中组合图 1，在“动画”选项卡中单击“自定义动画”按钮，在“自定义动画”窗格的“添加效果”下拉列表中选择“进入”→“阶梯状”选项，在“选择窗格”中双击已经添加的动画，在弹出的“阶梯状”对话框中选择“计时”选项卡，可进行相关设置，然后单击“触发器”按钮，选中“单击下列对象时启动效果”单选按钮，在下拉列表中选择“图标 1”选项，如图 6.15 所示。

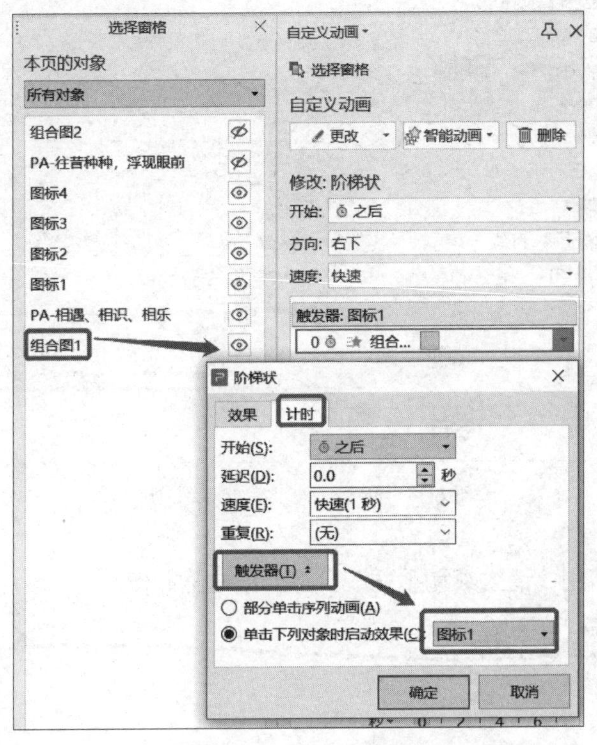

图 6.15 设置交互式动画

2．选中文本对象 1“PA- 相遇、相识、相乐”，仿照上一步进行设置，效果如图 6.16 所示。可以看到组合图 1 和文本对象 1 旁边都出现手势图标，说明已设置交互式动画，这是其他图标触发生成的。

图 6.16 交互式动画效果

3．为了下一条动画播放时不出现叠加，继续为组合图 1 和文本对象 1 设置“退出”交互式动画，如图 6.17 所示。

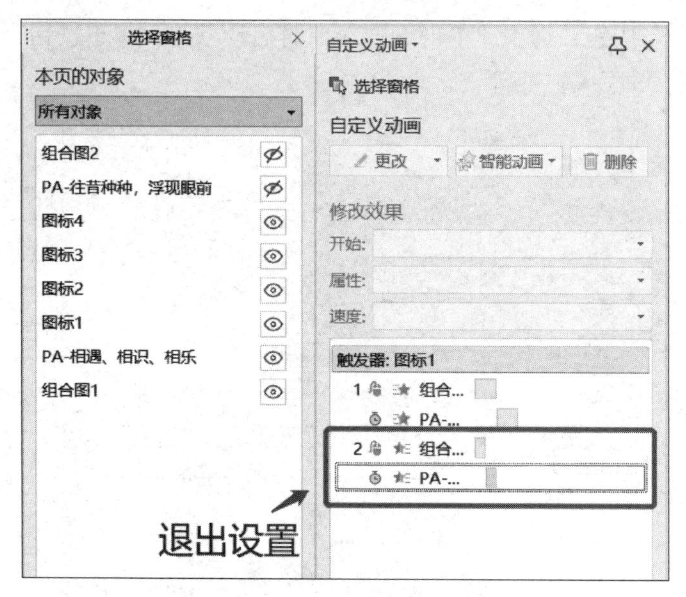

图 6.17　设置“退出”交互式动画

动一动：学以致用，请大家动手完成交互式动画的制作。

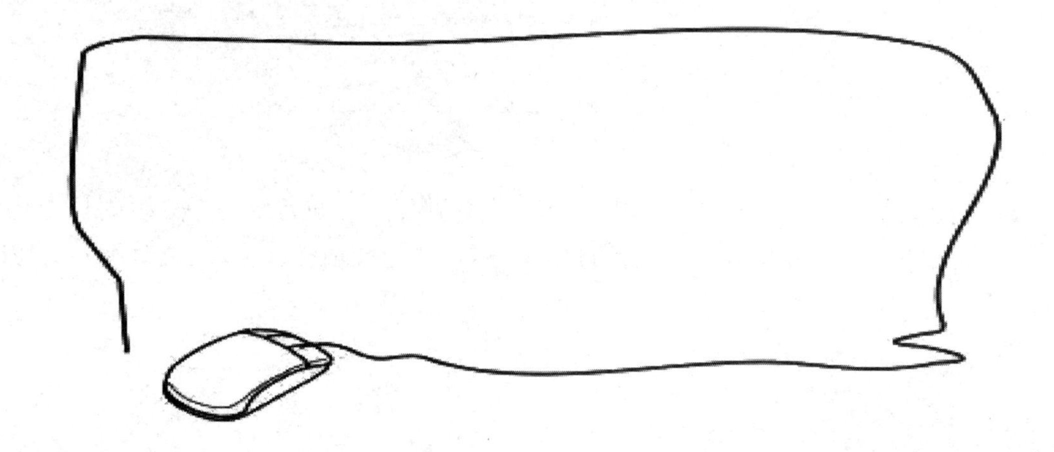

主要步骤

本项目主要介绍毕业纪念册演示文稿的制作，素材选取稻壳中心已有的一些图片和文字内容。本项目主要介绍在 WPS 演示中，应用路径动画、动画文本、“自定义动画”窗格、时间轴等完成复杂动画与交互式动画的制作。

步骤 1：打开演示文稿

打开已添加好文字和图片的演示文稿“毕业纪念册演示文稿 -v1.pptx”。

步骤 2：为首页幻灯片添加路径动画与文本动画

1. 为首页幻灯片添加路径动画。

具体操作步骤详见 6.1 节“路径动画的设置与应用”。这里简单描述如下。

首先，选中“纸飞机”图形，在“动画”选项卡中单击“自定义动画”按钮，在“自定义动画”窗格的“添加效果”下拉列表中，选择“绘制自定义路径”选项，如图 6.3 所示。

然后，在“绘制自定义路径”选项下方选择“自由曲线”，在首页幻灯片中进行绘制，绘制完成后会出现绿色开始箭头与红色结束箭头，如图 6.4 所示。

最后，播放动画或预览幻灯片放映效果，并根据实际需要对路径进行微调。

2．为首页幻灯片添加文本动画。

在首页幻灯片中添加文字“致青春”“我们毕业了”“纪念我们逝去的青春”。

将“我们毕业了”五个字均设置为“上升”动画效果，设置“速度”为“0.7 秒”，设置“开始”为“之后”；将直线连接符设置为“擦除”动画效果，设置“方向”为“自左侧”，设置“速度”为“非常快”。将“纪念我们逝去的青春”这行字设置为“擦除”动画效果，设置“方向”为“自右侧”，设置“速度”为“非常快”。将“致青春”的底图与文字均设置为“擦除”动画效果，设置“方向”为“自底部”，设置“速度”为“非常快”。

为了增强演示效果，在首页幻灯片中插入音频，音频的插入和设置方法详见项目 5。最终效果如图 6.18 所示。

图 6.18　首页幻灯片的动画效果

步骤 3：为演示文稿添加文本动画

插入三张幻灯片，在三张幻灯片中分别输入数字“3”“2”“1”，为了实现倒计时的效果，将数字“2”所在的幻灯片的背景颜色设置为黑色，将数字“2”设置为白色，将数字“3”和“1”所在的幻灯片背景颜色设置为白色，将数字“3”和“1”均设置为黑色。

为三张幻灯片的文字添加“缩放”动画效果，设置“开始”为“之前”，设置“缩放”为“外”，设置“速度”为“非常快”，如图 6.19 所示。

最后放映三张幻灯片查看动画效果。

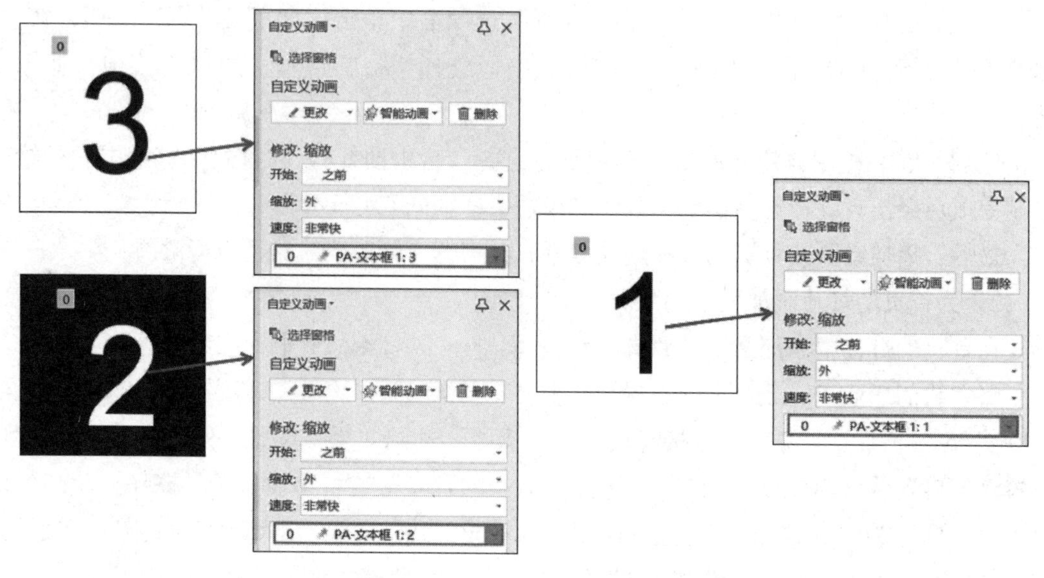

图 6.19　幻灯片倒计时动画效果

同理，为第 7 ～ 14 张幻灯片设置类似的文本动画，如图 6.20 所示。

图 6.20　第 7 ～ 14 张幻灯片设置文本动画

步骤 4：为文本添加复杂动画

插入一张空白幻灯片，将背景颜色设置为黑色，在幻灯片中插入文字“让我们开始吧”，为了实现快闪效果，复制并粘贴 12 次“让我们开始吧”文字，这样得到 13 组文字并将每组文字设置为不同的颜色，如图 6.21 所示。

图 6.21　文本颜色的设置

单击“动画”选项卡中的“自定义动画”按钮，打开“自定义动画”窗格中的“选择窗格”，这样能清楚地区分 13 组文字。对 13 组文字设置动画，具体操作方法可参考 6.4 节。

设置效果如图 6.10 所示，这里不再赘述。

重难点笔记区：

步骤 5：为演示文稿添加交互式动画

插入一张空白幻灯片，添加 4 个“稻壳图标”，以及与毕业主题相关的图片和文字素材，并设置交互式动画，在 6.5 节中，我们设置了 1 个图标对应的交互式动画。这里介绍后面 3 个图标的交互式动画的设置方法。

1. 在“选择窗格”中，将组合图 1、组合图 3、组合图 4 和对应的文字隐藏，如图 6.22 所示。

图 6.22 在“选择窗格”中进行操作

2. 选中组合图 2，在“自定义动画”窗格的“添加效果”下拉列表中选择“进入”→“飞入”选项，双击已添加的动画，在弹出的对话框中选择“计时”选项卡，设置各项参数。选中文本对象 2，在“自定义动画”窗格的“添加效果”下拉列表中选择“进入”→“擦除”选项，并在“擦除”对话框中设置各项参数，如图 6.23 所示。

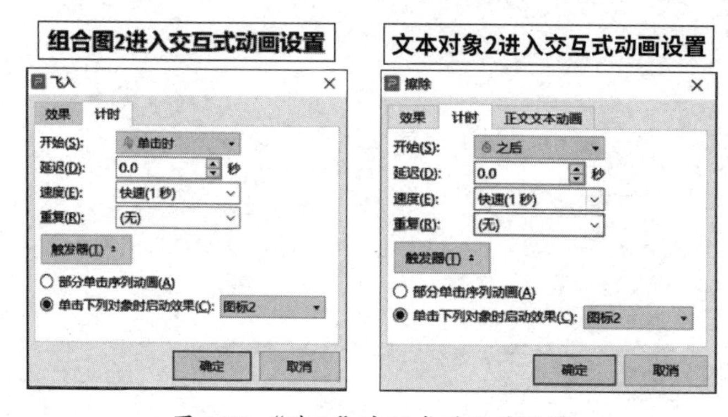

图 6.23 “进入”交互式动画的设置

3. 选中组合图 2，在“自定义动画”窗格的“添加效果”下拉列表中选择“退出”→“切出”选项，双击已添加的动画，在弹出的对话框中选择“计时”选项卡，设置各项参数。对文本对象 2 也进行类似的设置，“退出”交互式动画的设置如图 6.24 所示。

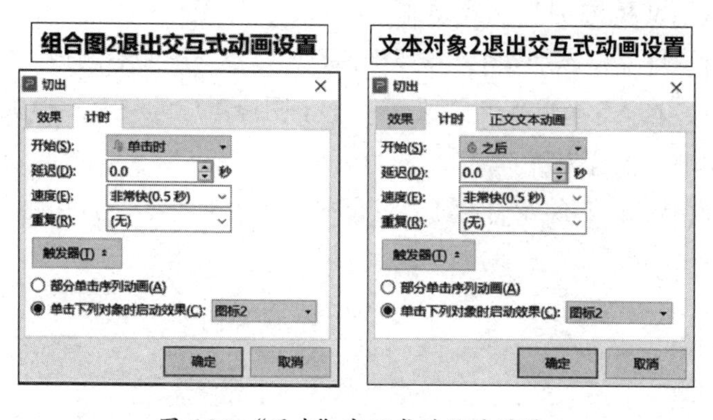

图 6.24 “退出”交互式动画的设置

4. 同理，隐藏组合图 1、组合图 2、组合图 4 和对应的文字，对组合图 3 和文本对象 3 设置“进入”交互式动画和“退出”交互式动画，如图 6.25 所示，设置结果如图 6.26 所示。

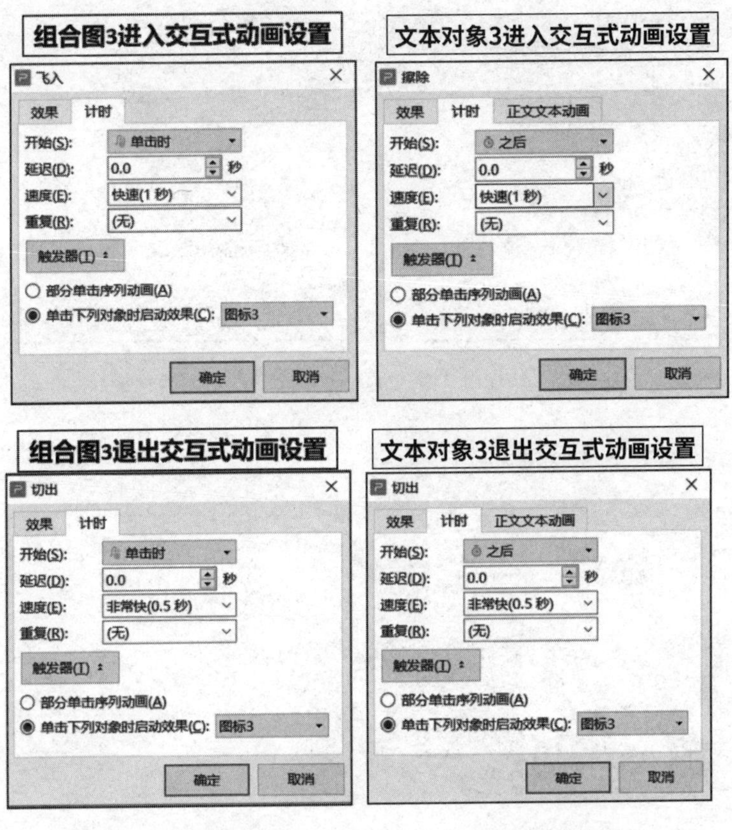

图 6.25　组合图 3 和文本对象 3 交互式动画的设置

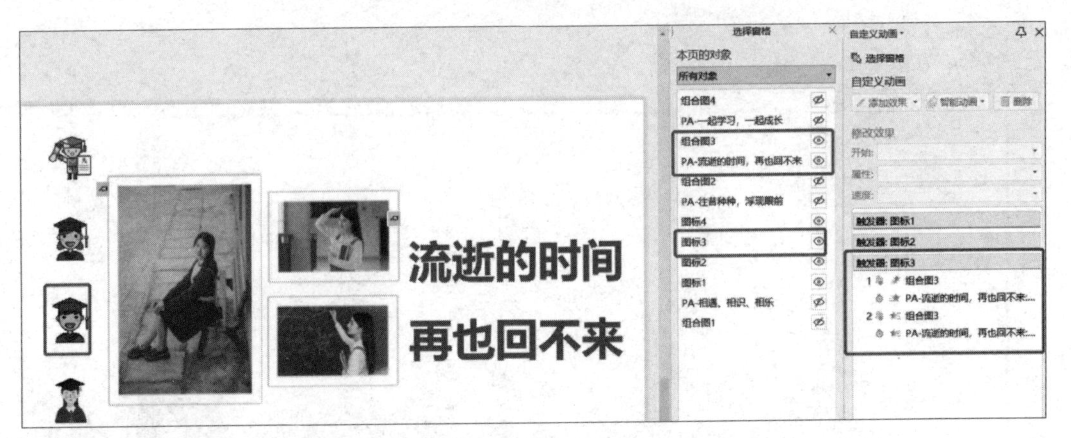

图 6.26　组合图 3 和文本对象 3 交互式动画的设置结果

5. 同理，隐藏组合图 1、组合图 2、组合图 3 和对应的文字，对组合图 4 和文本对象 4 设置“进入”交互式动画，因为这是最后一个交互式动画，所以不设置“退出”交互式动画，如图 6.27 所示，设置结果如图 6.28 所示。

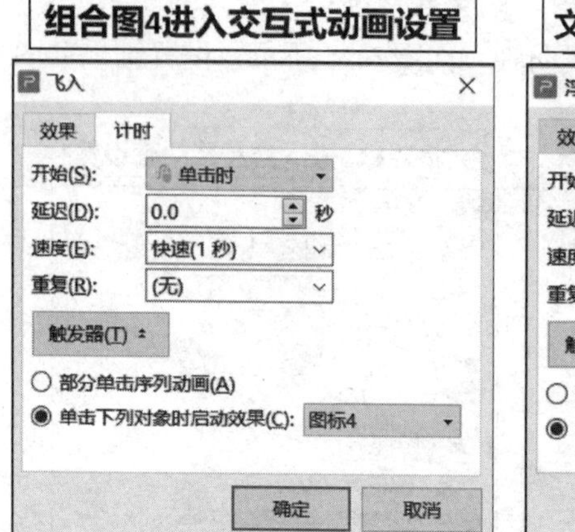

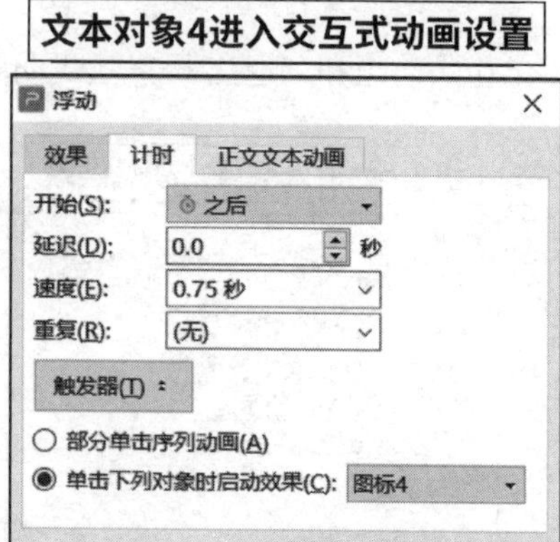

图 6.27　组合图 4 和文本对象 4 交互式动画的设置

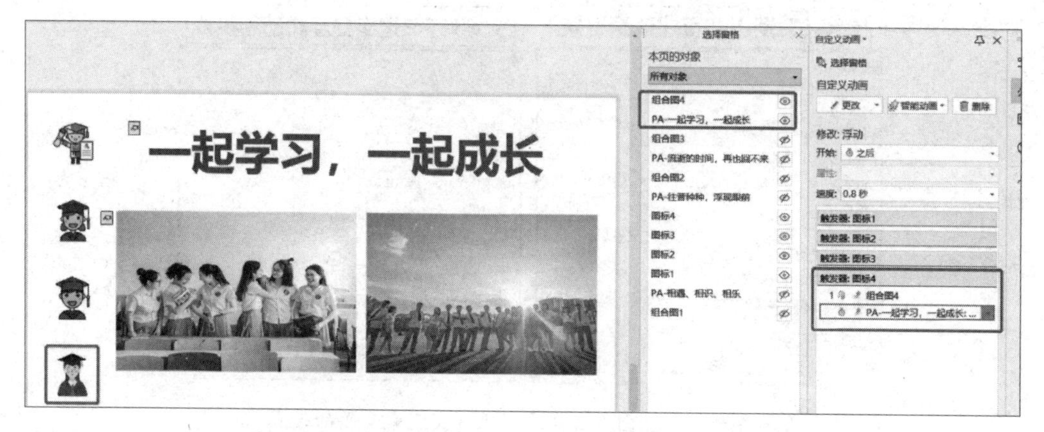

图 6.28　组合图 4 和文本对象 4 交互式动画的设置结果

重难点笔记区：

步骤 6：设置幻灯片放映效果

将该演示文稿的放映方式设置为“自动放映”，即在“放映”选项卡中单击“放映方式”下拉按钮，在下拉列表中选择“自动放映”选项，如图 6.29 所示。

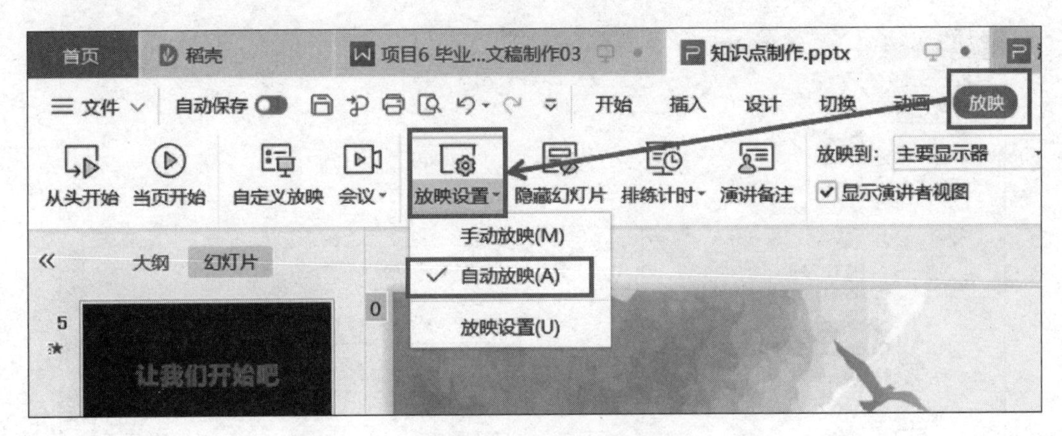

图 6.29　自动放映的设置

第 1 张幻灯片和第 6 张幻灯片因为添加了路径动画和交互式动画，所以不会自动放映，其他幻灯片均会自动放映，效果如图 6.1 所示。

项目拓展

WPS 会员都会有自己的账号，将鼠标指针移至“WPS 演示”界面右上方的头像上，就会出现如图 6.30 所示的账号信息。单击头像，即可进入“个人中心”，用户可以看到账号的相关信息，也可以对账号进行管理，设置安全级别更高的模式。

图 6.30　账号信息

制作完演示文稿，可以将其同步存储到云端或本地，为了文件的安全性，应进行加密处理。在菜单栏中选择“文件”→“文件加密”选项，在打开的“选项”对话框中，输入“打开文件密码”，以及“密码提示”，如图 6.31 所示。

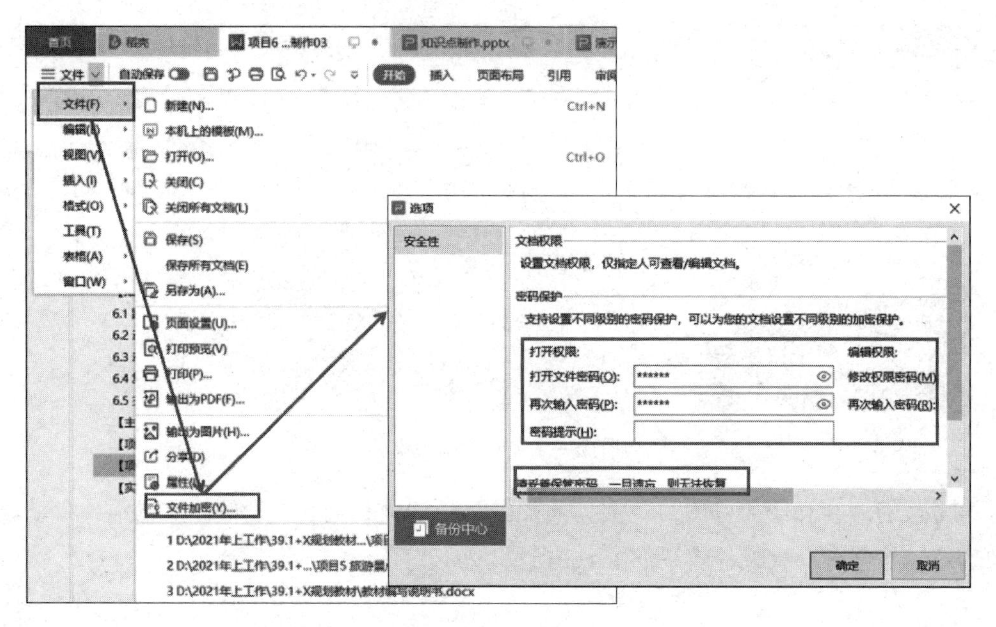

图 6.31　文件加密设置

对文件加密之后，要妥善管理密码，下次打开该文件时，就会弹出“文档已加密”对话框，输入密码后，才能打开该文件，如图 6.32 所示。

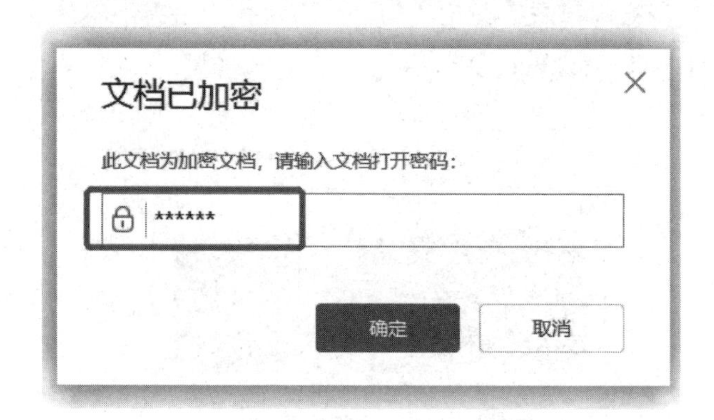

图 6.32　“文档已加密”对话框

如果想解除文件加密，则在菜单栏中选择“文件”→“文件加密”选项，在弹出的“选项”对话框中，删除之前输入的“打开文件密码”，单击“确定”按钮，即可为该文件解密，如图 6.33 所示。保存该文件后再次打开该文件，就不会弹出如图 6.32 所示的对话框了。

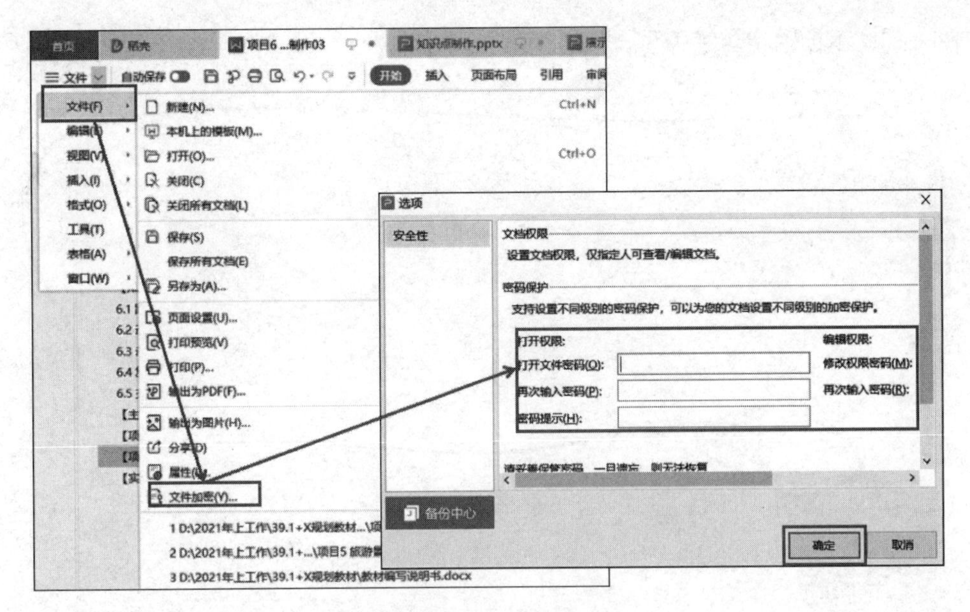

图 6.33　文件解密设置

项目小结

本项目主要介绍毕业纪念册演示文稿的制作，相关图片素材来自稻壳中心。通过完成本项目，能够让学生掌握各类动画的设置及应用，如路径动画、动画文本、“自定义动画”窗格、时间轴，完成复杂动画与交互式动画的制作；本项目旨在培养学生的创新意识，帮助其树立正确的人生观和价值观，让他们更加珍惜在校的学习时光，做个惜时、珍时之人。

本项目的知识元素、技能元素、思政元素小结思维导图如图 6.34 所示。

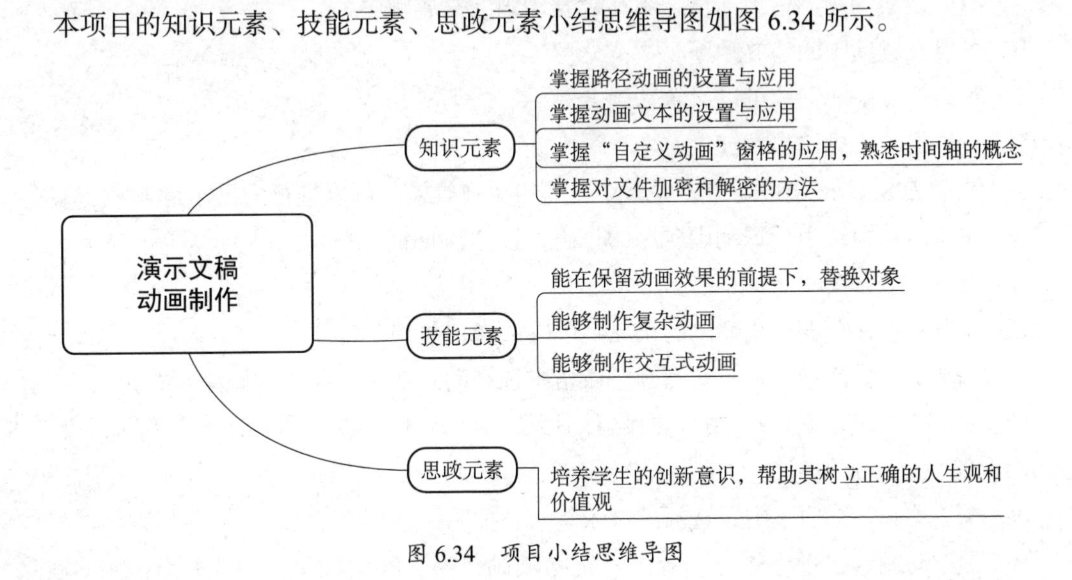

图 6.34　项目小结思维导图

问一问：本项目学习结束了，你还有什么问题吗？

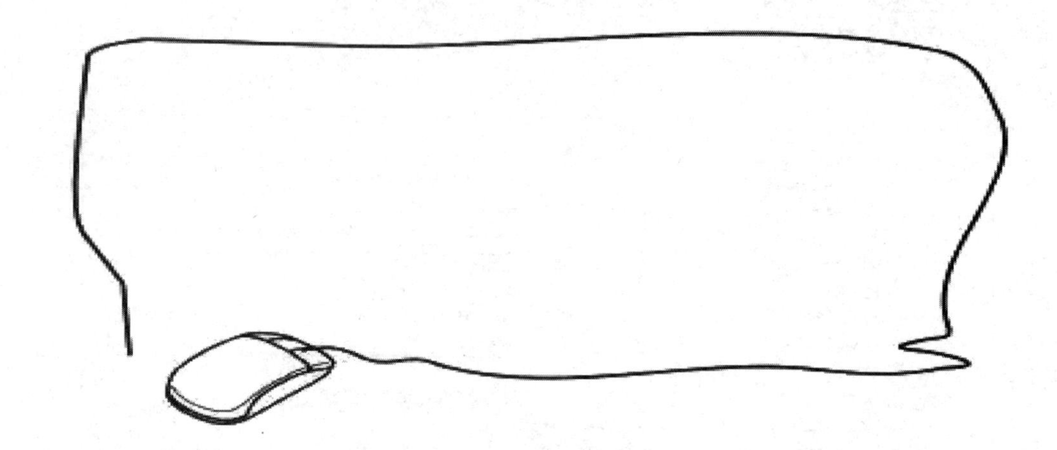

综合练习

一、单项选择题

1．关于“WPS 演示 2019”中的自定义动画，下列说法中，不正确的是（　　）。

A．只能为文字设置自定义动画

B．可以进行多媒体设置

C．可以调整效果

D．可以调整顺序

2．对幻灯片中的对象进行动画设置，下列说法中，错误的是（　　）。

A．只能设置动画的播放速度，不能设置动画的播放顺序

B．可以设置动画的播放顺序

C．对幻灯片中的图片可以设置动画

D．可以设置动画的播放速度

3．在“WPS 演示 2019”中，要删除文本的动画效果，可以进行的操作是（　　）。

A．在幻灯片中选中标识动画顺序的号码，按“Delete”键

B．选中文本，按“Delete”键

C．选中文本并右击，在弹出的快捷菜单中选择“剪切”选项

D．选中文本，并在“自定义动画”窗格中选择动画效果，单击“删除”按钮

4．在“WPS 演示 2019”中，要设置一段文字的动画效果为单击时飞出界面，可以进行的操作是（　　）。

A．在“动画”选项卡中，选择“进入”→“擦除”选项

B．在“动画”选项卡中，选择“自定义动画”→“添加效果”→“退出”→“擦除”选项

C．在“动画”选项卡中，选择“自定义动画”→“添加效果”→“退出”→“飞出”

选项

D．在“动画”选项卡中，选择“退出”→“擦除”选项

5．在“WPS 演示 2019”中，下列对“路径动画”的设置中，不正确的是（　　）。

A．在“动画”选项卡中，选择“绘制自定义路径”选项

B．在“动画”选项卡中，选择“自定义动画”→“添加效果”→“绘制自定义路径”选项

C．在“动画”选项卡中，选择“自定义动画”→“添加效果”→“动作路径”选项

D．在“动画”选项卡中，选择“进入”→“擦除”选项

6．在“WPS 演示 2019”的“自定义动画”窗格中如果选中某对象，能够实现（　　）操作。

①更改动画效果　②添加动画效果　③更改动画开始方式

④更改动画方向　⑤更改动画速度

A．①③④⑤　　B．①②③⑤

C．②③④⑤　　D．①②③④⑤

二、判断题（T/F）

1．在“WPS 演示 2019”中，要设置一段文字的动画效果为单击时飞出界面。选中文字后，可选择“进入”→“擦除”选项。（　　）

2．在“WPS 演示 2019”中，不能对音频文件设置“自定义动画”。（　　）

3．在“WPS 演示 2019”中，设置“自定义动画”时，可以修改动画的播放顺序。（　　）

4．在“WPS 演示 2019”中，就一个对象而言，只能为其添加一次动画效果。（　　）

三、操作题

1．对任意对象（如文本、图形或图片）设置“路径动画”，实现曲线“进入”效果。

2．通过“自定义动画”窗格，显示某动画对象的“时间轴”。

3．使用“复杂动画”的相关设置方法，为文本“让我们开始吧”设置快闪效果。

4．通过“自定义动画”窗格与“触发器”的设置，实现交互式动画。

5．对设置好的演示文稿进行加密设置。

四、综合实践题

1．请为班级制作一份集体相册演示文稿，可以使用本项目介绍的动画设置方法，让演示文稿更加酷炫。

2．制作一份精美的自己介绍演示文稿，要求图文并茂，动画效果丰富。

3．垃圾分类已成为热点话题，请你搜集相关材料，制作一份关于垃圾分类的演示文稿，向同学们介绍垃圾分类的好处。要求图文并茂、动画效果丰富。

第三篇

表格数据运算

表格数据运算篇主要介绍在办公领域中使用WPS表格进行数据处理与分析。该篇通过项目7“学业成绩统计”、项目8“星级寝室评比”和项目9“疫情捐赠物品统计”，介绍WPS表格中数据管理、公式函数、数据汇总图表处理等知识点与技能点。学生在项目实施的过程中不仅能养成客观公正的处事态度，增强卫生意识和健康意识，而且能提升社会大爱情怀。

项目 7　学业成绩统计

学习目标

知识目标：了解单元格引用的方式，了解公式的基本格式和输入方式，了解常用函数的名称及应用，掌握嵌套函数等复杂公式的写法。

能力目标：能区分绝对引用与相对引用，能使用多种方法准确写出基本公式的表达式，能够正确使用常用的函数。

思政目标：提高学生的计算能力，帮助学生养成客观公正的处事态度，提升其学业成就感。

项目效果

大学生学业成绩统计是一项严谨细致的工作，要求公开、透明、准确。主要汇总统计工作包括：统计每名学生所有课程的成绩总分，如图 7.1 所示；计算每门课程的最高分、最低分和平均分，如图 7.2 所示；对于每名学生，按照总分从高到低为其列出在班级中的排名，如图 7.3 所示；根据每名学生的总分得出其成绩对应的等级，如图 7.4 所示；分别计算两个班级的考试人数、总分之和、平均分、缺考占比，如图 7.5 所示。

L3　=SUM(E3:K3)

	A	B	C	D	E	F	G	H	I	J	K	L	M	N
1	学业成绩统计													
2	学号	姓名	班级	性别	高等数学	线性代数	大学语文	英语	马克思主义基本原理	思修	计算机基础	总分	排名	等级
3	4302101	杨妙琴	计算机2101	女	73	98	95	66	75	88	74	569	3	优秀
4	4302102	周凤连	计算机2101	女	66	71	97	59	72	52	91	508	18	良好
5	4302103	白庆辉	计算机2101	男	79	96	71	82	53	59	89	529	11	良好
6	4302104	张小静	计算机2101	女	95	93	91	83	75	92	98	627	1	优秀
7	4302105	郑敏	计算机2101	女	98	66	85	53	66	67	99	534	8	良好
8	4302106	文丽芬	计算机2101	女	43	97	78	59	82	53	60	472	26	一般
9	4302107	赵文静	计算机2101	女	31	89	61	60	79	84	58	462	28	一般
10	4302108	甘晓聪	计算机2101	男	71	94	62	53	71	59	61	471	27	一般
11	4302109	廖宇健	计算机2101	男	84	97	54	60	65	78	96	534	8	良好
12	4302110	曾美玲	计算机2101	女	35	79	84	70	74	55	77	474	25	一般
13	4302111	王艳平	计算机2101	女	79	63	57	72	79	98	73	521	14	良好
14	4302112	刘显森	计算机2101	男	74	74	73	97	68	79	69	534	8	良好
15	4302113	黄小惠	计算机2101	女	85	69	86	71	缺考	75	67	453	31	一般
16	4302114	黄斯华	计算机2101	女	94	96	63	58	56	75	76	518	15	良好
17	4302115	李平安	计算机2101	男	56	78	57	81	67	55	62	456	30	一般
18	4302116	彭秉鸿	计算机2101	男	62	81	96	77	51	67	81	515	16	良好
19	4302117	林巧花	计算机2101	女	71	52	73	86	63	62	50	457	29	一般
20	4302118	吴文静	计算机2101	女	72	85	96	59	88	70	87	557	7	良好
21	4302119	何军	计算机2101	男	91	66	97	89	54	83	87	567	4	优秀
22	4302120	赵宝玉	计算机2101	男	缺考	66	92	68	73	66	60	425	36	一般
23	4302201	郑淑贤	计算机2101	女	38	60	85	87	71	95	56	492	23	中等
24	4302202	孙娜	计算机2102	女	75	51	54	83	98	99	65	525	13	良好
25	4302203	曾丝华	计算机2102	女	57	69	66	97	79	75	71	514	17	良好
26	4302204	罗远方	计算机2102	女	90	90	73	81	54	98	96	582	2	优秀

图 7.1　SUM 函数的应用

E40 =MAX(E3:E39)

	A	B	C	D	E	F	G	H	I	J	K	L	M	N
31	4302209	刘雅诗	计算机2102	女	46	85	97	100	54	63	53	498	9	中等
32	4302210	林晓旋	计算机2102	女	93	88	84	89	78	71	64	567	2	优秀
33	4302211	刘泽标	计算机2102	男	77	90	94	76	87	52	53	529	4	良好
34	4302212	廖玉娟	计算机2102	女	43	100	69	61	94	缺考	61	428	13	一般
35	4302213	李立聪	计算机2102	男	72	84	89	80	64	90	82	561	3	优秀
36	4302214	李卓勋	计算机2102	女	缺考	69	69	60	78	52	57	385	16	一般
37	4302215	韩世伟	计算机2102	男	69	56	84	52	67	85	66	479	11	一般
38	4302216	陈美娜	计算机2102	女	67	100	50	61	97	68	53	496	10	中等
39	4302217	李妙娟	计算机2102	女	74	74	71	68	78	82	56	503	7	良好
40		各科最高分			98	100	97	100	98	99	99			
41		各科最低分			31	51	50	52	51	51	50			
42		各科平均分			71.2	78.638889	75.162162	72.333333	71.83333333	73.5	72			

图 7.2 MAX 函数、MIN 函数和 AVERAGE 函数的应用

M3 =RANK.EQ(L3,$L$3:$L$39)

	A	B	C	D	E	F	G	H	I	J	K	L	M	N
1	学业成绩统计													
2	学号	姓名	班级	性别	高等数学	线性代数	大学语文	英语	马克思主义基本原理	思修	计算机基础	总分	排名	等级
3	4302101	杨妙琴	计算机2101	女	73	98	95	66	75	88	74	569	3	优秀
4	4302102	周凤连	计算机2101	女	66	71	97	59	72	52	91	508	18	良好
5	4302103	白庆辉	计算机2101	男	79	96	71	82	53	59	89	529	11	良好
6	4302104	张小静	计算机2101	女	95	93	91	83	75	92	98	627	1	优秀
7	4302105	郑敏	计算机2101	女	98	66	85	53	66	67	99	534	8	良好
8	4302106	文丽芬	计算机2101	女	43	97	78	59	82	53	60	472	26	一般
9	4302107	赵文静	计算机2101	女	31	89	61	60	79	84	58	462	28	一般
10	4302108	甘晓聪	计算机2101	男	71	94	62	53	71	59	61	471	27	一般
11	4302109	廖宇健	计算机2101	男	84	97	54	60	65	78	96	534	8	良好
12	4302110	曾美玲	计算机2101	女	35	79	84	70	74	55	77	474	25	一般
13	4302111	王艳平	计算机2101	女	79	63	57	72	79	98	73	521	14	良好
14	4302112	刘显森	计算机2101	男	74	74	73	97	68	79	69	534	8	良好
15	4302113	黄小惠	计算机2101	女	85	69	86	71	缺考	75	67	453	31	一般
16	4302114	黄斯华	计算机2101	女	94	96	63	58	56	75	76	518	15	良好

图 7.3 RANK.EQ 函数的应用

N3 =IFS(L3>=560,"优秀",L3>=500,"良好",L3>=490,"中等",L3>380,"一般")

	A	B	C	D	E	F	G	H	I	J	K	L	M	N
1	学业成绩统计													
2	学号	姓名	班级	性别	高等数学	线性代数	大学语文	英语	马克思主义基本原理	思修	计算机基础	总分	排名	等级
3	4302101	杨妙琴	计算机2101	女	73	98	95	66	75	88	74	569	3	优秀
4	4302102	周凤连	计算机2101	女	66	71	97	59	72	52	91	508	18	良好
5	4302103	白庆辉	计算机2101	男	79	96	71	82	53	59	89	529	11	良好
6	4302104	张小静	计算机2101	女	95	93	91	83	75	92	98	627	1	优秀
7	4302105	郑敏	计算机2101	女	98	66	85	53	66	67	99	534	8	良好
8	4302106	文丽芬	计算机2101	女	43	97	78	59	82	53	60	472	26	一般
9	4302107	赵文静	计算机2101	女	31	89	61	60	79	84	58	462	28	一般
10	4302108	甘晓聪	计算机2101	男	71	94	62	53	71	59	61	471	27	一般
11	4302109	廖宇健	计算机2101	男	84	97	54	60	65	78	96	534	8	良好
12	4302110	曾美玲	计算机2101	女	35	79	84	70	74	55	77	474	25	一般
13	4302111	王艳平	计算机2101	女	79	63	57	72	79	98	73	521	14	良好
14	4302112	刘显森	计算机2101	男	74	74	73	97	68	79	69	534	8	良好
15	4302113	黄小惠	计算机2101	女	85	69	86	71	缺考	75	67	453	31	一般
16	4302114	黄斯华	计算机2101	女	94	96	63	58	56	75	76	518	15	良好

图 7.4 IFS 函数的应用

R9 =SUMIF($C$3:$C$39,P9,$L$3:$L$39)

	F	G	H	I	J	K	L	M	N	O	P	Q	R	S	T
1	学业成绩统计														
2	线性代数	大学语文	英语	马克思主义基本原理	思修	计算机基础	总分	排名	等级						
3	98	95	66	75	88	74	569	3	优秀	569					
4	71	97	59	72	52	91	508	18	良好						
5	96	71	82	53	59	89	529	11	良好						
6	93	91	83	75	92	98	627	1	优秀						
7	66	85	53	66	67	99	534	8	良好		数据统计				
8	97	78	59	82	53	60	472	26	一般		班级	考试人数	总分之和	平均总分	缺考占比
9	89	61	60	79	84	58	462	28	一般		计算机2101	21	10675	508.333	1.36%
10	94	62	53	71	59	61	471	27	一般		计算机2102	16	7857	491.063	4.46%

图 7.5 SUMIF 函数及其他函数的应用

知识技能

7.1 单元格引用

单元格引用是指使用单元格名称表示单元格在表格中的位置。在 WPS 表格中，单元格引用包括相对引用、绝对引用和混合引用三种。

1. 相对引用

公式中的相对引用（如 A1）是指基于公式和单元格引用相对位置的单元格。如果公式所在单元格的位置改变，相对引用也随之改变。如果以多行或多列的方式复制公式，相对引用也会自动调整。

2. 绝对引用

公式中的绝对引用（如 $A$1）是指引用特定位置的单元格。如果公式所在单元格的位置改变，绝对引用将保持不变。如果以多行或多列的方式复制公式，绝对引用将不做调整。

3. 混合引用

混合引用是指引用绝对列和相对行，或者绝对行和相对列。绝对引用的列采用 $A1、$B1 等形式；绝对引用的行采用 A$1、B$1 等形式。如果公式所在单元格的位置改变，则相对引用的部分会改变，而绝对引用的部分不会改变。如果以多行或多列的方式复制公式，则相对引用的部分会自动调整，而绝对引用的部分不做调整。

在 WPS 表格中输入公式时，选中公式内单元格名称后按 F4 键，可以快速地对单元格的相对引用和绝对引用进行切换。

想一想：相对引用的填充规律是怎样的？

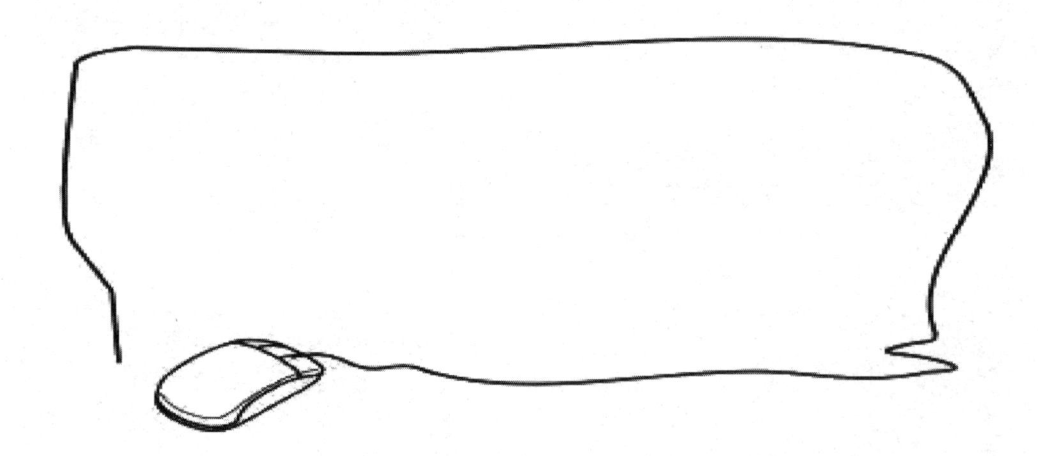

7.2 公式

7.2.1 公式结构

公式始终以等号（=）开头，其构成内容包括数字、文本、日期、时间，以及运算符、单元格引用、函数等。

1. 运算符类型

运算符根据运算数据的类型可分为四种：算术运算符、比较运算符、文本运算符和引用运算符。

● 算术运算符。

算术运算符用于进行基本的数学运算，包括加法（+）、减法（−）、乘法（*）、除法（/）、乘方（^），生成的结果为数值。

● 比较运算符。

比较运算符包括 =、>、<、>=、<=、<>，用于比较两个值，结果为逻辑值 TRUE 或 FALSE。

● 文本运算符。

文本运算符（&）用于连接一个或多个文本字符串，生成一个长字符串，如 ="WPS"&"表格 " 的结果为“WPS 表格”。

● 引用运算符。

引用运算符包括冒号（:）、逗号（,）和空格（　），用于表示单元格区域，冒号、逗号、空格分别表示连续单元格、分散单元格、区域的交集。

2. 运算顺序

当在公式中同时使用多个运算符时，WPS 表格的运算顺序如下。

（1）如果公式中包含相同优先级的运算符，WPS 表格将从左到右进行计算。

（2）如果要修改运算顺序，应把公式中需要优先运算的部分括在圆括号内。

（3）公式中运算符的运算顺序从高到低依次为 :（冒号）、,（逗号）、空格（　）、−（负号）、%（百分号）、^（乘幂）、* 和 /（乘和除）、+ 和 −（加和减）、&（文本运算符）、比较运算符。

3. 访问其他工作表的公式

如果需要访问其他工作表中的数据，则需要在公式内单元格名称前面写出其他工作表的名称及“!”，如“= 工资表 !C2+D2”。

7.2.2 公式输入

输入公式时，在单元格中先输入等号“=”，再输入其他内容；也可以单击“公式”选项卡中的“插入函数”按钮，如图 7.6 所示，弹出“插入函数”对话框输入公式。

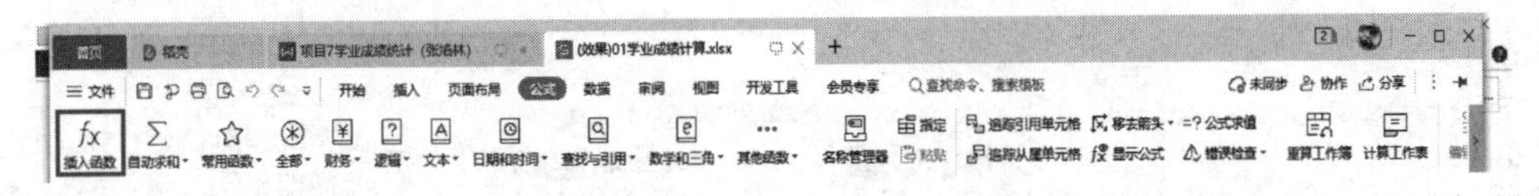

图 7.6 “插入函数”工具

7.3 常用函数

函数是预先定义、执行计算、分析处理数据的特殊公式。每个函数有唯一的名称，名称后面必须有一对括号，括号中的内容是函数的参数，如果有多个参数则要用逗号（,）隔开，参数是函数中最复杂的部分。部分常用函数的用法如表 7.1 所示。

表 7.1　部分常用函数的用法

函数	参数解析	示例
SUM 函数语法格式： SUM(number1,number2, ...) 主要功能：返回某一单元格区域的数据之和	number1,number2,... 为 1 到 255 个需要求和的参数，该参数可以是数字、单元格引用、区域。如果参数中有错误值或不能转换成数字的文本，将会导致错误	=SUM(3, 2) 返回 5；=SUM(A2:C2) 返回 A2，B2，C2 单元格中数字的和
AVERAGE 函数语法格式： AVERAGE(Number1, Number2,...) 主要功能：返回参数的算术平均值	参数说明同 SUM 函数	=AVERAGE(A2:C2) 返回 A2，B2，C2 单元格中数字的平均值
MAX 函数语法格式： MAX(number1,number2,...) 主要功能：返回一个最大数值	参数说明同 SUM 函数	=MAX(A2:A20) 计算 A2:A20 中的最大值
MIN 函数语法格式： MIN(number1,number2,...) 主要功能：返回一个最小数值	参数说明同 SUM 函数	=MIN(A2:A20) 计算 A2；A20 中的最小值
COUNT 函数语法格式： COUNT(value1,[value2],...) 主要功能：统计包含数字的单元格的数量	参数 value 表示需要统计的单元格区域	=COUNT(A1:A20) 统计 A1:A20 单元格中包含数字的单元格的数量
COUNTA 函数语法格式： COUNTA(value1, [value2], ...) 主要功能：统计区域中不为空的单元格的数量	参数包含任何数据类型的单元格，包括错误值和空文本 ("")	=COUNTA(A2:D8) 统计 A2:D8 中非空单元格的数量
RANK.EQ 函数语法格式： RANK.EQ(number,ref,[order]) 主要功能：返回某一个数字在一列数字中的数字排位。如果多个值具有相同的排位，则返回该组值的最高排位	number 表示要参与排位的数字。 ref 表示整个排位的数字列表，ref 中的非数字值会被忽略。 order 可选，表示数字排位方式：当 order 为零或被省略时，表示 ref 为降序排列，不为零时，表示 ref 为升序排列	=RANK.EQ(G2,G2:G20,0) 计算 G2 在序列 G2:G20 中的降序排位
IFS 函数语法格式： IFS(logical_test1,value_if_true,logical_test2, value_if_true,...) 主要功能：根据逻辑表达式的值，返回结果	logical_test 表示计算结果为 TRUE 或 FALSE 的任意值或逻辑表达式。 Value_if_true 表示 logical_test 为 TRUE 时函数返回的结果	如果单元格 A2 的值为 67，A3 的值为 50，则公式 =IFS (A2>=60," 及格 ", A2<60," 不及格 ") 返回及格； =IFS(A3>=60," 及格 ", A3<60," 不及格 ") 返回不及格
SUMIF 函数语法格式： SUMIF(criteria_range,criteria,[sum_range]) 主要功能： 统计指定范围中符合某个条件的数值之和	criteria_range 是条件的范围； criteria 是条件；sum_range 是要求和的数值区域	SUMIF(B2:B20," 男 ",G2:G20) 表示在单元格区域 B2:B20 中查找到所有性别为“男”的数据行，计算 G2:G20 中相应的数据之和
COUNTIF 函数语法格式： COUNTIF(criteria_range,criteria) 主要功能：统计指定单元格区域中符合指定条件的单元格的数量	criteria_range 表示需要统计的单元格的范围，如 C3:C20。 criteria 表示单元格所要满足的条件，如 ">80"、"男"	=COUNTIF(B2:B30,"女") 表示统计 B2:B30 中性别为“女”的单元格的数量

议一议：如何通过 WPS 表格的帮助功能学习函数的应用？

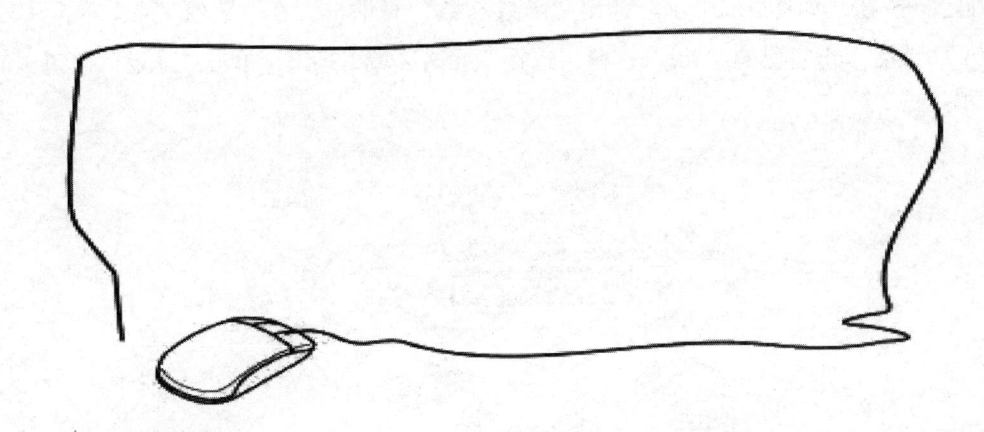

7.4　公式套用

公式套用是指在公式中用到多个函数且函数之间有套用关系，即一个函数的结果作为另一个函数的参数或参数的一部分，如 =IF(c2>=AVERAGE(C2:C40), "通过 ", " 不通过 "), 在此公式中，AVERAGE(C2:C40) 函数的结果作为 IF 函数的第一个参数的一部分。

动一动：在 C2:C40 单元格区域中输入数字，在 D2 单元格中输入 =if(c2>=AVERAGE(C2:C40),"通过","不通过")，拖动填充柄到单元格 D40，观察结果。

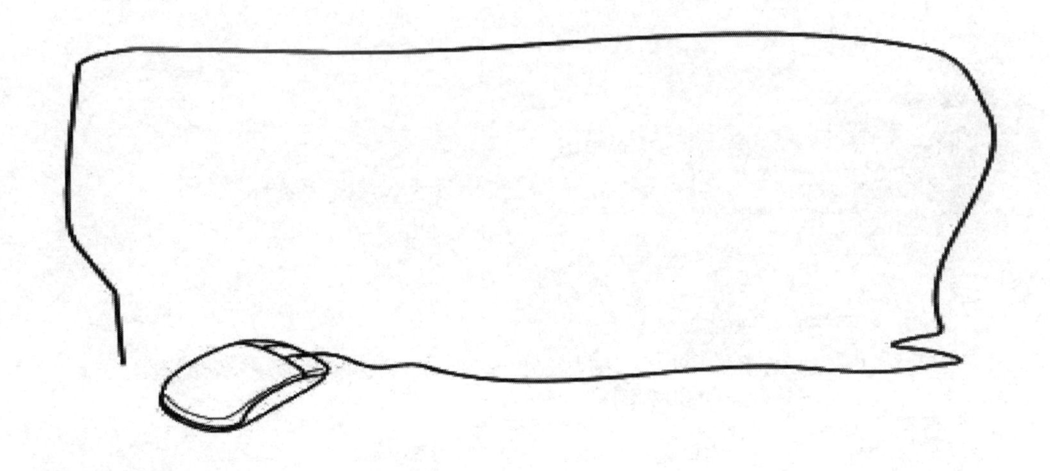

主要步骤

步骤 1：使用公式和 SUM 函数分别计算每名学生的总分

方法一：

单击单元格 L3，输入公式 =E3+F3+G3+H3+I3+J3+K3，然后拖动填充柄到单元格 L39。

方法二：

单击单元格 L3，单击“公式”选项卡中的“插入函数”按钮，在弹出的“插入函数”

对话框中设置“或选择类别”为全部，在“选择函数”下拉列表中选择 SUM 函数，单击“确定”按钮，如图 7.7 所示。弹出“函数参数”对话框，在“数值 1”文本框中输入“E3:K3”，或者单击右侧的“ ”按钮，选择单元格区域 E3:K3，单击“确定”按钮，如图 7.8 所示。

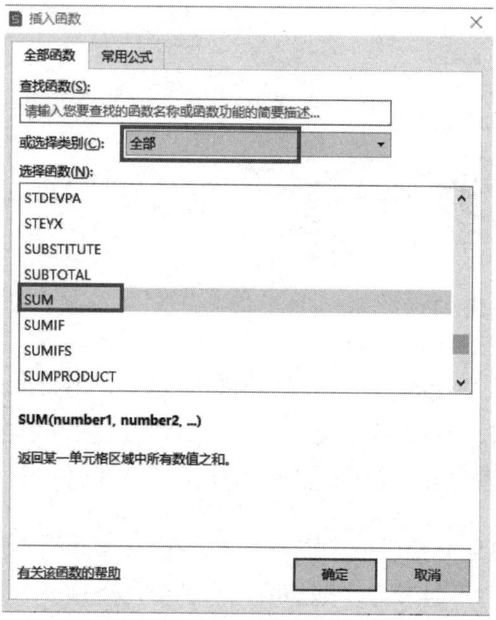

图 7.7 “插入函数”对话框

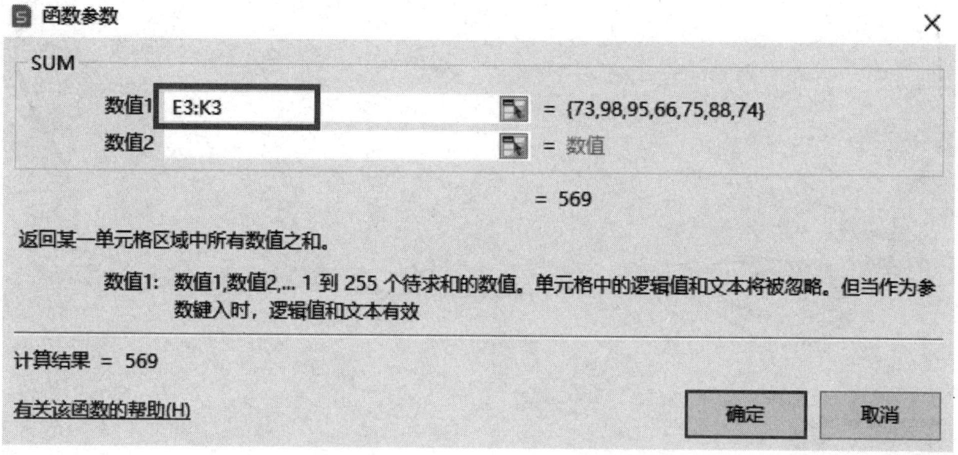

图 7.8 “函数参数”对话框

在后续的操作步骤中，均可参照方法二介绍的函数参数设置方法，故后续的重复操作不再赘述。

步骤 2：计算每门课程的最高分、最低分、平均分

单击单元格 E40，输入公式 =MAX(E3:E39)，按“Enter”键即可。

单击单元格 E41，输入公式 =MIN(E3:E39)，按“Enter”键即可。

单击单元格 E42，输入公式 =AVERAGE(E3:E39)，按“Enter”键即可。

选中单元格区域 E40:E42，拖动填充柄到单元格 K42。

步骤 3：利用函数 RANK.EQ 计算总分名次

微课视频

单击单元格 M3，输入公式 =RANK.EQ(L3,$L$3:$L$39)，按“Enter”键，拖动填充柄到单元格 M39 即可。

步骤 4：利用函数 IFS 评定等级：优秀、良好、中等、一般

单击单元格 N3，输入公式 =IFS(L3>=560, "优秀",L3>=500,"良好",L3>=490,"中等",L3>380,"一般")，按“Enter”键，拖动填充柄到单元格 N40 即可。

步骤 5：利用 COUNT 函数统计指定班级的考试人数

单击单元格 Q9，输入公式 =COUNT(F3:F23)，按“Enter”键即可。

单击单元格 Q10，输入公式 =COUNT(G24:G39)，按“Enter”键即可。

步骤 6：利用 SUMIF 函数计算指定班级的总分之和

微课视频

单击单元格 R9，输入公式 =SUMIF($C$3:$C$39,P9,$L$3:$L$39)，按“Enter”键，拖动填充柄到单元格 R10 即可。

步骤 7：利用 AVERAGEIF 函数计算指定班级的平均分

单击单元格 S9，输入公式 =AVERAGEIF($C$3:$C$39,P9,$L$3:$L$39)，按“Enter”键，拖动填充柄到单元格 S10 即可。

步骤 8：计算各班级缺考人次占总人次的比例

微课视频

单击单元格 T9，输入公式 =COUNTIFS($E$3:$K$23,"缺考")/Q9/7，按“Enter”键即可。

单击单元格 T10，输入公式 =COUNTIFS($E$24:$K$39,"缺考")/Q10/7，按“Enter”键即可。

重难点笔记区：

项目拓展

在使用 WPS 表格时，通常需要将某个单元格中的公式填充到其他单元格中，公式中的绝对引用不会发生改变，而相对引用则会发生改变，因此弄清相对引用填充时的变化规律很有必要。当公式纵向填充时，随着目标单元格的行的改变，公式参数中单元格的行号会发生改变而列号不会改变；当公式横向填充时，随着目标单元格的列的改变，公式参数中单元格的列号会发生改变而行号不会改变。

WPS 表格提供了很多函数，读者既要学会借助 WPS 表格的帮助功能来分析函数的格式，也要学会对函数进行分类梳理，才能更好地解决实际问题。例如，IFS 函数是基于 2019 版本的，可以视其为老版本 IF 函数的升级版，IF 函数只能用于判断只有两个结果的分支，但格式上较 IFS 函数简洁不少。IF 函数的格式为 IF(logic_test,value_if_true,value_if_false)，如 IF(C4>=90,"优秀","一般")。如果需要判断三个及三个以上的分支则需要嵌套使用 IF 函数，如 IF(C4>=90,"优秀", IF(C4>=60,"一般","不及格"))。

读者如果已经掌握函数格式，则无须使用“函数参数”对话框，直接在编辑栏中输入函数表达式即可。在后面的项目中，我们将不再通过“函数参数”对话框来设置函数。

项目小结

学业成绩统计得准确与否，关系到每名学生的学业成果及荣誉归属感，因此，学业成绩统计工作应确保准确、合理、快速。

通过本项目的学习，能够让学生掌握单元格引用的使用方法，公式的表达与计算，SUM、AVERAGE、RANK.EQ、COUNT、COUNTIF、SUMIF、IFS 等常用函数的使用方法，以及公式套用方法；本项目旨在培养学生使用 WPS 表格快速、准确地进行数据处理和统计。

本项目的知识元素、技能元素、思政元素小结思维导图如图 7.9 所示。

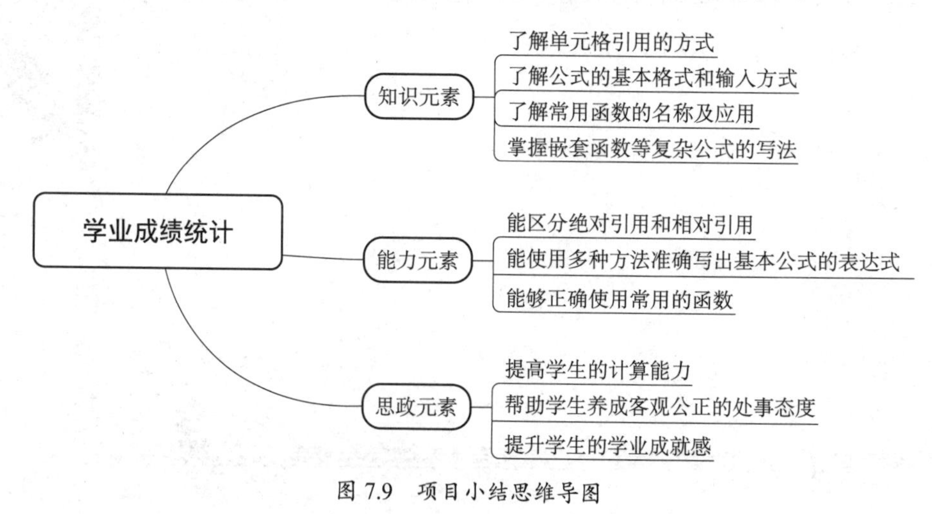

图 7.9 项目小结思维导图

问一问：本项目学习完毕，你还有哪些问题？

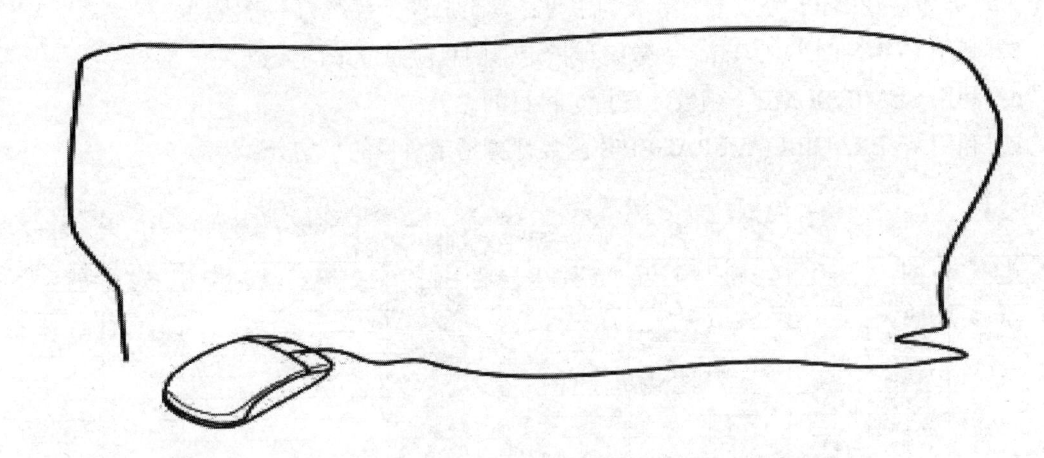

综合练习

一、单项选择题

1. 单元格引用的方式包括（　　）。

A．绝对引用和相对引用　　　　B．绝对引用和混合引用

C．理论引用和实际引用　　　　D．相对引用和混合引用

2. 运算符号“&”的作用是（　　）。

A．相当于“+”　　　　B．相当于数学乘法

C．比较文本大小　　　　D．连接文本字符串

3. 下列关于函数 RANK.EQ 的参数的说法中，正确的是（　　）。

A．第三个参数必须设置

B．第三个参数默认为 1

C．第二个参数表示排序的数列

D．函数默认为升序排序

4. 下列说法中，正确的是（　　）。

A．COUNTIF 函数的第二个参数与 IFS 函数的第一个参数的表示方法是一样的

B．SUMIF 函数与 SUMIFS 函数的第一个参数的意义相同

C．IFS 函数是 IF 函数的升级版，两者的格式完全一样

D．逻辑表达式是指运算结果为 TRUE 或 FALSE 的式子

二、综合实践题

按照下列要求对图 7.10 和图 7.11 中的数据进行统计。

1. 使用公式和函数分别计算每位员工的总成绩、平均成绩。

2. 计算每个科目的最高成绩、最低成绩。

3. 利用 RANK.EQ 函数，根据总成绩计算每位员工的名次。

4．利用 IFS 函数，根据总成绩评定每位员工的等级：425 分以上，等级为优秀；415 分以上，等级为良好；405 分以上，等级为中等；其余成绩，等级为一般。

5．利用 COUNT/COUNTIFS 函数统计指定部门相应总成绩的人数。

6．利用 SUMIF/SUMIFS 函数计算指定科目的总分。

7．利用 AVERAGEIF/AVERAGEIFS 函数计算指定科目的平均分。

员工培训成绩统计

员工编号	部门	姓名	企业概况	规章制度	电脑操作	商务礼仪	质量管理	总成绩	平均成绩	名次	等级
0001	行政部	孙晓	85	80	79	88	90				
0002	销售部	刘东	69	75	76	80	78				
0003	人事部	赵静	81	89	83	79	81				
0004	行政部	韩梅	72	80	90	84	80				
0005	财务部	孙文	82	89	85	89	83				
0006	人事部	孙建	83	79	82	90	87				
0007	销售部	赵宇	77	71	85	91	89				
0008	销售部	张扬	83	80	88	86	92				
0009	财务部	郑辉	89	85	69	82	76				
0010	行政部	王龙	80	84	86	80	72				
0011	销售部	陈晓	80	77	87	84	80				
0012	财务部	李峰	90	89	75	79	85				
0013	人事部	孙晗	88	78	80	83	90				
0014	销售部	李浩	80	86	91	84	80				
0015	人事部	王明	79	82	78	86	84				
0016	销售部	郭璐	80	76	81	67	92				
0017	人事部	王华	92	90	78	83	85				
0018	销售部	李丽	87	83	65	85	80				
0019	人事部	米琪	86	73	76	89	94				
0020	财务部	胡苏	90	85	94	90	84				
0021	行政部	张倩	93	96	84	82	91				
0022	销售部	王莉	87	84	77	85	80				
	最高成绩										
	最低成绩										

图 7.10 成绩统计 1

	总成绩			
部门	420以上人数	400以下人数	电脑操作总和	质量管理平均值
行政部				
销售部				
人事部				
财务部				

图 7.11 成绩统计 2

项目 8　星级寝室评比

学习目标

知识目标：了解各种数据及其转换方法，了解自定义序列，掌握填充数据的方法，理解条件格式的意义，掌握设置数据的有效性及制作下拉列表的方法。

能力目标：能够快速、准确地录入各种数据并进行相互转换，能够使用填充柄填充数据，能够掌握智能填充功能，能够设置条件格式，能够设置数据有效性及制作下拉列表。

思政目标：增强学生的卫生意识，培养学生养成勤劳做事的习惯，提高其集体荣誉感。

项目效果

本项目主要介绍 WPS 表格中的数据类型、数据填充、条件格式、数据有效性、下拉列表等内容，并围绕星级寝室评比讲解数据处理与分析的方法，项目效果如图 8.1 所示。

星级寝室评分标准

寝室号码	寝室长信息	寝室长		检查日期	寝室装饰（50）				内务卫生（50）					附加	总分	星级
		姓名	手机		内容搭配（10）	主题（10）	创意（10）	管理制度（20）	物品摆放（10）	床面被褥（10）	地面污损（10）	违禁电器（10）	墙面整洁（10）	晚归不归现象（0）		
5-201	李翔13587676799	李翔	13587676799	2021/5/10	9	5	7	20	10	6	7	6	10	0	80	★★★★★
5-202	王兵13587675788	王兵	13587675788	2021/5/10	7	7	10	10	8	5	5	5	9	-1	65	★★★
5-203	陈颜浩13587676755	陈颜浩	13587676755	2021/5/10	10	9	6	13	5	6	6	8	6	0	69	★★★
5-204	陈刚13587675599	陈刚	13587675599	2021/5/10	7	9	9	18	8	7	7	6	6	0	77	★★★★
5-205	卢伟13587235758	卢伟	13587235758	2021/5/10	5	9	10	19	8	7	10	9	6	-2	81	★★★★★
5-206	王志13587671755	王志	13587671755	2021/5/10	6	7	6	11	9	7	6	6	8	0	66	★★★
5-207	郝祥13587672299	郝祥	13587672299	2021/5/10	9	5	7	19	6	9	7	6	8	0	76	★★★★
5-208	张震13587635788	张震	13587635788	2021/5/10	7	10	9	10	5	6	7	10	7	0	71	★★★★
5-209	陈浩13587386755	陈浩	13587386755	2021/5/10	10	7	9	10	7	5	10	7	8	-2	71	★★★★
5-210	吕方13787676799	吕方	13787676799	2021/5/10	8	10	5	19	6	10	7	5	7	0	77	★★★★
5-301	赵玲玲13787675788	赵玲玲	13787675788	2021/5/10	9	7	9	18	6	7	8	6	10	0	80	★★★★★
5-302	周敏13587673355	周敏	13587673355	2021/5/10	10	10	7	17	7	10	7	10	6	0	84	★★★★★
5-303	黄艺13587446799	黄艺	13587446799	2021/5/10	9	10	8	20	7	9	10	6	9	0	88	★★★★★
5-304	李冰冰13523675788	李冰冰	13523675788	2021/5/10	7	6	6	16	9	5	7	5	7	0	68	★★★
5-305	杨杨13556676755	杨杨	13556676755	2021/5/10	6	10	10	13	9	5	8	8	10	0	79	★★★★
5-306	徐正13521676799	徐正	13521676799	2021/5/10	9	5	5	11	7	9	10	6	9	0	71	★★★★

图 8.1　项目效果

知识技能

8.1　数据类型

WPS 表格的主要功能是数据处理，不同类型的数据其计算方式有所不同，因此，弄清楚各种数据类型是完成数据处理的首要条件。常用数据类型包括数值型、日期型、时间型、文本型、逻辑型等。数值型数据主要用于数值计算，计算结果是数值型数据或逻辑型数据。

文本型数据可用于连接、比较等运算，结果为文本型数据或逻辑型数据。日期型数据和时间型数据可参与加、减、比较运算，结果为日期型数据和时间型数据（或整数、逻辑型数据）。逻辑型数据的值为 TRUE 或 FALSE。在录入各种数据之前需要设置单元格格式，如图 8.2 所示。

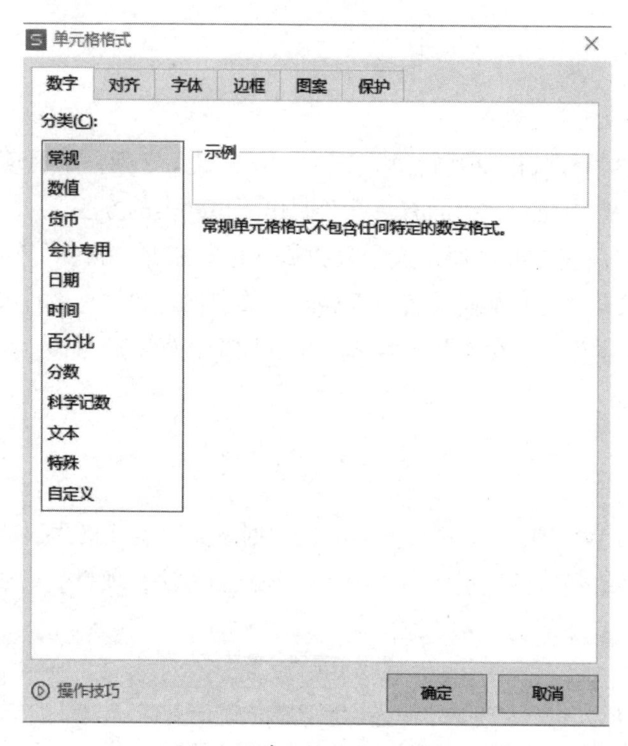

图 8.2 “单元格格式”对话框

想一想：区分数据类型对后续的数据处理有何意义?

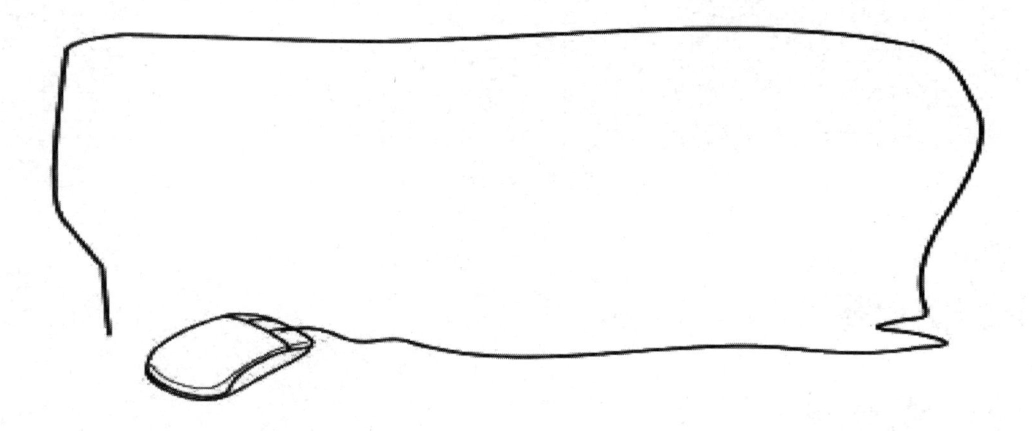

8.2 数据转换

由于数据类型存在差异，所以采用的数据处理方法也有所不同。WPS 表格中的数字既可以作为数值型数据进行处理，也可以作为文本型数据进行处理。将文本型数字转换为数

值型数字有以下 3 种方法。

1．对于单元格区域中的文本型数字，以文本型数字所在的单元格为活动单元格的选择区域，单击左侧感叹号（!）右侧的下拉按钮，在下拉列表中选择“转换为数字”选项即可，如图 8.3 所示。

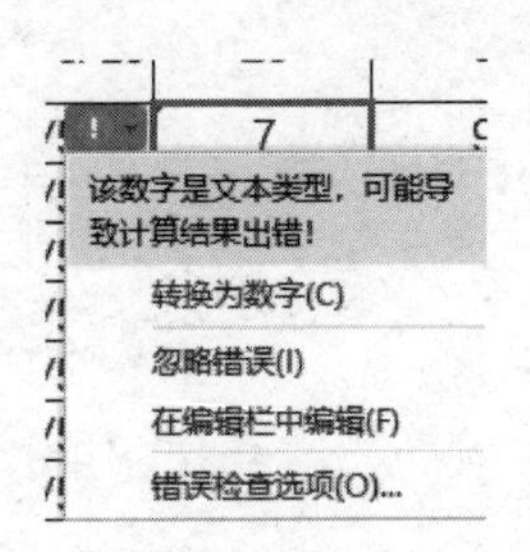

图 8.3　选择“转换为数字”选项

2．对于整列单元格中的文本型数字，选中该列，单击“数据”选项卡中的“分列”按钮，弹出如图 8.4 所示的对话框，单击“下一步”按钮，弹出如图 8.5 所示的对话框，不勾选分隔符号选区中的所有复选框，单击“下一步”按钮，弹出如图 8.6 所示的对话框，单击“完成”按钮。

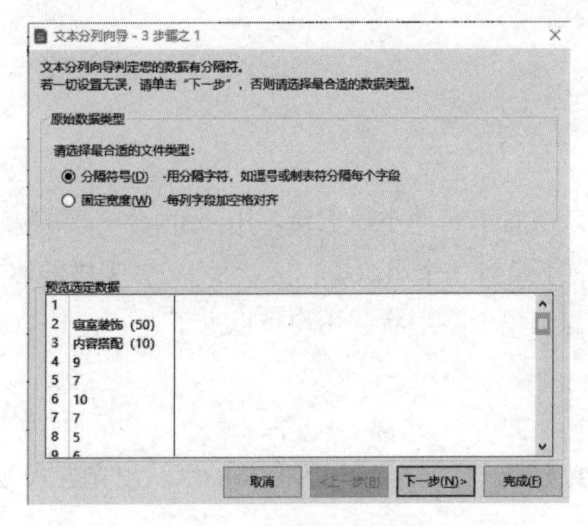

图 8.4　“文本分列向导 -3 步骤之 1”对话框

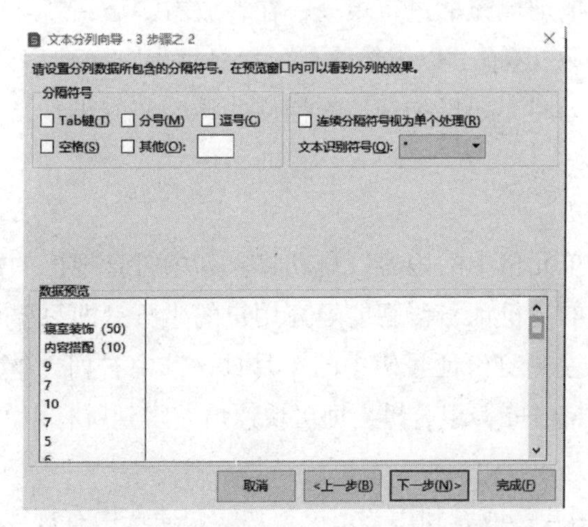

图 8.5　“文本分列向导 -3 步骤之 2”对话框

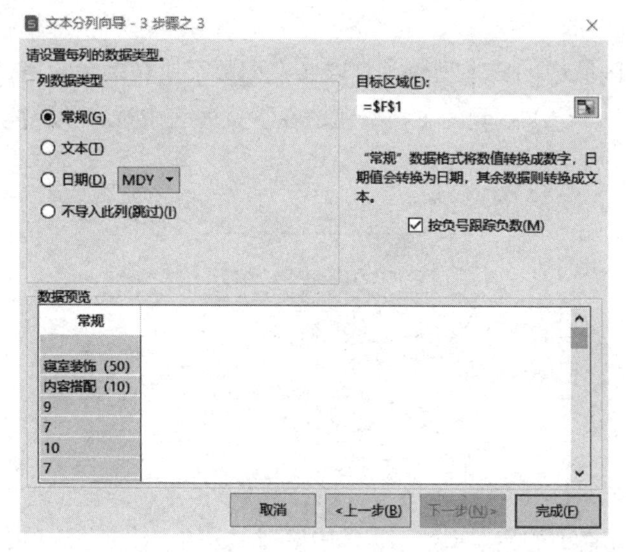

图 8.6 “文本分列向导 -3 步骤之 3”对话框

3．使用 Value 函数可将文本型数字转换为数值型数字，格式为 Value(text)，如 =VALUE("98")。

8.3 填充

1. 填充柄的应用

填充柄是位于选定区域右下角的小绿方块。用户选择单元格区域后，所选区域四周的边框就会加粗，而在其右下角有一个小绿块，这就是 WPS 表格的填充柄。将鼠标指针指向填充柄时，鼠标指针变为细黑十字形状，用户可以上下左右拖动填充柄。填充柄主要用于填充序列、复制公式。

（1）左键填充

按住鼠标左键拖动填充柄进行填充，WPS 表格的默认填充方式为以序列填充。

（2）右键填充

如果按住鼠标右键拖动填充柄进行填充，在释放右键后，就会弹出一个快捷菜单，这个菜单中除了常规的选项，还有“以天数填充”“以月填充”“等比序列”“等差序列”等选项。当选择区域为多行或多列时，如果拖动填充柄使选择区域变小，其作用相当于清除多余单元格中的数据。

2. 智能填充

根据右列的第一个单元格中的内容，自动将左列中符合规律的数据提取出来填充到右列中。例如，根据用户的身份证号码智能填充用户的生日，即只要在身份证号码列的右列的第一个单元格中输入左侧身份证号码中的年月日，选中右列，单击“数据”选项卡中的“智能填充”按钮或按“Ctrl+E”组合键，即可快速填充得到所有用户的生日。

3. 批量填充

先使用“Ctrl+D”组合键或者利用“定位”功能快速选中有规律的单元格，再进行批量

填充。

4. **自定义序列**

用户可以根据实际需要自定义序列，并利用填充柄填充此序列数据。如果自定义如图 8.7 所示的“一月份，……”序列，可在菜单栏中选择“文件”→“工具”→“选项”选项，弹出“选项”对话框，在左侧的列表中选择“自定义序列”选项，在右侧的“输入序列”文本框中输入序列值，单击“添加”按钮。

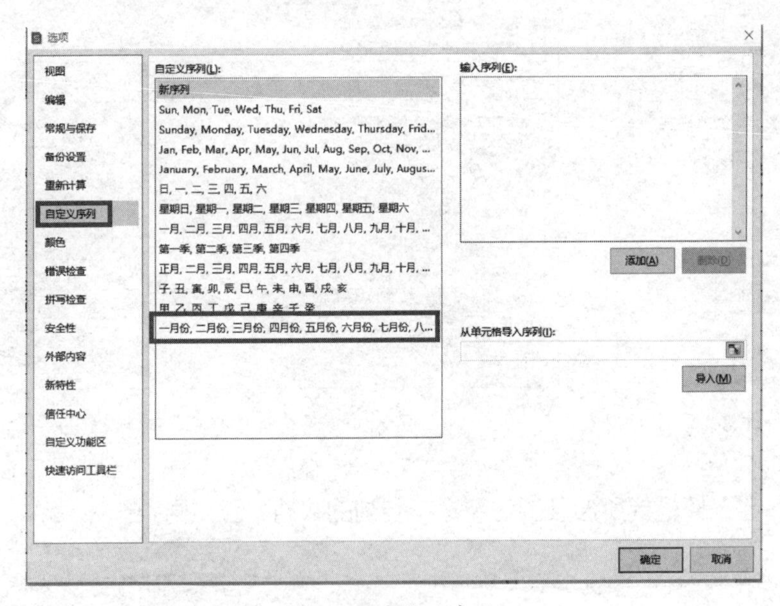

图 8.7　自定义序列

议一议：对比各种填充方式，讨论它们的适用场合。

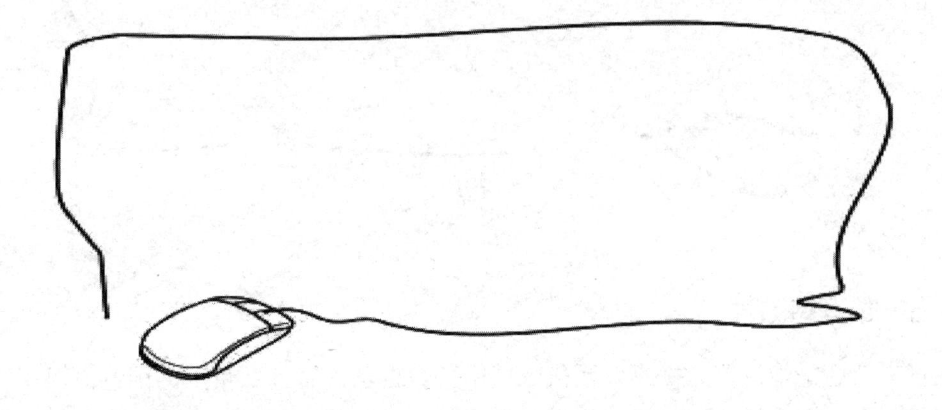

8.4　条件格式

当表格中的数据太多，要查找的数据因不明显而不易找到时，可以通过条件格式准确快速地找到需要的数据。条件格式是指将满足条件的数据设置成相应的格式以突出显示。

单击“开始”选项卡中的“条件格式”下拉按钮，弹出如图 8.8 所示的下拉列表，选择“新建规则”选项，弹出如图 8.9 所示的对话框，根据实际需要设置相应的格式规则。

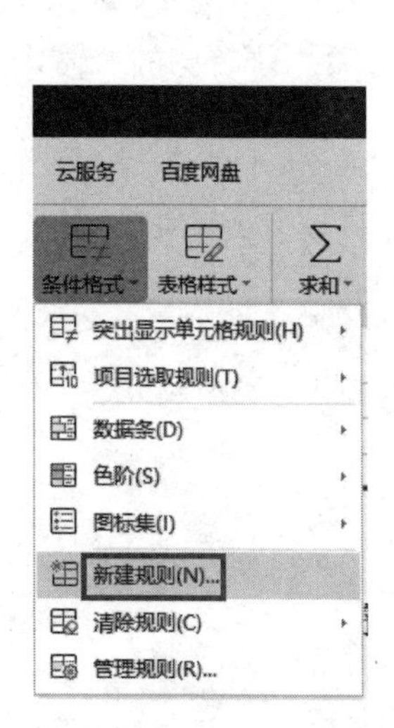

图 8.8 “条件格式”下拉列表

图 8.9 “新建格式规则”对话框

想一想：若条件格式所涉及的对象是不同列的数据，应如何操作？

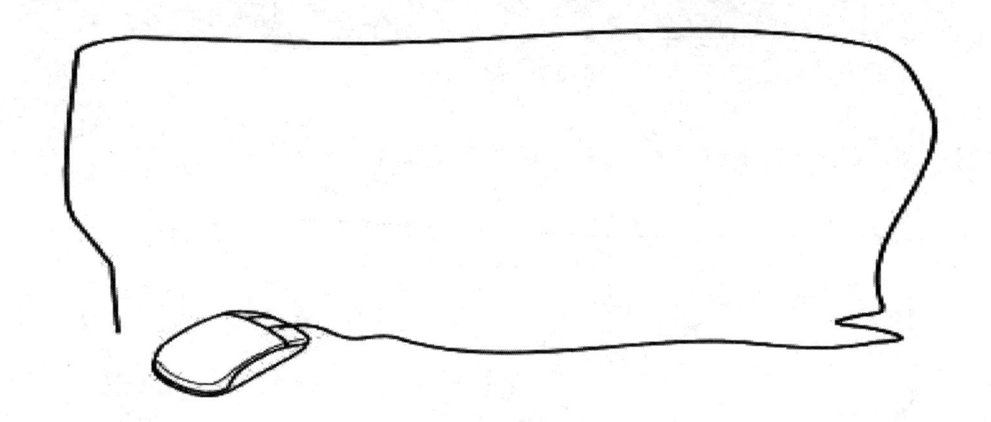

8.5 数据有效性

数据有效性是指对单元格或单元格区域中的数据从内容到数量上的限制。对于符合条件的数据，允许用户输入；对于不符合条件的数据，则禁止用户输入。用户可以在输入数据前，预先设置数据有效性，以保证输入正确的数据。一般情况下，数据有效性不能检查已输入的数据。单击“数据”选项卡中的“有效性”按钮会弹出如图 8.10 所示的对话框，在“设置”选项卡中可以设置数据的有效性条件。

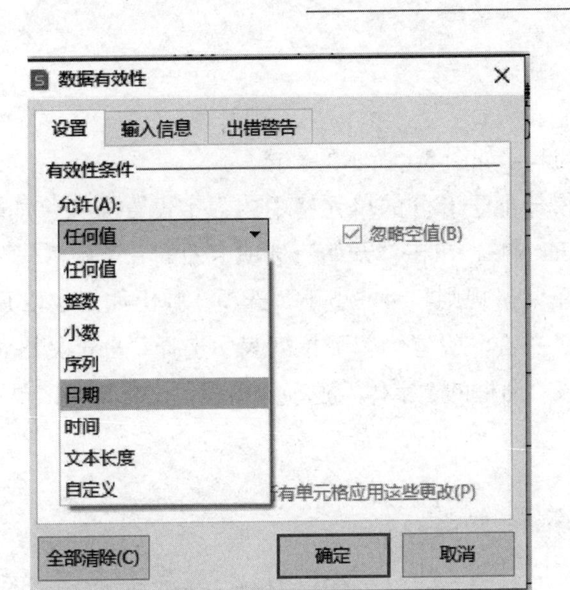

图 8.10　“数据有效性”对话框

8.6　下拉列表

下拉列表是指在单元格中设置的若干下拉选项，形如 2021/5/10 。单击“数据”选项卡中的“下拉列表”按钮，弹出如图 8.11 所示的对话框，添加下拉选项，单击“ ”按钮后再单击“确定”按钮。

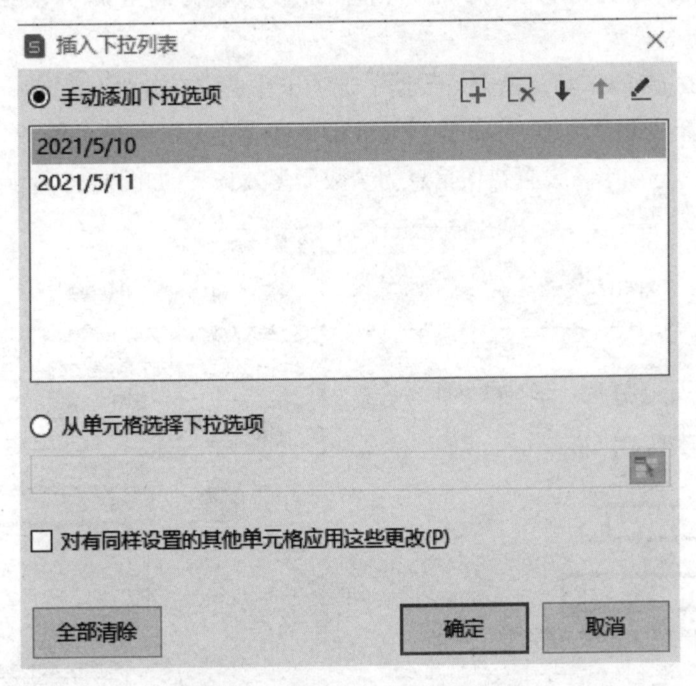

图 8.11　“插入下拉列表”对话框

主要步骤

说明：以下步骤均基于如图 8.1 所示的表格。

步骤 1：将单项得分低于 6 分的单元格中的数字设置为红色加粗

选中单元格区域 F4:N43，单击“开始”选项卡中的“条件格式”下拉按钮，在下拉列表中选择“突出显示单元格规则”→“小于”选项，弹出如图 8.12 所示的对话框，在左侧的文本框中输入“6”，并在“设置为”下拉列表中选择“自定义格式”选项，弹出“单元格格式”对话框，在该对话框的“字体”选项卡中设置文字格式，单击“确定”按钮。

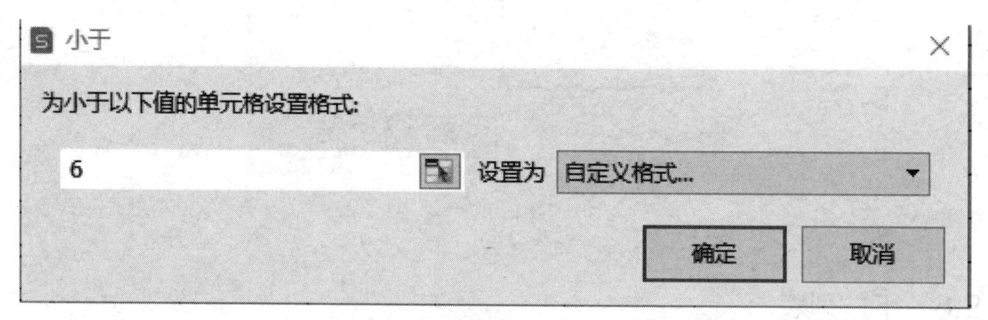

图 8.12 “小于”对话框

步骤 2：将“内容搭配（10）”列中的文本数字转换为数值数字

选中 F 列，参照图 8.3～图 8.6，将文本数字转换为数值数字。

步骤 3：将每列的得分（“附加”列不计）设置为 0 至满分，否则提示“数据无效！”

选中单元格区域 F4:N43，单击“数据”选项卡中的“有效性”按钮，弹出“数据有效性”对话框，选择“设置”选项卡，设置有效性条件为介于 0～10 的整数，如图 8.13 所示，选择“出错警告”选项卡，设置错误信息为“数据无效！”，如图 8.14 所示。

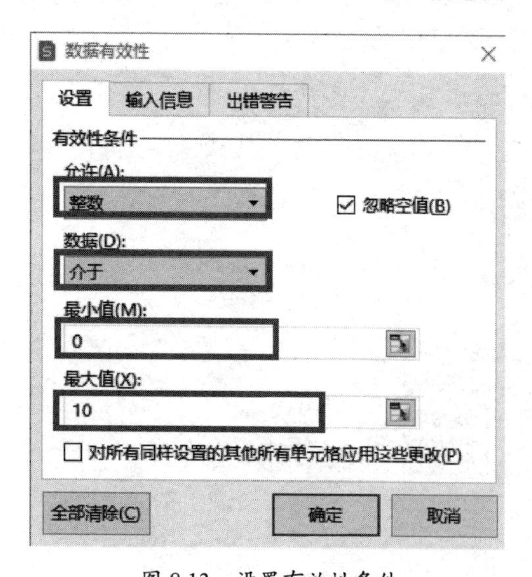

图 8.13 设置有效性条件

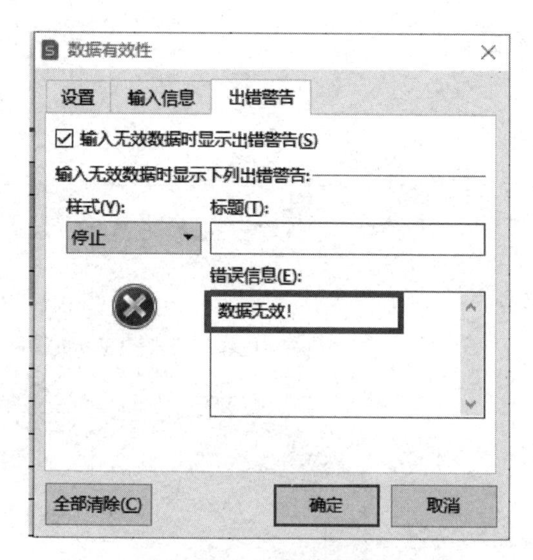

图 8.14 设置出错警告

选中单元格区域 I4:I43，修改其数据有效性设置，将有效性条件设置为介于 0 ～ 20 的整数，如图 8.15 所示。

数据有效性

设置　输入信息　出错警告

有效性条件

允许(A):

整数　☑ 忽略空值(B)

数据(D):

介于

最小值(M):

0

最大值(X):

20

☐ 对所有同样设置的其他所有单元格应用这些更改(P)

全部清除(C)　确定　取消

图 8.15　修改有效性条件

重难点笔记区：

步骤 4：将检查日期设置为下拉列表

微课视频

选中单元格区域 E4:E43，单击“数据”选项卡中的“下拉列表”按钮，弹出如图 8.11 所示的对话框，添加下拉选项：2021/5/10、2021/5/11，单击“+”按钮后再单击“确定”按钮。

步骤 5：将前 5 名的总分的文字格式设置为红色加粗

选中单元格区域 P4:P43，单击“开始”选项卡中的“条件格式”下拉按钮，在下拉列表中选择“项目选取规则”→“前 10 项”选项，弹出“前 10 项”对话框，如图 8.16 所示，在文本框中输入“5”，并在“设置为”下拉列表中选择“自定义格式”选项，弹出“单元格格式”对话框，在该对话框的“字体”选项卡中设置文字为红色加粗。

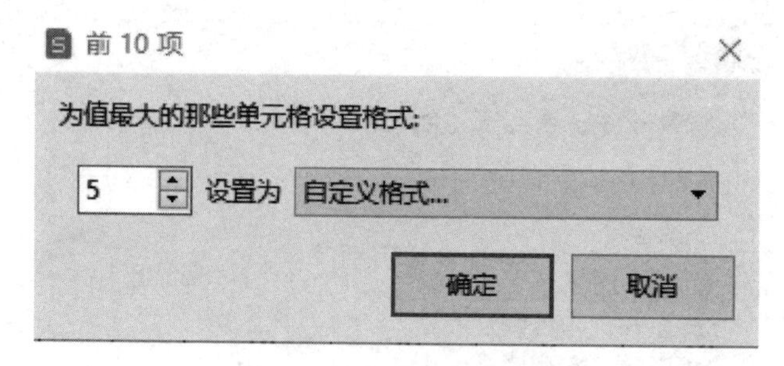

图 8.16 “前 10 项”对话框

步骤 6：填充检查日期

按住鼠标右键拖动单元格 E4 的填充柄到单元格 E22，释放右键后，在弹出的快捷菜单中选择“复制单元格”选项；按住鼠标右键拖动单元格 E23 的填充柄到单元格 E43，释放右键后，在弹出的快捷菜单中选择“复制单元格”选项。

步骤 7：将 L 列中的空值填充为 0

选中单元格区域 L4:L43，按“Ctrl+G”组合键弹出“定位”对话框，选中“空值”单选按钮，如图 8.17 所示，单击“定位”按钮，输入“0”，然后按“Ctrl+Enter”组合键结束操作。

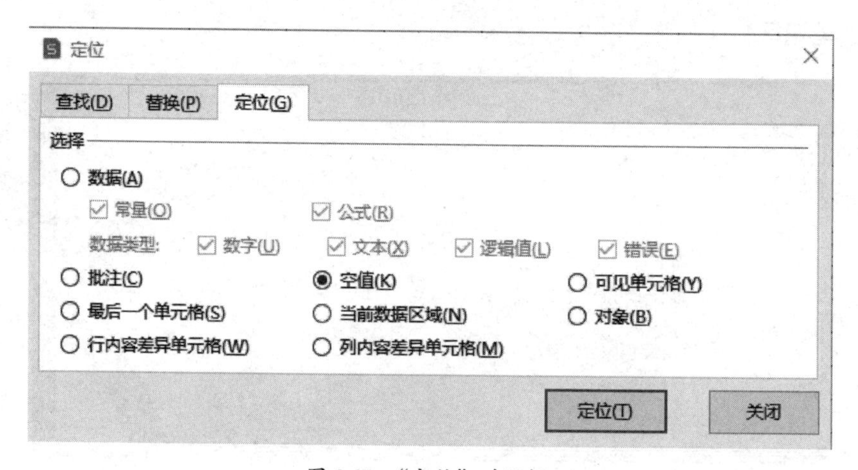

图 8.17 “定位”对话框

步骤 8：根据寝室长信息分别智能填充寝室长的姓名与手机号码

在 C4 单元格中输入“李翔”，选中单元格区域 C4:C43，单击“数据”选项卡中的“智能填充”按钮；在 D4 单元格中输入“13587676799”，单击“数据”选项卡中的“智能填充”按钮。

步骤 9：自定义序列

在菜单栏中选择“文件”→“工具”→“选项”选项，弹出“选项”对话框，在左侧的列表中选择“自定义序列”选项，在右侧的“输入序列”文本框中输入

微课视频

序列值，单击“添加”按钮即可完成相关设置，如图 8.18 所示。

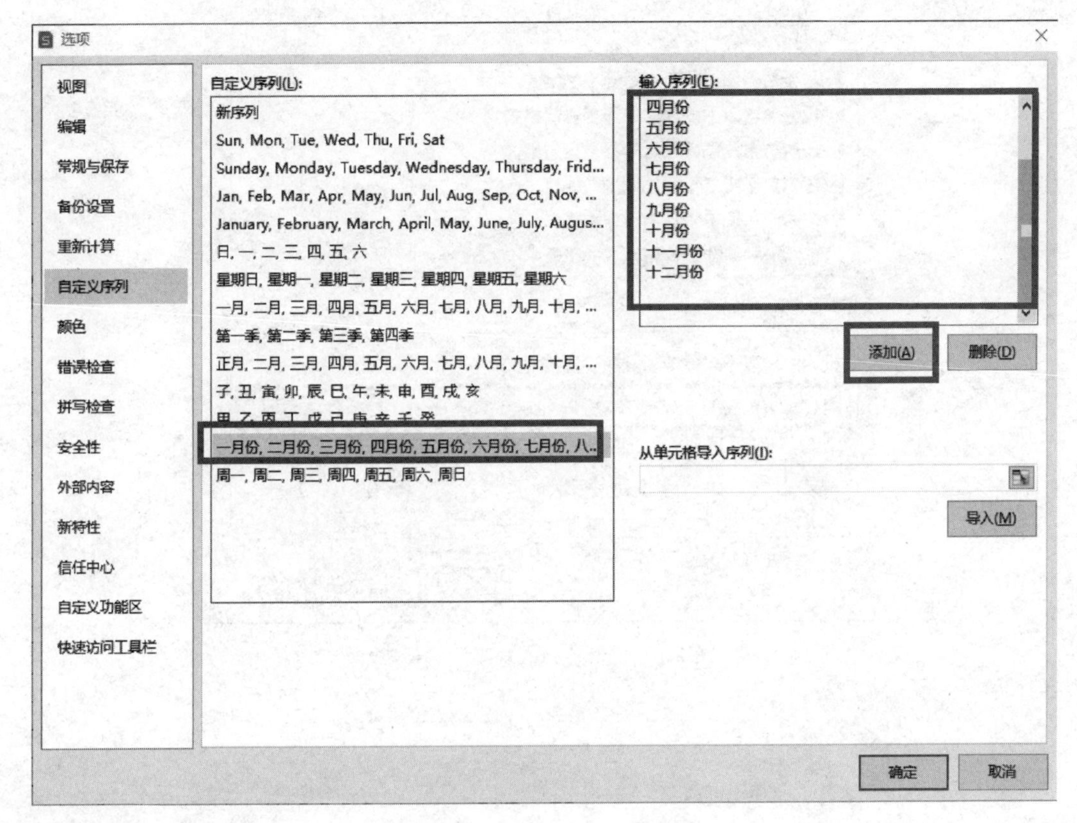

图 8.18　添加自定义序列

项目拓展

设置条件格式时，如果遇到条件涉及的单元格与格式涉及的单元格不同，则需要使用公式进行条件设置，如将满分的得分设置为蓝色、加粗，操作步骤如下。

首先，选中单元格区域 F4:N43，单击“开始”选项卡中的“条件格式”下拉按钮，在下拉列表中选择“新建规则”选项，弹出如图 8.19 所示的对话框；其次，选择“使用公式确定要设置格式的单元格”选项，在“只为满足以下条件的单元格设置格式”编辑框中输入公式“=IF(COLUMN()=9,IF(F4=20,TRUE,FALSE),IF(F4=10,TRUE,FALSE))”；再次，单击“格式”按钮，弹出如图 8.20 所示的对话框，在“字体”选项卡中将文字格式设置为“粗体”“蓝色”，单击“确定”按钮，返回如图 8.19 所示的对话框；最后，单击该对话框中的“确定”按钮，完成条件格式的设置。

微课视频

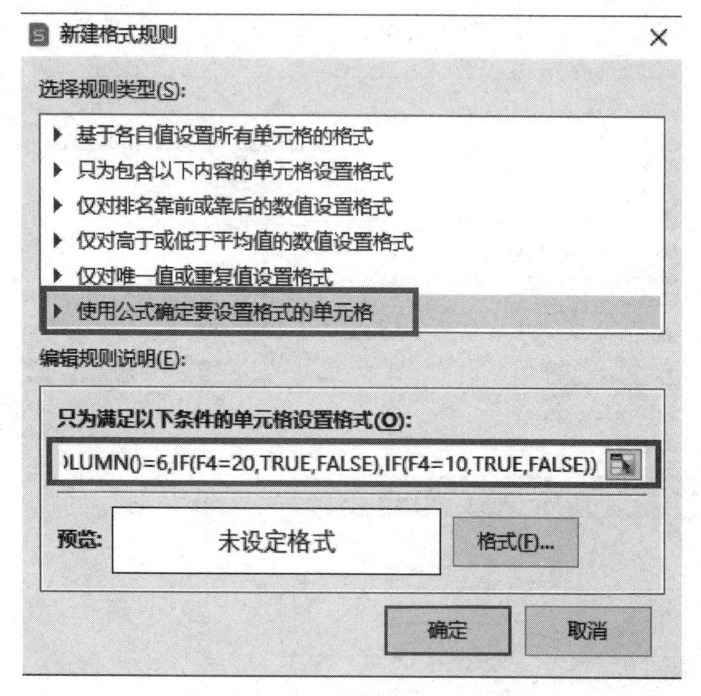

图 8.19 “新建格式规则”对话框

图 8.20 “单元格格式”对话框

动一动：试动手完成项目拓展中的操作内容。

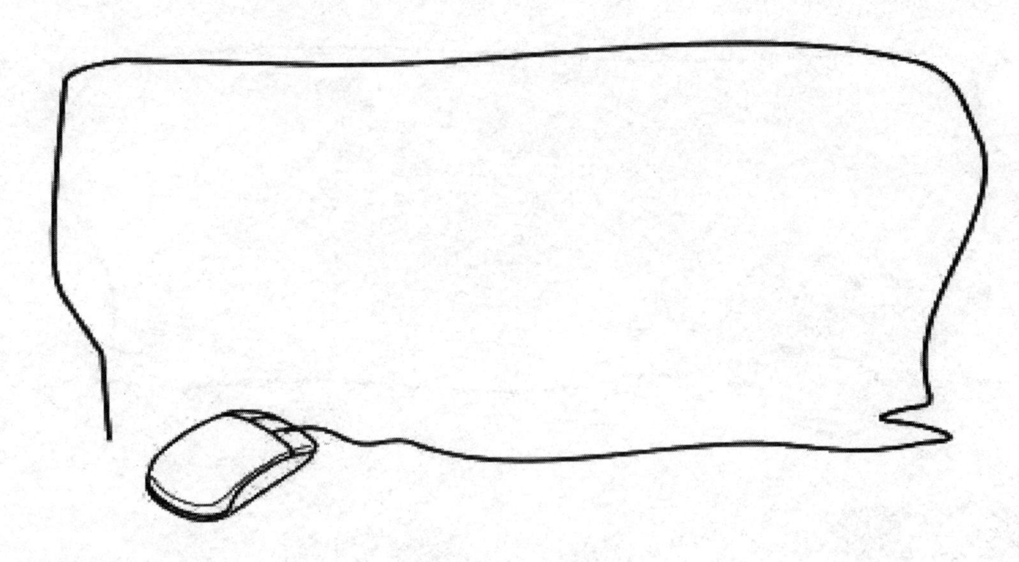

项目小结

对于住宿制的学校，学校通常会开展星级寝室评比，评比内容包含很多方面，学校会对评比分数进行多个角度的统计与分析。因此，本项目以星级寝室评比为背景具有重要的现实意义。

通过本项目的学习，能够使学生掌握 WPS 表格的基本功能，了解数据的类型及其转换方法，掌握填充柄的使用方法，能够使用智能填充功能；能够设置条件格式，能够设置数据有效性。

本项目的知识元素、技能元素、思政元素小结思维导图如图 8.21 所示。

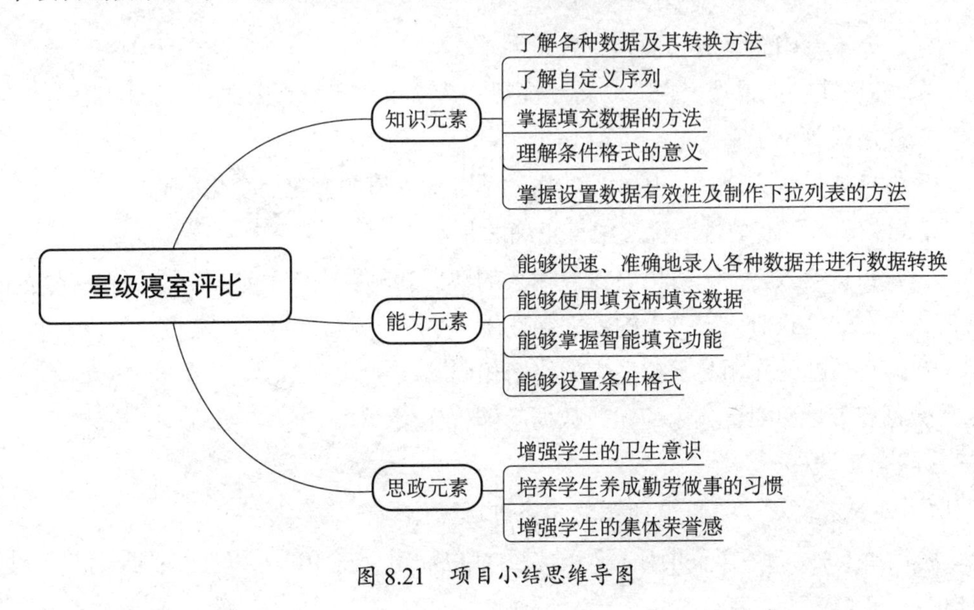

图 8.21　项目小结思维导图

问一问：本项目学习结束了，你还存在哪些疑问？

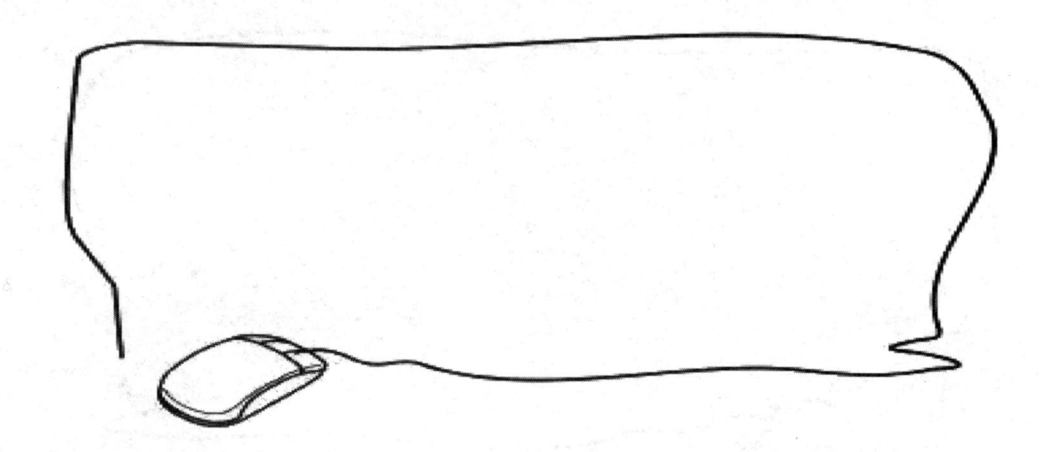

综合练习

一、单项选择题

1. 下列式子中，结果为 TRUE 的是（　　）。

A. C2>80　　B. "33">"5"　　C. 21>19　　D. "张"< "王"

2. 下列关于填充柄的说法中，正确的是（　　）。

A. 可以用鼠标左键双击填充柄填充数据

B. 按住鼠标左键拖动填充柄与按住鼠标右键拖动填充柄所实现的功能是一样的

C. 将鼠标指针移到填充柄上，指针变为空心十字形状

D. 单击填充柄也能完成数据填充

3. 下列关于条件格式的说法中，正确的是（　　）。

A. 条件格式与格式设置相似，与公式无关

B. “条件格式”下拉列表中的“新建规则”选项可用于设置公式

C. 条件格式等价于筛选

D. 条件格式设置完成后，其数据的格式不会随其值的变化而变化

4. 下列关于数据有效性的说法中，正确的是（　　）。

A. 设置数据有效性后，可以将已经输入的数据和将要输入的数据都控制在有效范围内

B. 数据有效性只对尚未录入的数据起作用

C. 数据有效性的作用与下拉列表的作用相同

D. 数据有效性只对已输入的无效数据起警告作用

二、综合实践题

按照下列要求，对如图 8.22 所示的表格进行操作。

1. 将低于 60 元的“车辆消耗费”设置为红色加粗，将 100 元以上的“报销费”设置为蓝色加粗。

2．将 I 列中的文本数字转换为数值数字。

3．将“所在部门”设置为业务部、宣传部、策划部、营销部、人力资源部，否则提示“数据无效！”。

4．将“使用原因”设置为下拉列表（下拉列表选项为“公事”和“私事”）。

5．将“使用原因”为“私事”的数据行的文字格式设置为红色加粗。

6．将 J 列中的空值填充为 0（批量填充）。

7．智能填充：根据“车号”智能填充“车牌数字”。

	A	B	C	D	E	F	G	H	I	J	K
1	公司车辆使用管理表										
2	车号	车牌数字	使用者	所在部门	使用原因	使用日期	开始使用时间	交车时间	车辆消耗费	报销费	驾驶员补助费
3	鲁F 45672		尹南	业务部	公事	2005/2/1	8:00	15:00	80.00	80.00	0.00
4	鲁F 45655		陈露	业务部	公事	2005/2/3	14:00	20:00	60.00	60.00	0.00
5	鲁F 56789		陈露	业务部	公事	2005/2/5	9:00:00	18:00	90.00	90.00	30.00
6	鲁F 67532		尹南	业务部	公事	2005/2/3	12:20	15:00	30.00	30.00	0.00
7	鲁F 67532		尹南	业务部	公事	2005/2/7	9:20	21:00	120	120	90.00
8	鲁F 81816		陈露	业务部	公事	2005/2/1	8:00	21:00	130	130	150.00
9	鲁F 81816		陈露	业务部	公事	2005/2/2	8:00	18:00	60.00	60.00	60.00
10	鲁F 36598		杨清清	宣传部	公事	2005/2/2	8:30	17:30	60.00	60.00	0.00
11	鲁F 36598		杨清清	宣传部	公事	2005/2/4	14:30	19:20	50.00	50.00	0.00
12	鲁F 36598		杨清清	宣传部	公事	2005/2/6	9:30	11:50	30.00	30.00	0.00
13	鲁F 45672		杨清清	宣传部	公事	2005/2/7	13:00	20:00	70.00	70.00	0.00
14	鲁F 56789		沈沉	宣传部	公事	2005/2/6	10:00	12:30	70.00	70.00	0.00
15	鲁F 67532		沈沉	宣传部	公事	2005/2/6	14:00	17:50	20.00	20.00	0.00
16	鲁F 81816		柳晓琳	宣传部	公事	2005/2/6	8:00	17:30	90.00	90.00	30.00
17	鲁F 36598		乔小麦	营销部	公事	2005/2/3	7:50	21:00	100.00	100.00	150.00
18	鲁F 56789		乔小麦	营销部	公事	2005/2/7	8:00	20:00	120.00	120.00	120.00
19	鲁F 67532		乔小麦	营销部	公事	2005/2/1	10:00	19:20	50.00	50.00	30.00
20	鲁F 36598		江雨薇	人力资源部	公事	2005/2/1	9:30	12:00	30.00	30.00	0.00
21	鲁F 45672		江雨薇	人力资源部	私事	2005/2/4	13:00	21:00	80.00		0.00
22	鲁F 81816		江雨薇	人力资源部	私事	2005/2/7	8:30	15:00	70.00		0.00
23	鲁F 45672		邱月清	策划部	私事	2005/2/2	9:20	11:50	10.00		0.00
24	鲁F 45672		邱月清	策划部	私事	2005/2/6	8:00	20:00	120.00		120.00

图 8.22　车辆管理实践表格

项目 9　疫情捐赠物品统计

学习目标

知识目标：理解排序的意义，理解数据筛选的意义，理解分类汇总的意义，理解数据透视表的意义，理解合并数据的意义，掌握图表的基本功能。

能力目标：能够完成基本排序与自定义排序，能够完成自动筛选与高级筛选，能够完成多级分类汇总，能够制作功能丰富的图表、透视表，能够实现多工作表、多工作簿的数据合并。

思政目标：增强学生的健康意识，感受社会关爱，培养大爱情怀。

项目效果

本项目主要介绍 WPS 表格中的排序（见图 9.1）、筛选（见图 9.2）、分类汇总（见图 9.3）、数据透视表（见图 9.4）、图表（见图 9.5）、数据合并（见图 9.6）等功能。读者掌握上述功能后，要对相关数据进行分析与处理。

	A	B	C	D	E
1	疫情捐赠物资表				
2	捐赠城市	捐赠物品	捐赠单位	捐赠月份	捐赠数量
3	天津	呼吸机	社会企业	1	100
4	北京	消毒湿巾	社会企业	1	300
5	天津	医用护目镜	区慈善机构	1	300
6	北京	消毒湿巾	社会企业	1	500
7	天津	医用护目镜	社会企业	1	600
8	天津	医用外科口罩	人民医院	1	650
9	天津	连体防护服	区慈善机构	1	800
10	重庆	N95口罩	区慈善机构	1	1000
11	天津	N95口罩	区慈善机构	1	1000
12	天津	呼吸机	社会企业	2	100
13	天津	呼吸机	区慈善机构	2	200
14	北京	N95口罩	人民医院	2	400
15	上海	N95口罩	人民医院	2	600
16	上海	呼吸机	区慈善机构	2	600
17	北京	N95口罩	区慈善机构	2	800
18	重庆	N95口罩	区慈善机构	2	1200
19	天津	呼吸机	社会企业	3	100
20	上海	医用护目镜	人民医院	3	140
21	重庆	红外线体温仪	社会企业	3	200
22	天津	75%酒精消毒液	社会企业	3	300
23	重庆	连体防护服	社会企业	3	600
24	天津	75%酒精消毒液	人民医院	4	100
25	天津	红外线体温仪	区慈善机构	4	200
26	天津	红外线体温仪	社会企业	4	200
27	天津	医用护目镜	区慈善机构	4	200
28	上海	医用护目镜	社会企业	4	200
29	天津	N95口罩	人民医院	4	400
30	重庆	医用护目镜	社会企业	4	420
31	天津	医用外科口罩	社会企业	4	500
32	天津	医用外科口罩	人民医院	4	1600
33	重庆	医用外科口罩	社会企业	4	1600
34	天津	N95口罩	区慈善机构	4	3000
35	天津	连体防护服	人民医院	5	50
36	天津	呼吸机	社会企业	5	100
37	北京	连体防护服	人民医院	5	300
38	重庆	红外线体温仪	社会企业	5	400
39	北京	消毒湿巾	人民医院	5	500
40	天津	红外线体温仪	区慈善机构	5	600
41	天津	消毒湿巾	区慈善机构	5	600
42	北京	医用外科口罩	区慈善机构	5	800

图 9.1　排序

	A	B	C	D	E
1	疫情捐赠物资表				
2	捐赠城市	捐赠物品	捐赠单位	捐赠月份	捐赠数量
27	天津	红外线体温	区慈善机构	5	600
38	天津	呼吸机	社会企业	5	100
45	天津	连体防护服	人民医院	5	50
54	天津	消毒湿巾	区慈善机构	5	600
75					

图 9.2　筛选

	A	B	C	D	E
1	疫情捐赠物资表				
2	捐赠城市	捐赠物品	捐赠单位	捐赠月份	捐赠数量
3	北京	消毒湿巾	社会企业	1	300
4	北京	消毒湿巾	社会企业	1	500
5	天津	呼吸机	社会企业	1	100
6	天津	医用护目镜	区慈善机构	1	300
7	天津	医用护目镜	社会企业	1	600
8	天津	医用外科口罩	人民医院	1	650
9	天津	连体防护服	区慈善机构	1	800
10	天津	N95口罩	区慈善机构	1	1000
11	重庆	N95口罩	区慈善机构	1	1000
12				1 汇总	5250
13	北京	N95口罩	人民医院	2	400
14	北京	N95口罩	区慈善机构	2	800
15	上海	N95口罩	人民医院	2	600
16	上海	呼吸机	区慈善机构	2	600
17	天津	呼吸机	社会企业	2	100
18	天津	呼吸机	区慈善机构	2	200
19	重庆	N95口罩	区慈善机构	2	1200
20				2 汇总	3900
21	上海	医用护目镜	人民医院	3	140
22	天津	呼吸机	社会企业	3	100
23	天津	75%酒精消毒	社会企业	3	300
24	重庆	红外线体温仪	社会企业	3	200
25	重庆	连体防护服	社会企业	3	600
26				3 汇总	1340
27	上海	医用护目镜	社会企业	4	200
28	天津	75%酒精消毒	人民医院	4	100
29	天津	红外线体温仪	区慈善机构	4	200
30	天津	红外线体温仪	社会企业	4	200
31	天津	医用护目镜	区慈善机构	4	200
32	天津	N95口罩	人民医院	4	400
33	天津	医用外科口罩	社会企业	4	500
34	天津	医用外科口罩	人民医院	4	1600
35	天津	N95口罩	区慈善机构	4	3000
36	重庆	医用护目镜	社会企业	4	420
37	重庆	医用外科口罩	社会企业	4	1600
38				4 汇总	8420
39	北京	连体防护服	人民医院	5	300
40	北京	消毒湿巾	人民医院	5	500
41	北京	医用外科口罩	区慈善机构	5	800
42	天津	连体防护服	人民医院	5	50

图 9.3　分类汇总

求和项:捐赠数量	捐赠月份											
捐赠物品	1	2	3	4	5	6	7	8	9	10	11	总计
75%酒精消毒液			300	100			150		400	320		1270
N95口罩	2000	3000		3400		2000	600		800	1100	2000	14900
红外线体温仪			200	400	1000		700	1400	3800	150		7650
呼吸机	100	900	100		100	400	100				700	2400
连体防护服	800		600		350	200		600	200	500		3250
消毒湿巾	800				1100			240			200	2340
医用护目镜	900		140	820		400		100	100	100		2560
医用外科口罩	650			3700	800	600				150	500	6400
总计	5250	3900	1340	8420	3350	3600	1550	2340	5300	2320	3400	40770

图 9.4　数据透视表

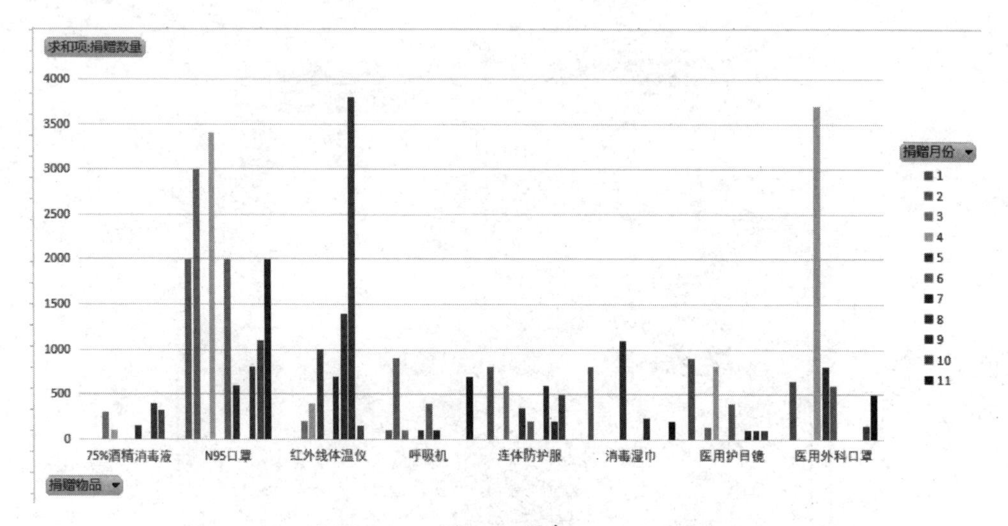

图 9.5　图表

71	重庆	红外线体温仪	人民医院	9	3800
72	重庆	医用护目镜	区慈善机构	10	100
73	重庆	75%酒精消毒液	区慈善机构	10	120
74	重庆	N95口罩	区慈善机构	11	1100
75					

Sheet1　Sheet2　Sheet3　Sheet4　+

图 9.6　数据合并

知识技能

9.1　排序

排序是指将用户指定的数据行或列按照数值大小、字母先后等顺序进行排列。排序分为基本排序与自定义排序。排序的默认规则如下。

（1）数字：从最小的负数到最大的正数进行排序。

（2）字母：按字母先后顺序进行排序。

（3）在按字母先后顺序对文本项进行排序时，会从左到右逐字符进行排序。

（4）文本及包含数字的文本，按 ASCII 字符次序排序。

（5）撇号（'）和连字符（-）会被忽略。

（6）特殊情况：如果两个文本字符串除了连字符不同，其余都相同，则带连字符的文本排在后面。

基本排序的操作步骤如下。

1. 在需要排序的数据列中单击任一单元格。

2. 单击“开始”选项卡中的“排序”下拉按钮，在下拉列表中选择“升序”或“降序”选项。

注意：如果选中单列数据进行此操作，则只会对该列中的数据进行排序，这样会破坏行内数据之间的关系。

自定义排序的操作步骤如下。

1．在需要排序的数据列中单击任一单元格。

2．单击“数据”选项卡中的“排序”下拉按钮，在下拉列表中选择“自定义排序”选项，弹出“排序”对话框，如图 9.7 所示。

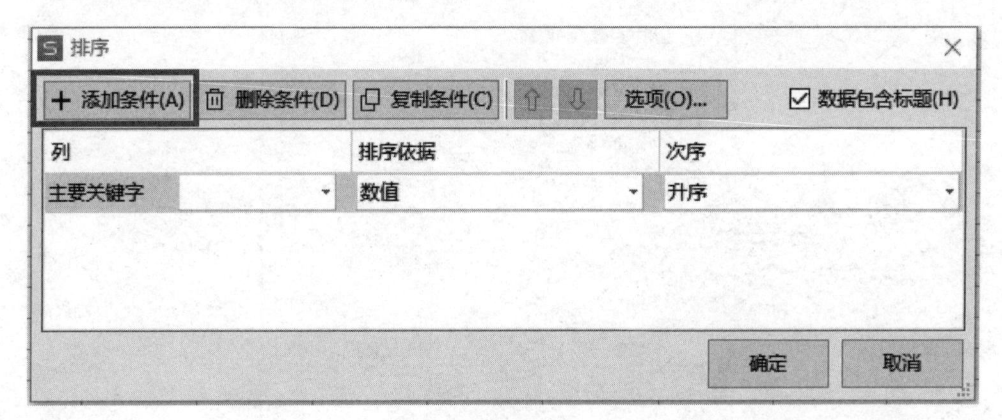

图 9.7 “排序”对话框

3．单击该对话框中的“添加条件”按钮，设置“主要关键字”“次要关键字”等，每个关键字都可以在“次序”下拉列表中选择“升序”“降序”或“自定义序列”选项。

为防止表格中的标题也参加排序，可以勾选“数据包含标题”复选框。

9.2 筛选

自动筛选是查找和处理表格中数据子集的快捷方法。与排序不同，筛选不会对数据行的顺序进行调整，只会暂时隐藏不需要显示的行。自动筛选允许输入筛选条件，根据这些条件把不符合要求的数据行都隐藏起来。自动筛选的操作步骤如下。

1．单击表格中的任一单元格。

2．单击“开始”选项卡中的“筛选”按钮，此时，工作表中的每个数据列的顶端均会出现下拉按钮，如图 9.8 所示。

疫情捐赠物资表				
捐赠城市	捐赠物品	捐赠单位	捐赠月份	捐赠数量
天津	医用外科口罩	人民医院	1	650

图 9.8 “筛选”下拉按钮

3．单击需要筛选的数据列顶端的下拉按钮，就会出现包含所有数据的下拉列表，如图 9.9 所示。如果筛选数字数据，则下拉列表中会有“前十项”“高于平均值”“低于平均值”等选项。

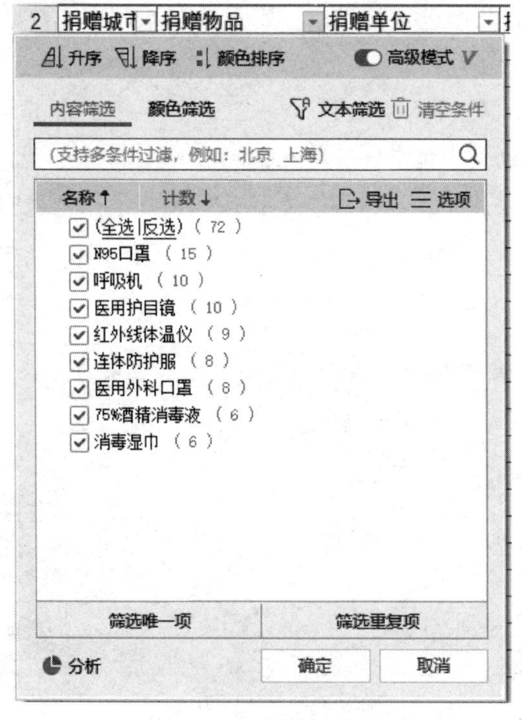

图 9.9　下拉列表

在自动筛选中，只有横向筛选条件为且的关系，而在高级筛选中，则有横向筛选条件为且的关系、纵向筛选条件为或的关系、横纵向混合筛选条件为且和或的关系。高级筛选的操作步骤如下。

单击“开始”选项卡中的“筛选”下拉按钮，在下拉列表中选择“高级筛选”选项，弹出“高级筛选”对话框，如图 9.10 所示。

高级筛选

方式

在原有区域显示筛选结果(F)

将筛选结果复制到其它位置(O)

列表区域(L):

条件区域(C):

复制到(T):

扩展结果区域，可能覆盖原有数据(V)

选择不重复的记录(R)

确定　取消

图 9.10　“高级筛选”对话框

在图 9.10 中，列表区域为数据区域，条件区域为一张自建条件的表格，横向筛选条件为且的关系，纵向筛选条件为或的关系，横纵向混合筛选条件为且和或的关系。如图 9.11 所示，该表格表示筛选“捐赠月份”为“1”，并且“捐赠单位”等于“社会企业”的数据，同时，“捐赠数量”如果“>500”也会被筛选出来，因为纵向行满足“或”的条件。

捐赠月份	捐赠单位	捐赠数量
1	社会企业	
		>500

图 9.11 “高级筛选”举例

微课视频

9.3 分类汇总

WPS 表格提供“分类汇总”功能，可以快速地对一张数据表进行汇总计算。当进行分类汇总时，WPS 表格会分级显示数据，以便为每个分类区域显示汇总数据和隐藏明细数据。分类汇总的操作步骤如下。

1．按分类汇总的字段进行排序，排序后，相同的记录被放在一起。

2．单击工作表中的任意单元格，如单击“捐赠城市”所在的单元格。

3．单击“数据”选项卡中的“分类汇总”按钮，弹出如图 9.12 所示的“分类汇总”对话框。

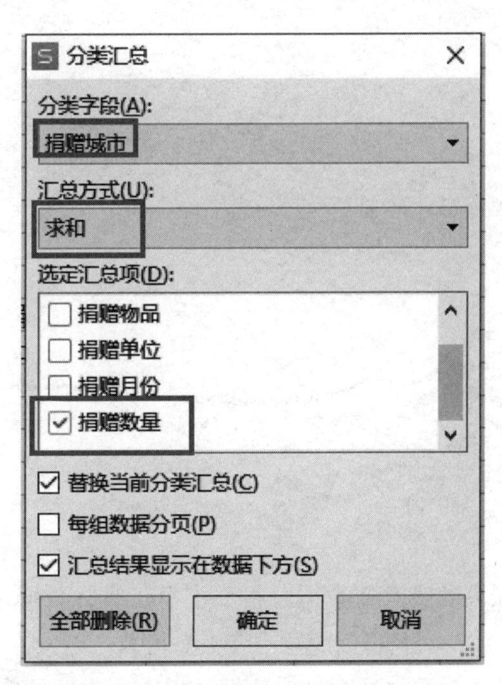

图 9.12 “分类汇总”对话框

4．在“分类汇总”对话框中，设置各参数项。

◆ 分类字段：选择需要分类的字段，该字段应与排序字段相同。

◆ 汇总方式：选择用于计算分类汇总的函数，如求和、求平均值等。

◆ 选定汇总项：选择与需要汇总计算的数值列对应的复选框。

5．使用分类汇总后窗口左侧的“1 级数据”按钮、“2 级数据”按钮、“3 级数据”按钮，以及“展开”按钮和“折叠”按钮查看各级汇总结果，如图 9.13 所示。

	A	B	C	D	E
2	捐赠城市	捐赠物品	捐赠单位	捐赠月份	捐赠数量
3	天津	75%酒精消毒液	社会企业	3	300
4	天津	75%酒精消毒液	人民医院	4	100
5	天津	75%酒精消毒液	人民医院	7	150
6	重庆	75%酒精消毒液	区慈善机构	9	400
7	重庆	75%酒精消毒液	区慈善机构	10	120
8	北京	75%酒精消毒液	区慈善机构	10	200
9		**75%酒精消毒液 汇总**			1270
10	重庆	N95口罩	区慈善机构	1	1000

图 9.13 “分类汇总”各级按钮

6．单击“分类汇总”对话框中的“全部删除”按钮可以取消分类汇总，这样就回到分类汇总前的状态。

动一动：将数据按照捐赠城市关键字进行排序，然后分类汇总不同城市的总捐赠数量。

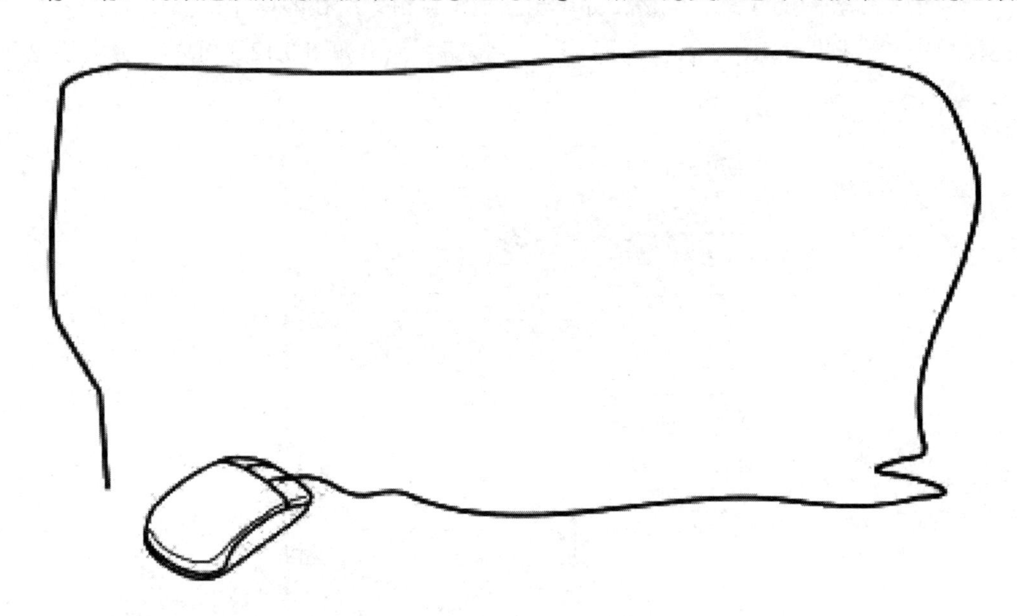

9.4 数据透视表

数据透视表是一种强大的交互式数据分析和汇总工具，数据透视表可以将一张明细表按行或列进行分类汇总显示，而且可以随意改变汇总模式。

制作数据透视表的操作步骤：选中创建数据透视表所需要的数据（包括标题行），单击“插入”选项卡中的“数据透视表”按钮，弹出“数据透视表”对话框，如图 9.14 所示。数据透视表的结构布局包括筛选器、行、列、值四部分，行、列表示分类的数据行、列，值表示汇总的数据列（默认为求和），筛选器表示整个数据透视表的筛选依据。在图 9.14 中，将各字段拖动到数据透视表布局的对应区域，完成数据透视表的初步设计。

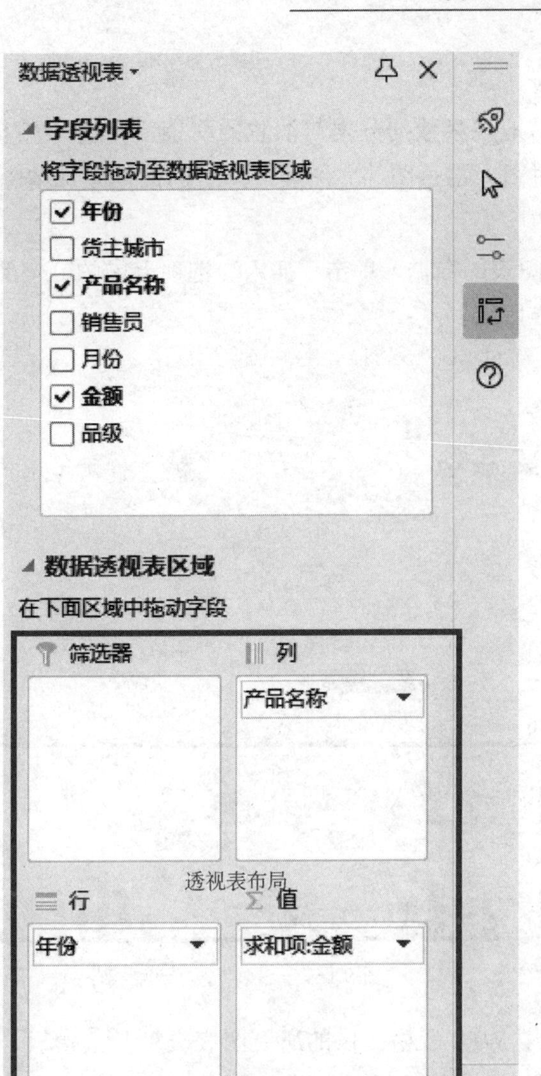

图 9.14 “数据透视表”对话框

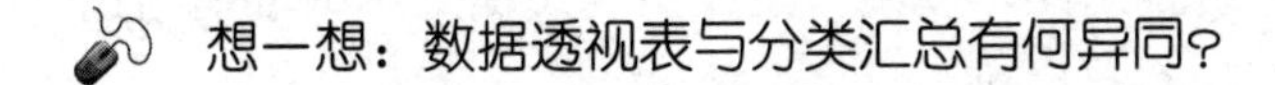
想一想：数据透视表与分类汇总有何异同？

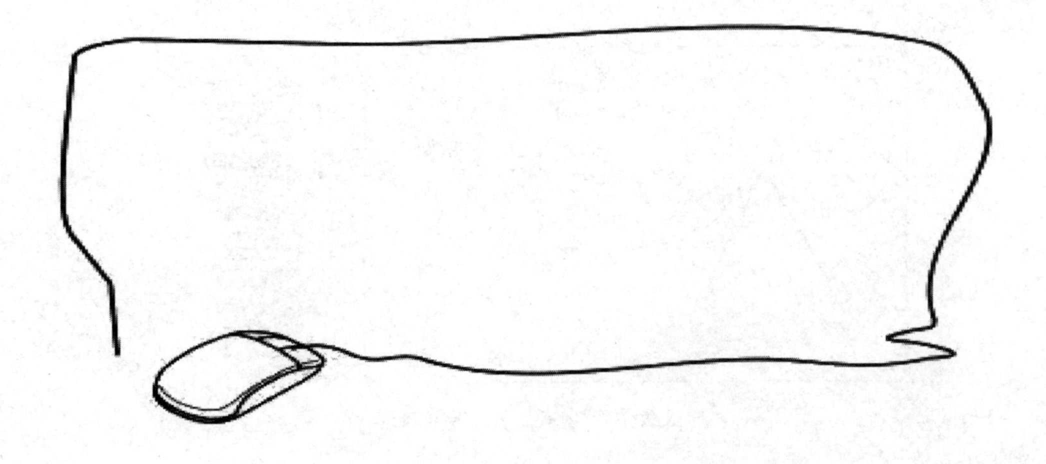

9.5 图表

为了让用户更容易地观察数据分类与汇总的明细，WPS 表格提供了多种类型的图表，如柱形图、折线图、饼图、雷达图等。图表汇总后的数据更加清晰，一目了然。图表创建步骤如下：

1．选中需要生成图表的数据，单击“插入”选项卡中的“全部图表”按钮，弹出“图表”对话框，如图 9.15 所示。

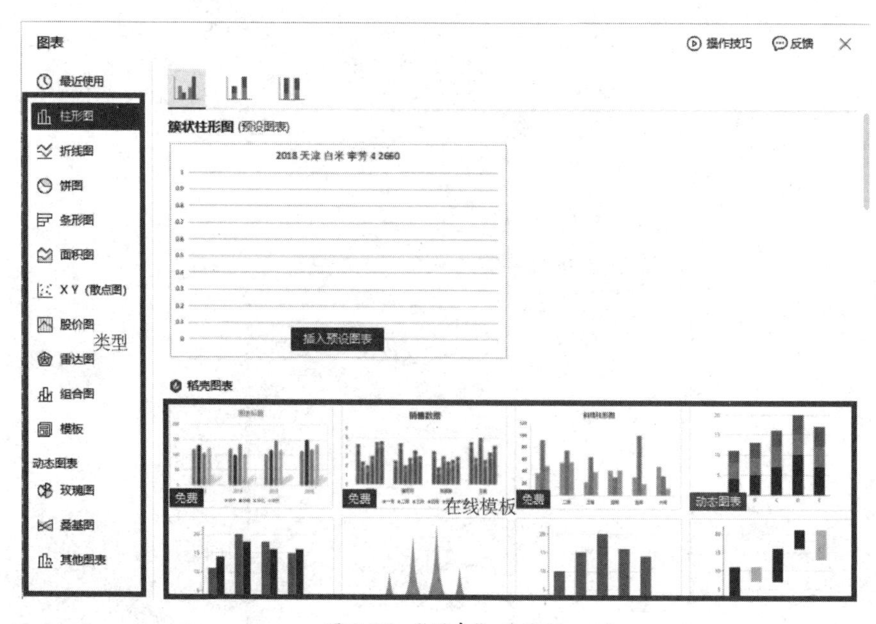

图 9.15 “图表”对话框

2．该对话框列出了 WPS 表格提供的所有图表类型及其模板，先在左侧列表中任选一种图表类型，再在对话框的右侧选择图表样式。

下面以生成“折线图”为例进行介绍，在“图表”对话框的左侧列表中选择“折线图”选项，在对话框的右侧选择“插入预设图表”选项，插入图表。

在图表右侧出现浮动按钮组，单击“图表元素”按钮，在弹出的快捷菜单中取消勾选“坐标轴”“图表标题”“网络线”复选框，如图 9.16 所示。

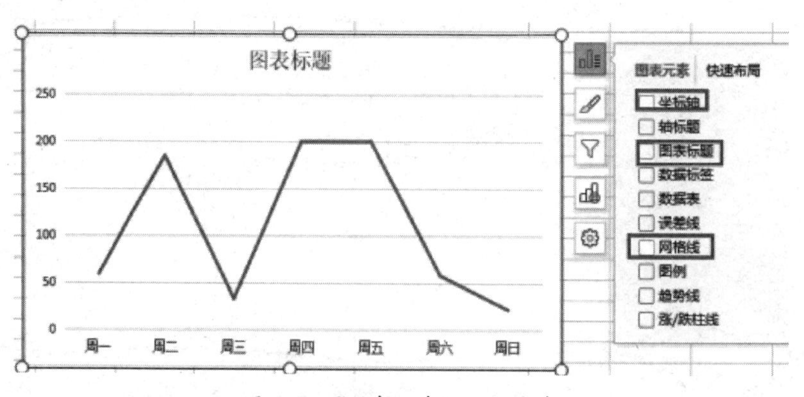

图 9.16 “图表元素”快捷菜单

在浮动按钮组中单击“设置图表区域格式”按钮，弹出“属性”对话框，选中“无填充”和“无线条”单选按钮，如图 9.17 所示。

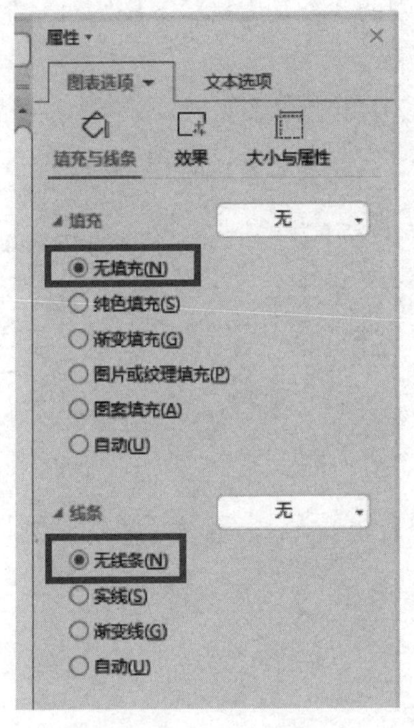

图 9.17　“属性”对话框

将生成的图表放到数据列之后，调整大小，最终效果如图 9.18 所示。

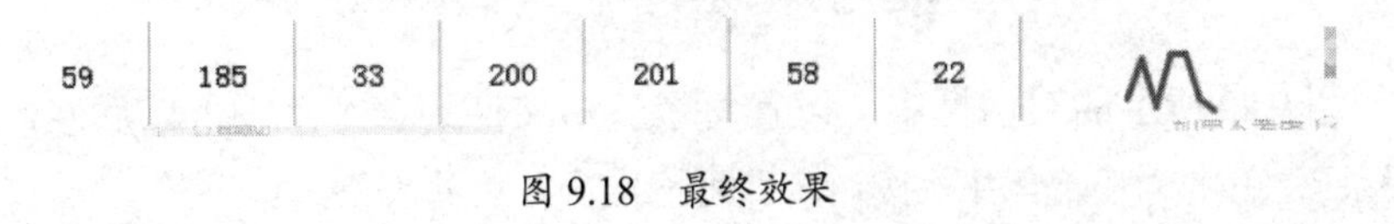

图 9.18　最终效果

议一议：折线图只是迷你图中的一种，还有哪些迷你图？

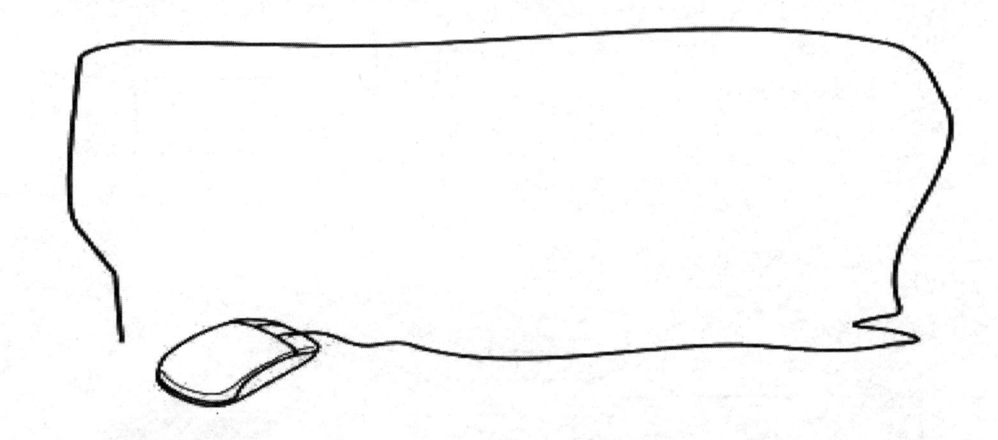

9.6　数据合并

我们在使用 WPS 表格进行日常办公时，经常需要合并多个表格中的数据，一般情况下，打开各工作表复制粘贴数据显得烦琐、低效，而使用合并表格工具则可以高效、准确地完成数据合并。下面以多个文档的数据合并为例进行介绍，操作步骤如下。

1. 单击“数据”选项卡中的“合并表格”下拉按钮，在下拉列表中选择“多个文档”选项，弹出“文档合并”对话框。

2. 在“文档合并”对话框中单击“添加更多文件”按钮，选择需要合并的单元格或多个表格文件，然后单击“下一步”按钮，如图 9.19 所示。

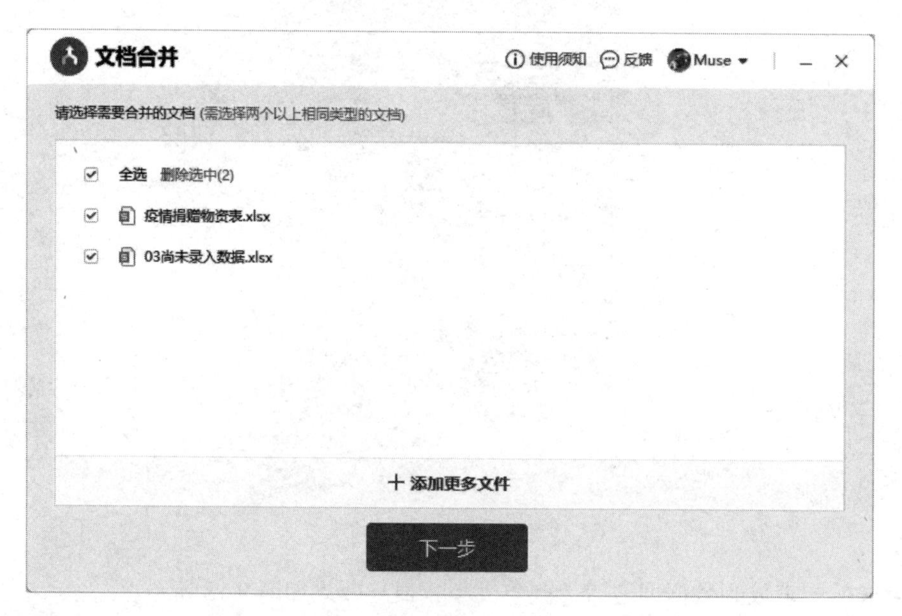

图 9.19 “文档合并”对话框

3. 在如图 9.20 所示的对话框中，设置每个表格文件的合并范围，然后修改“输出名称”与“输出目录”，单击“开始合并”按钮，即可输出合并后的表格。

图 9.20 输出合并后的表格

议一议：掌握了各种数据分类与汇总的方法后，能为我们解决生活中的数据问题带来哪些便利？

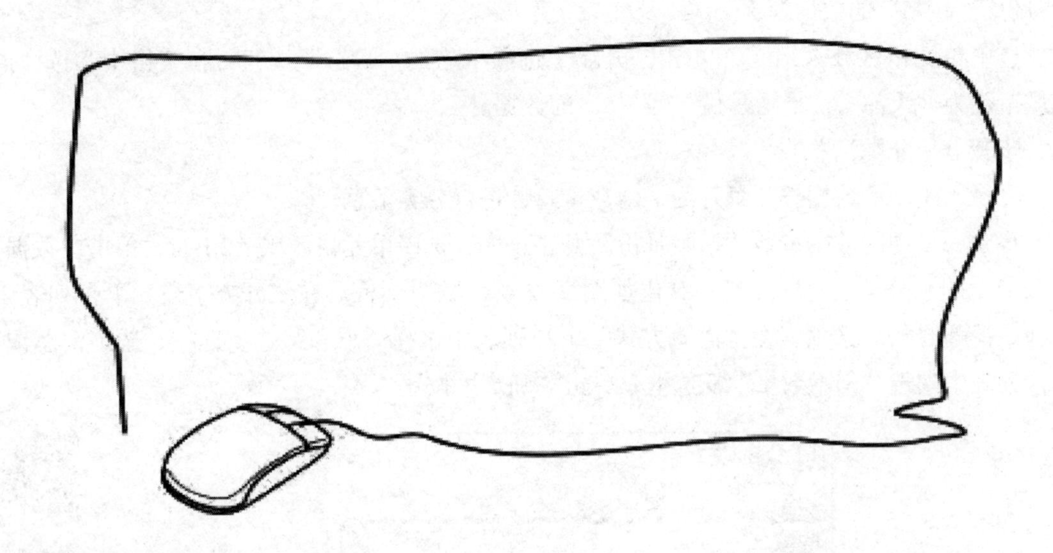

主要步骤

以下操作均基于本项目的“疫情捐赠物资表”。

步骤 1：排序

使用自定义排序功能，将 sheet1 中的数据按照“捐赠月份”从小到大排序，捐赠月份相同的数据则按照“捐赠数量”从小到大排序。

选中单元格区域 A2:G83，在“开始”选项卡中单击“排序”下拉按钮，在下拉列表中选择“自定义排序”选项，弹出如图 9.21 所示的对话框。单击“添加条件”按钮，添加“次要关键字”，并将“主要关键字”设置为“捐赠月份”，将“次要关键字”设置为“捐赠数量”，将“排序依据”设置为“数值”，将“次序”设置为“升序”，单击“确定”按钮。

图 9.21　“排序”对话框

步骤 2：筛选

使用基本筛选工具对 sheet2 中的数据进行筛选，筛选出“捐赠城市”为“天津”且“捐赠月份”为“5”的数据。

选中单元格区域 A2:E74，单击“开始”选项卡中的“筛选”按钮，在表格中筛选“捐赠城市”为“天津”，“捐赠月份”为“5”的数据。

步骤 3：分类汇总

将 sheet1 中的数据按照每月的捐赠数量总计进行分类汇总。

将 sheet1 中的数据按照“捐赠月份”升序排序，选中单元格区域 A2:E74，单击“数据”选项卡中的“分类汇总”按钮，弹出如图 9.22 所示的对话框。在“分类字段”下拉列表中选择“捐赠月份”选项，在“汇总方式”下拉列表中选择“求和”选项，在“选定汇总项”下拉列表中勾选“捐赠数量”复选框，单击“确定”按钮。

微课视频

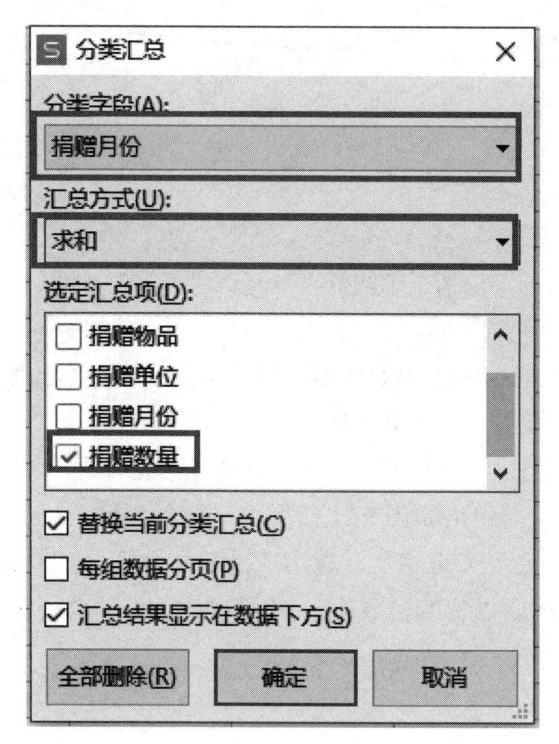

图 9.22 “分类汇总”对话框

步骤 4：使用数据透视表工具生成每月的每种捐赠物品总计的数据透视表

选中单元格区域 A2:E74，单击“数据”选项卡中的“数据透视表”按钮，按照要求将“字段列表”中的“捐赠物品”拖动到“数据透视表区域”的“行”中，将“捐赠月份”拖动到“数据透视表区域”的“列”中，将“捐赠数量”拖动到“数据透视表区域”的“值”中并设置为“求和项”，如图 9.23 所示。

图 9.23 “数据透视表”对话框

步骤 5：根据数据透视表中的数据，使用图表工具生成柱形图

选中数据透视表的数据，单击“插入”选项卡中的“全部图表”按钮，在弹出的“图表”对话框中选择“柱形图”选项，选择一种柱形图样式并将其放在数据透视表的下方。

步骤 6：使用合并表格工具将“疫情捐赠物资表”与“03 尚未录入数据”进行合并

在“数据”选项卡中单击“合并表格”下拉按钮，在下拉列表中选择“多个文档”选项，弹出“文档合并”对话框，如图 9.24 所示。在“文档合并”对话框中单击“添加更多文件”按钮，选择需要合并的表格文件，单击“下一步”按钮，弹出如图 9.25 所示的对话框。

图 9.24 “文档合并”对话框

在如图 9.25 所示的对话框中，设置“输出名称”为“完整数据表”，设置“输出目录”为“与原文件相同目录”，单击“开始合并”按钮，即可输出合并后的表格。

微课视频

图 9.25 合并表格文件

项目拓展

当我们为表格添加数据透视表后，就可以使用“分析”选项卡中的功能对数据透视表进行细节分析，如图 9.26 所示。

图 9.26 “分析”选项卡

下面对一些常用功能进行介绍。

1. 单击“选项”下拉按钮，在下拉列表中选择“选项”选项，弹出“数据透视表选项”对话框，在该对话框中可修改数据透视表的名称、布局和格式、汇总和筛选等内容。

2. 单击“字段设置”按钮，弹出“值字段设置”对话框，在该对话框中可修改值字段汇总方式，如求和或计数等。

3. 单击“插入切片器”按钮，可使用切片器直观地筛选数据。

重难点笔记区：

项目小结

对数据进行分析与统计是学生步入社会后应当具备的基本职业技能之一，掌握 WPS 表格中的相关知识点与技能点，学会处理复杂的表格，并掌握分析与统计数据的方法，从而为下一步工作的开展提供依据。

通过本项目的学习，使学生掌握排序的方法，掌握自动筛选与高级筛选的方法，掌握分类汇总的方法，掌握数据透视表的使用方法，能够使用分析工具创建不同用途的数据透视表，掌握图表的使用方法，掌握合并数据的方法。

本项目的知识元素、技能元素、思政元素小结思维导图如图 9.27 所示。

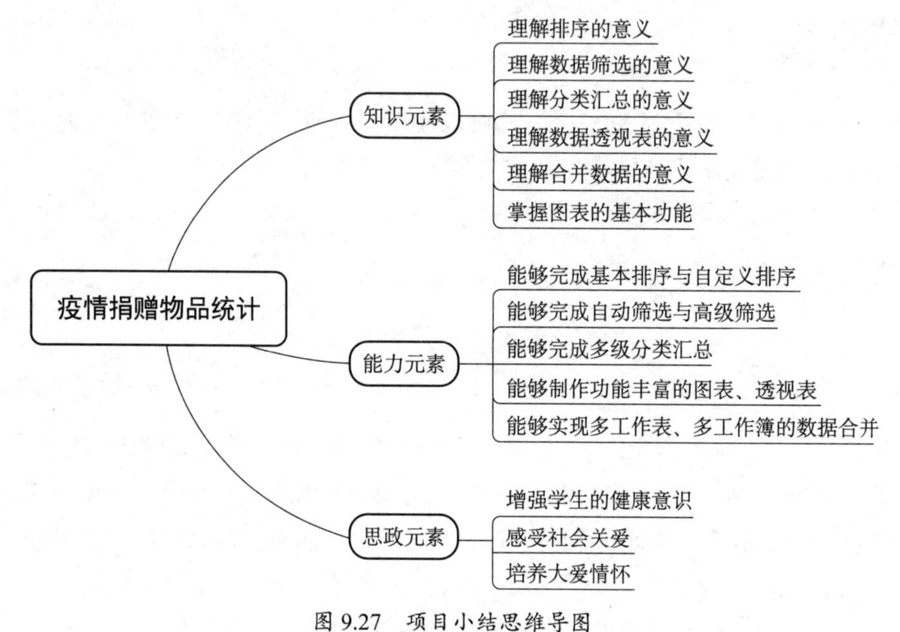

图 9.27　项目小结思维导图

问一问：学习完该项目，你还有哪些不明白的问题？

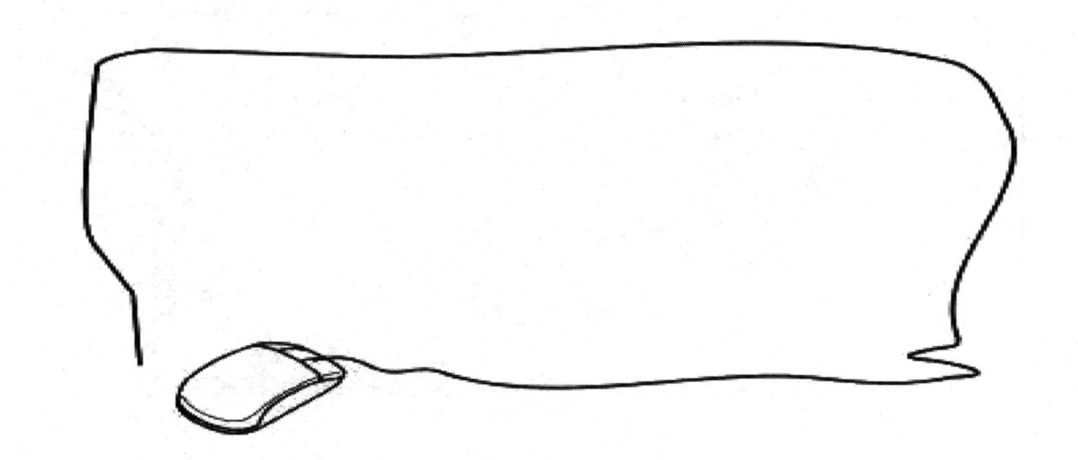

综合练习

一、单项选择题

1．下列关于 WPS 表格的说法中，正确的是（　　）。

A．排序必须有关键字，关键字最多为 4 个

B．筛选是指从记录中选择符合要求的若干记录，并显示出来

C．“分类汇总”中的“汇总”功能，其本质是求和

D．设置单元格格式时，无法设置单元格的底色

2．下列关于 WPS 表格的排序功能的说法中，正确的是（　　）。

A．只能按一个关键字进行排序

B．只能对数据进行升序排序

C．最多能对 3 个关键字进行排序

D．只能对数据进行降序排序

3．下列关于筛选数据的说法中，正确的是（　　）。

A．删除不符合设定条件的其他内容

B．筛选后仅显示符合筛选条件的内容

C．将改变不符合条件的其他行的内容

D．将隐藏符合条件的内容

4．在进行分类汇总之前，必须对数据进行（　　）。

A．设置有效性　　B．格式化

C．筛选　　D．排序

5．反映某对象在整体中的占比情况，最好使用（　　）。

A．饼图　　B．折线图

C．气泡图　　D．条形图

6．在 WPS 图表中，使用（　　）能表现数据的变化趋势。

A．柱形图　　B．条形图

C．折线图　　D．饼形图

二、综合实践题

按照要求完成“部门采购表”的数据处理，效果如图 9.28 和图 9.29 所示。

1．使用排序工具将数据按照“部门”排序。

2．在 sheet2 中使用高级筛选功能，筛选“物品分类”为“办公文具”且“部门”为“办公室”的数据。

3．使用分类汇总工具，将 sheet1 中的数据按照部门的总采购额进行分类汇总。

4．使用数据透视表工具，根据“物品分类”生成各部门的采购数量的数据透视表。

5．使用图表工具，根据数据透视表中的数据生成条形图。

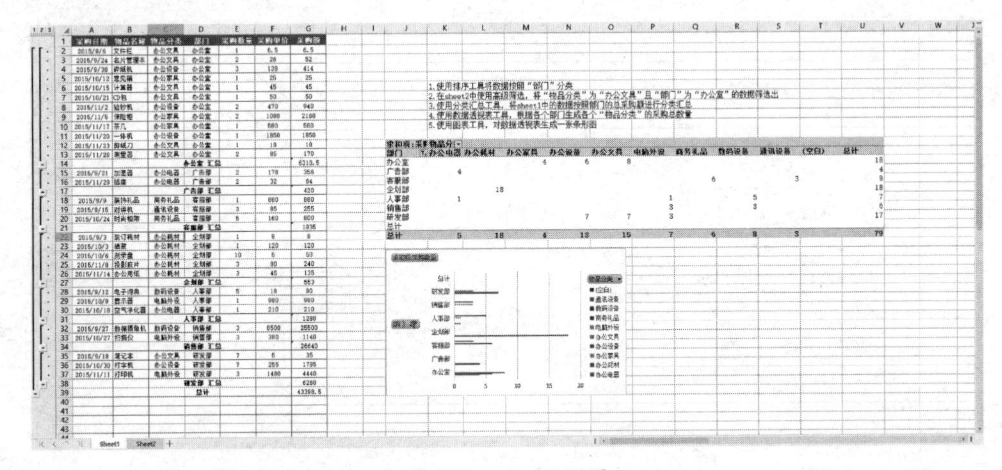

图 9.28　sheet1 效果

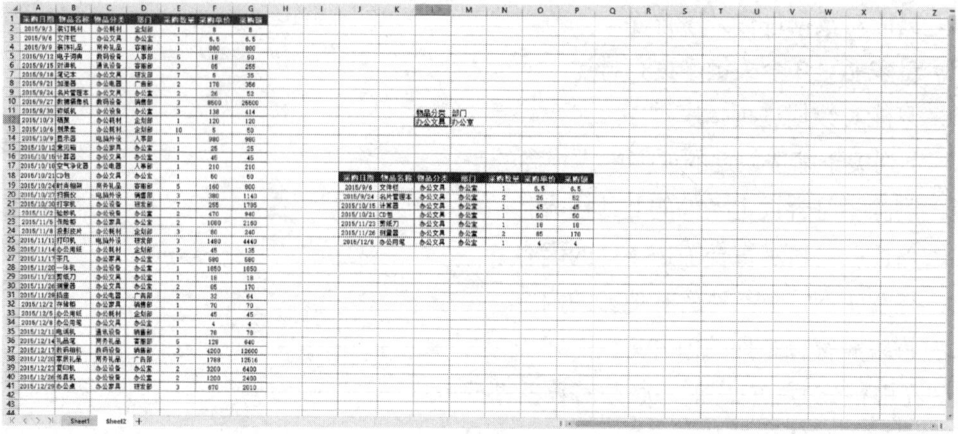

采购日期	物品名称	物品分类	部门	采购数量	采购单价	采购额
2015/9/3	装订耗材	办公耗材	企划部	1	8	8
2015/9/6	文件栏	办公文具	办公室	1	6.5	6.5
2015/9/9	装饰礼品	商务礼品	客服部	1	800	800
2015/9/12	电子词典	数码设备	人事部	5	18	90
2015/9/15	对讲机	通讯设备	客服部	3	85	255
2015/9/18	笔记本	办公文具	研发部	7	5	35
2015/9/21	加湿器	办公电器	广告部	2	178	356
2015/9/24	名片管理本	办公文具	办公室	2	26	52
2015/9/27	数码摄像机	数码设备	销售部	3	8500	25500
2015/9/30	碎纸机	办公设备	办公室	3	138	414
2015/10/3	硒鼓	办公耗材	企划部	1	120	120
2015/10/6	刻录盘	办公耗材	企划部	10	5	50
2015/10/9	显示器	电脑外设	人事部	1	980	980
2015/10/12	意见箱	办公家具	办公室	1	25	25
2015/10/15	计算器	办公文具	办公室	1	45	45
2015/10/18	空气净化器	办公电器	人事部	1	210	210
2015/10/21	CD包	办公文具	办公室	1	50	50
2015/10/24	时尚相架	商务礼品	客服部	5	160	800
2015/10/27	扫描仪	电脑外设	销售部	3	380	1140
2015/10/30	打字机	办公设备	研发部	7	255	1785
2015/11/2	验钞机	办公设备	办公室	2	470	940
2015/11/5	保险柜	办公家具	办公室	2	1080	2160
2015/11/8	投影胶片	办公耗材	企划部	3	80	240
2015/11/11	打印机	电脑外设	研发部	3	1480	4440
2015/11/14	办公用纸	办公耗材	企划部	3	45	135
2015/11/17	茶几	办公家具	办公室	1	580	580
2015/11/20	一体机	办公设备	办公室	1	1650	1650
2015/11/23	剪纸刀	办公文具	办公室	1	18	18
2015/11/26	测量器	办公文具	办公室	2	85	170
2015/11/29	插座	办公电器	广告部	2	32	64
2015/12/2	存储柜	办公家具	销售部	1	70	70
2015/12/5	办公用纸	办公耗材	企划部	1	45	45
2015/12/8	办公用笔	办公文具	办公室	1	4	4
2015/12/11	电话机	通讯设备	销售部	1	78	78
2015/12/14	礼品笔	商务礼品	客服部	5	128	640
2015/12/17	数码相机	数码设备	销售部	3	4200	12600
2015/12/20	家居礼品	商务礼品	广告部	7	1788	12516
2015/12/23	复印机	办公设备	办公室	2	3200	6400
2015/12/26	传真机	办公设备	办公室	2	1200	2400
2015/12/29	办公桌	办公家具	研发部	3	670	2010

物品分类	部门
办公文具	办公室

采购日期	物品名称	物品分类	部门	采购数量	采购单价	采购额
2015/9/6	文件栏	办公文具	办公室	1	6.5	6.5
2015/9/24	名片管理本	办公文具	办公室	2	26	52
2015/10/15	计算器	办公文具	办公室	1	45	45
2015/10/21	CD包	办公文具	办公室	1	50	50
2015/11/23	剪纸刀	办公文具	办公室	1	18	18
2015/11/26	测量器	办公文具	办公室	2	85	170
2015/12/8	办公用笔	办公文具	办公室	1	4	4

图 9.29　sheet2 效果